EUL VERLAG

Schriften zu Familienunternehmen

Herausgegeben vom Wittener Institut für Familienunternehmen

Band 1
Arist von Schlippe, Tom Rüsen und Torsten Groth (Hrsg.)
Beiträge zur Theorie des Familienunternehmens
Lohmar – Köln 2009 • 304 S. • € 59,- (D) • ISBN 978-3-89936-823-9

Band 2
Tom A. Rüsen, Arist von Schlippe und Torsten Groth (Hrsg.)
Familienunternehmen – Exploration einer Unternehmensform
Lohmar – Köln 2009 • 324 S. • € 62,- (D) • ISBN 978-3-89936-850-5

Band 3
Felix Georg Fabis
Konflikte im Familienunternehmen – Instrumente zur Vermeidung und Lösung
Lohmar – Köln 2009 • 132 S. • € 43,- (D) • ISBN 978-3-89936-868-0

Band 4
Florian Berthold
Familienunternehmen im Spannungsfeld zwischen Wachstum und Finanzierung
Lohmar – Köln 2010 • 332 S. • € 54,- (D) • ISBN 978-3-89936-895-6

JOSEF EUL VERLAG

Schriften zu Familienunternehmen · Band 4

Herausgegeben vom Wittener Institut für Familienunternehmen

Dr. Florian Berthold

Familienunternehmen im Spannungsfeld zwischen Wachstum und Finanzierung

Mit einem Geleitwort von Prof. Dr. Rudolf Wimmer,
Private Universität Witten/Herdecke

EUL VERLAG

Bibliografische Information der Deutschen Nationalbibliothek

Die Deutsche Nationalbibliothek verzeichnet diese Publikation in der Deutschen Nationalbibliografie; detaillierte bibliografische Daten sind im Internet über <http://dnb.d-nb.de> abrufbar.

ISBN 978-3-89936-895-6
1. Auflage Februar 2010

JOSEF EUL VERLAG GmbH
Brandsberg 6
53797 Lohmar
Tel.: 0 22 05 / 90 10 6-6
Fax: 0 22 05 / 90 10 6-88
E-Mail: info@eul-verlag.de
http://www.eul-verlag.de

Bei der Herstellung unserer Bücher möchten wir die Umwelt schonen. Dieses Buch ist daher auf säurefreiem, 100% chlorfrei gebleichtem, alterungsbeständigem Papier nach DIN 6738 gedruckt.

Geleitwort

Sowohl in der einschlägigen Literatur wie auch in Teilen der öffentlichen Diskussion hält sich seit langem das Bild, Familienunternehmen hätten ein systematisches Wachstumsproblem, weil ihnen der Zugang zum erforderlichen Kapital fehle. Die bevorzugten Finanzierungsmuster dieses Unternehmenstyps (prioritäre Innen- bzw. Selbstfinanzierung ergänzt um den klassischen Bankkredit) führten dazu, dass gerade strategisch interessante Wachstumsoptionen vielfach nicht wahrgenommen werden könnten. Seit die aktuelle Weltwirtschaftskrise voll in Gang gekommen ist, hat sich diese Finanzierungsdiskussion noch deutlich intensiviert. Von einer sich zunehmend verschärfenden Kreditklemme ist die Rede. Vor allem den Banken wird vorgeworfen, dass sie aufgrund ihrer aktuellen Risikopolitik dem Finanzierungsbedarf gerade der kleineren und mittleren Familienunternehmen nicht in angemessener Weise nachkommen. Seitens der Finanzinstitute wird diese These natürlich vehement bestritten.

Ein Blick in den Stand der Forschung zeigt, dass rund um das Thema Finanzierung von Familienunternehmen eine Menge Interessenspolitik im Spiel ist. Da weisen die einschlägigen Segmente des Finanzmarktes mit Vehemenz darauf hin, dass es die unverändert konservativen Finanzierungsgewohnheiten der Familienunternehmen sind, die ihnen den Weg in erfolgsversprechende Wachstumsregionen versperren. Da machen die Wirtschaftsverbände Druck auf die Politik, indem sie das Bild von den unterfinanzierten Unternehmen gebetsmühlenartig verstärken. Je nach Perspektive werden bestimmte Einschätzungen (zum Teil auch mit empirischen Studien untermauert) einseitig zugespitzt. Eine ernsthafte wissenschaftliche Auseinandersetzung mit diesen Fragen, vor allem was das Wachstum von Familienunternehmen und dessen Finanzierung anlangt, steckt erst in den Kinderschuhen. Vor allem die charakteristischen Wechselwirkungen in dem hier angesprochenen Merkmalsdreieck "Familienunternehmen – Wachstum – Finanzierung" liegen noch weitgehend im Dunkeln. Genau in diese Forschungslücke positioniert sich die vorliegende Doktorarbeit. In diesem Sinne geht sie einerseits der Frage nach, wie sich die typischen Finanzierungsvoraussetzungen von Familienunternehmen im Zuge ihres Wachstums beschreiben lassen. Sie will andererseits aber auch begründete Anhaltspunkte für die verbreitete Behauptung liefern, dass es bei diesem Unternehmenstyp ein systematisches Spannungsfeld zwischen Wachstum und Finanzierung gibt. Existiert ein solches Spannungsfeld überhaupt? Wenn ja, welche famlienunternehmensspezifische Konstellationen lassen ein solches Spannungsfeld entstehen?

Zur Beantwortung seiner Forschungsfragen diskutiert Florian Berthold sehr eingehend die relevanten theoretischen Grundlagen, insbesondere die bislang in der Literatur vorliegenden empirischen Befunde. Dieser Teil ist konsequent um die drei Stichworte Familienunternehmen, Finanzierung und Wachstum gebaut. Vor allem die Wachstumsthematik wirft hochinteressante Forschungsfragen auf. Es ist ja eine allgemein geteilte Grundüberzeugung, dass Unternehmen kontinuierlich wachsen müssen, wenn sie überleben wollen. Was steckt hinter dieser häufig nicht näher hinterfragten Prämisse? Die Arbeit zeigt, dass die Theorieressourcen zur Beantwortung dieser wesentlichen Frage nach wie vor als ausgesprochen bescheiden eingeschätzt werden müssen. Dies gilt auch für die klassischen Denkkonzepte zur Formulierung von Wachstumsstrategien (z.B. die Ansoff-Matrix oder das Schema von Meffert und Klein, das auf die Porter'sche Unterscheidung generischer Strategien zurückgeht).

Wenn es um Fragen der Finanzierung geht, dann werden bei Familienunternehmen in der Regel ganz heikle Themen berührt. Florian Berthold hat deshalb für sein empirisches Untersuchungsziel einen qualitativen Forschungsansatz gewählt. Auf der Grundlage von acht ausgewählten Familienunternehmen sind so sehr differenzierte Fallstudien entstanden, die letztlich auf tiefer liegende gemeinsame Muster hin genauer untersucht werden. Die interessanten Ergebnisse dieser empirischen Befunde erlauben es dem Autor, seine Untersuchung in 13 Hypothesen präzise zu bündeln. In diesen Hypothesen bringt er seine wissenschaftlichen Einschätzungen zum Spannungsfeld von Wachstum und Finanzierung von Familienunternehmen auf eine sehr plausible gut nachvollziehbare Weise auf den Punkt.

Letztendlich sind für ein nachhaltiges Wachstum der unternehmerische Wille und die diesbezügliche Verantwortung der Unternehmerfamilie ausschlaggebend. Solange diese Dimension im Kreis der Gesellschafter lebendig gehalten werden kann und die unternehmerische Selbsterneuerungskraft der Firma intakt ist, spielen Finanzierungsfragen für das gesunde Wachstum von Familienunternehmen in der Regel keine dominante Rolle. Gerade auch die Fallstudien zeigen sehr eindrücklich, dass strategisch zumeist nur jene Finanzierungslösungen infrage kommen, die diese unternehmerische Souveränität der Entscheidungsträger nicht nennenswert tangieren. In der Abwägung zwischen der Wahrnehmung attraktiver Wachstumschancen und den dafür erforderlichen Finanzierungen werden Grenzen immer dann gezogen, wenn diese Souveränität zur Disposition steht. Diese Grenzen werden folglich nur dann überschritten, wenn das Familienunternehmen als solches zur Disposition steht, was immer die Gründe dafür sein mögen. Dieses Buch liefert für alle Interessierten eine ausgesprochen spannende Lektüre, die weit über die unmittelbaren Forschungsfragen hinaus eine Fülle wichtiger Einsichten bietet.

Witten, im Februar 2010

Rudolf Wimmer

Vorwort

Vor mir liegt der nach allgemeiner Auffassung angenehmste Teil beim Verfassen einer Dissertation – die Danksagung. Zu meinem Erstaunen stelle ich fest, dass mich dabei aber keineswegs nur große Erleichterung überkommt. Vermutlich liegt das daran, dass mir die Arbeit großen Spaß gemacht hat. Von größeren Ermüdungs- und Frustrationserscheinungen, von denen viele Doktoranden offenbar immer wieder geplagt werden, bin ich – gottlob – verschont geblieben.

Vielleicht hängt das auch damit zusammen, dass das Projekt, so darf ich wohl sagen, von langer Hand geplant war. Als ich im Sommer 2003 mein Hochschulstudium abschloss, das ich ebenso wie die Promotion in Witten/Herdecke absolvierte, sammelten sich bei mir die ersten konkreten Gedanken bezüglich eines möglichen Promotionsthemas. Dennoch war offenbar der Drang zur praktischen Reflektion von fünf Jahren wirtschaftswissenschaftlichem Studium (zunächst) größer. Als ich aber 2005 meinen Arbeitgeber wechselte, hatte das grundsätzliche Vorhaben einer Promotion nach wie vor Bestand. Dafür, dass ich gut zwei Jahre später in das Promotionsprogramm einsteigen konnte, möchte ich mich daher zunächst bei meinem Arbeitgeber Roland Berger Strategy Consultants und allen Verantwortlichen bedanken. Sie haben es mir ermöglicht, meine Doktorarbeit unter optimalen technischen und administrativen Voraussetzungen anzufertigen.

Von diesen Möglichkeiten habe ich wahrscheinlich nur den sogenannten Academic Circle nicht genutzt, ein Kreis von Professoren, die regelmäßig Doktorarbeiten von Roland Berger betreuen. Diesbezüglich habe ich mich vertrauensvoll an Rudi Wimmer gewandt, den ich zwar selbst nur ein einziges Mal im Studium erleben durfte, dessen Expertise in Fragen der Familienunternehmung aber bis weit über die Grenzen unserer Universität hinaus anerkannt war und ist. Für meine Arbeit hätte ich mir keinen besseren Betreuer vorstellen können, und dafür gebührt Professor Wimmer mein aufrichtiger Dank. Ebenfalls in aller Form bedanken möchte ich mich bei meinem Zwei-

und Drittgutachter, Professor von Schlippe, wie mein Doktorvater ebenfalls vom Wittener Institut für Familienunternehmen (WIFU), und Professor Schiereck, den ich noch aus meiner studentischen Zeit in Witten kannte und der bereits meine Diplomarbeit betreut hat.

Dem Team vom WIFU möchte ich danken für die Unterstützung im Rahmen der Veröffentlichung. Ich denke, dass mit der Schriftenreihe des WIFU ein ideales Medium geschaffen worden ist, Familienunternehmern gezielten Zugang zu relevanten Ergebnissen aus der Forschung zu verschaffen. Ich hoffe, dass ich mit meiner eigenen Arbeit hierzu einen kleinen Beitrag leisten kann.

Bleiben vor allem die zahlreichen und inhaltlich besonders fruchtbaren Ratschläge, Hinweise und Aufmunterungen, die ich von meinen Freunden erhalten habe. Es fällt naturgemäß schwer, hier einzelne Personen hervorzuheben. Dennoch möchte ich explizit David Klett und Kai Christiansen danken, die sich die Zeit genommen habe, Teile meines Skriptes (teilweise mehrfach) durchzuschauen und mir wertvolle Anregungen zukommen zu lassen.

Mit weitem Abstand den größten Anteil an dieser Arbeit aber hat meine Familie, insbesondere meine Eltern. Ohne ihre Ermunterung und ohne ein solch bestärkendes Umfeld wäre diese Arbeit wohl nie möglich gewesen. Ihnen möchte ich daher in ganz besonderem Maße danken und gleichzeitig diese Arbeit widmen.

Hamburg, im Februar 2010

Florian Berthold

Das WIFU

Das Wittener Institut für Familienunternehmen (WIFU) ist in Deutschland der Pionier und Wegweiser akademischer Forschung und Lehre zu Besonderheiten von Familienunternehmen. Bereits bei der Institutsgründung 1998 wurde das Fundament der konsequent interdisziplinären Ausrichtung des WIFU gelegt: drei Lehrstühle – Betriebswirtschaftslehre, Psychologie / Soziologie und Rechtswissenschaften – bilden das wissenschaftliche Spiegelbild der Gestalt von Familienunternehmen. Dadurch hat sich das WIFU eine einzigartige Expertise im Bereich Familienunternehmen erarbeitet. Seit 2004 ermöglichen die Institutsträger - ein exklusiver Kreis von über 40 Familienunternehmen - dass das WIFU auf Augenhöhe als Institut von Familienunternehmen für Familienunternehmen agieren kann. Das WIFU nutzt diese europaweit einzigartigen Voraussetzungen, um Forschung und Lehre über diese besondere Organisationsform konsequent voranzutreiben und innovative Problemlösungsansätze zu erarbeiten. Mit aktuell 7 Professoren leistet das WIFU mittlerweile seit über 12 Jahren einen signifikanten Beitrag zur generationenübergreifenden Zukunftsfähigkeit von Familienunternehmen.

Inhaltsverzeichnis

Darstellungsverzeichnis

Abkürzungsverzeichnis

ABS	"Asset-backed securities"
BetrVG	Betriebsverfassungsgesetz
BIP	Bruttoinlandsprodukt
BVK	Bundesverband deutscher Kapitalbeteiligungsgesellschaften
c.p.	ceteris paribus
DAX	Deutscher Aktienindex
DBAG	Deutsche Beteiligungsgesellschaft
EBIT	"Earnings before interest and taxes"
EBITDA	"Earnings before interest, taxes, depreciation and amortization"
EBT	"Earnings before taxes"
F&E	Forschung und Entwicklung
FBR	"Family business review"
FMW	Forschungsstelle Mittelständische Wirtschaft
F-PEC	"Family influence through power, experience and culture"
IfM	Institut für Mittelstandsforschung, Bonn
IFRS	"International financial reporting standards"
IKB	Industrie- und Kreditbank
IPO	"Initial public offering"
KfW	Kreditanstalt für Wiederaufbau
KMU	Kleine und mittlere Unternehmen
OECD	Organisation für wirtschaftliche Zusammenarbeit und Entwicklung
SachsenLB	Sächsische Landesbank
SLB	"Sale & lease back"

1 Einleitung

1.1 Hinführung und Relevanz des Themas

"Lieber nicht an die Börse", so lautete die Überschrift eines Artikels in der Wochenzeitung DIE ZEIT vom 4. April 2007. Und darunter: "Unternehmen wachsen oft schneller, wenn sie keine Aktien streuen." Der Artikel handelt von namhaften, großen Familienunternehmen in Deutschland, die allesamt nicht börsennotiert sind. Hierzu zählen u.a. die Bertelsmann AG in Gütersloh, die im Jahr 2006 sogar größere finanzielle Anstrengungen unternehmen musste, um einen Minderheitsanteil von der belgischen Groupe Bruxelles Lambert zurückzukaufen. Die belgische Unternehmensgruppe besaß eine Option, ihren Anteil an der Bertelsmann AG an die Börse zu bringen. Auch die großen Industrieunternehmen Robert Bosch GmbH und die Voith AG zählen zu denjenigen Unternehmen, die keine Aktien an den Publikumsmärkten emittiert haben. Hermut Kormann, ehemaliger Vorstandsvorsitzender der Voith-Gruppe, wird in dem ZEIT-Artikel mit den Worten zitiert: "Es ist inzwischen empirisch belegt, dass Familienunternehmen schneller wachsen und mehr verdienen als börsennotierte Unternehmen." Dies sei im Wesentlichen auf geringere Ausschüttungsquoten bei Familienunternehmen zurückzuführen, die eine höhere Thesaurierungskraft und damit höhere Investitionen in Forschung, Entwicklung und Wachstum ermöglichten. Einzige aufgeführte Ausnahme von den Nichtbörsenunternehmen: die Wacker Chemie AG aus München. Allerdings nutzte die Unternehmerfamilie in diesem Fall die Börse sogar, um ihren Anteil an der Unternehmensgruppe auszubauen. Nachdem die ehemalige Hoechst AG ihren ca. 50%-Anteil veräußern wollte, reichte die Familie um Vorstandschef Peter-Alexander Wacker einen Teil hiervon an die Börse weiter, um den in Familienhänden verbleibenden Anteil von rund 50% auf knapp 70% aufzustocken.[1]

Dem Tenor dieses Zeitungsartikels zufolge verfügen Familienunternehmen über die besseren Voraussetzungen für Wachstum als börsennotierte Gesell-

[1] Vgl. KÖHLER (2007), S. 33.

schaften.[1] Dieses Grundgefühl lässt sich durchaus mit jüngeren Statistiken stützen. Nach Berechnungen des Institutes für Mittelstandsforschung in Bonn (IfM) erreichten die 500 größten Familienunternehmen Deutschlands zwischen 2003 und 2005 einen Umsatzzuwachs von 15,7%. Die 30 größten börsennotierten Unternehmen in Deutschland, zusammengefasst im Deutschen Aktienindex DAX, hingegen verzeichneten einen Zuwachs von nur 9,0%.[2] Auch die Gegenüberstellung der jeweils 30 größten Unternehmen, d.h. die 30 größten Familienunternehmen verglichen mit den DAX-30-Unternehmen, zeichnet ein ähnliches Bild. In den Jahren 2004/2005 wuchsen die Vertreter der Familienunternehmen um 12,6%, während die börsennotierten Vergleichsunternehmen ihre Umsätze nur um 4,6% steigern konnten. Ein Jahr später lag der Wert bei den Familiengesellschaften bei knapp 10% gegenüber 5,5% im Fall der DAX-30-Unternehmen.[3] Einzig in den Jahren 2006/2007 konnten die börsennotierten Gesellschaften die Familienunternehmen übertreffen (Wachstum von ca. 15% vs. 10% bei den Familienunternehmen).[4] Insgesamt scheinen die Familienunternehmen zumindest in der jüngeren Vergangenheit jedoch hinsichtlich ihrer Wachstumsdynamik den börsennotierten Konzernen mindestens ebenbürtig zu sein. Eventuelle Finanzierungsnachteile aus dem fehlenden Zugang zum organisierten Kapitalmarkt und entsprechende Auswirkungen auf Investitions- und Wachstumsmöglichkeiten von Familienunternehmen scheinen hiernach nicht gegeben zu sein. Zumindest gilt dies offenbar für große Unternehmen.

Ein Blick auf kleinere Vertreter von Familienunternehmen relativiert den Eindruck. Diese wachsen oft nur unterdurchschnittlich und haben ihrerseits mit steigenden Faktorkosten zu kämpfen. Nach Untersuchungen des IfM haben sich deutsche Unternehmen mit einem Jahresumsatz von weniger als 50 Mio. EUR in den Jahren 2003 bis 2005 sogar leicht rückläufig entwickelt.[5] Ein

[1] Zur genauen terminologischen Definition von "Familienunternehmen" sowie zu einer inhaltlichen Abgrenzung von anderen Unternehmenstypen vgl. Abschnitt 1.4.
[2] Vgl. WALLAU et al. (2007), S. 51 f.
[3] Vgl. FRÖNDHOFF (2006), S. 1.
[4] Vgl. FRÖNDHOFF (2007), S. 22.
[5] Vgl. WALLAU et al. (2007), S. 17. Annahmegemäß befindet sich die weit überwiegende Zahl dieser kleineren Unternehmen in Familienbesitz.

pauschales Urteil zur Wachstumsdynamik von Familienunternehmen erscheint daher wenig angebracht. Die Gründe für das starke Auseinanderfallen in der Entwicklung zwischen kleineren Familienunternehmen auf der einen und großen Familienunternehmen auf der anderen Seite können vielfältig sein. Eine denkbare Erklärung könnte aber in restriktiveren Finanzierungsvoraussetzungen bestehen, denen gerade kleinere Unternehmen häufig unterliegen. Dies äußert sich zum einen in häufig nur schwach ausgeprägter Innenfinanzierungskraft aufgrund von Größennachteilen und mangelnden Verbundeffekten. Auf der anderen Seite ist die externe Finanzierung des Unternehmens häufig aufgrund eines nur eingeschränkten Zugangs zu privaten und so gut wie nie gegebenen Zugangs zu öffentlichen Kapitalmärkten ebenfalls limitiert.[1]

Hieraus lassen sich zweierlei Vermutungen ableiten. Erstens, Familienunternehmen entwickeln sich sehr unterschiedlich. Es trifft offenbar nicht zu, dass Familienunternehmen generell unter einer Wachstumsschwäche leiden. Allerdings verdienen bestimmte Charakteristika von Familienunternehmen vor dem Hintergrund ihrer Wachstumsdynamik besondere Beachtung. Hierzu zählen u.a. die Finanzierungsvoraussetzungen, unter denen Familienunternehmen typischerweise operieren. Die zweite Vermutung lautet daher, dass ein virulenter Zusammenhang zwischen Finanzierung und Wachstum von Unternehmen im Allgemeinen und Familienunternehmen im Speziellen besteht. Dieser Zusammenhang ist aber vermutlich alles andere als eindeutig. Allein aus dem zumeist fehlenden Zugang zum öffentlichen Kapitalmarkt lassen sich noch keine Hinweise auf eingeschränkte Wachstumsvoraussetzungen ableiten, wie die eingangs zitierten Artikel und die Wachstumszahlen der großen Familienunternehmen belegen. Wirkungsweise und Abhängigkeiten zwischen den Faktoren Finanzierung und Wachstum sind also keineswegs offensichtlich. Ob und inwiefern Familienunternehmen typischerweise besonderen Finanzierungsvoraussetzungen unterliegen, ob diese Bedingun-

[1] Zur Unterscheidung zwischen Innen- und Außen- bzw. externer Finanzierung vgl. den Abschnitt 2.4.1.1.

gen eher exogen oder endogen induziert sind, also vom Unternehmen beeinflusst werden können oder nicht, und ob und inwiefern dies das Wachstum des Unternehmens beeinflusst, verdient nähere Betrachtung und ist Gegenstand der vorliegenden Arbeit. Dabei soll nicht automatisch von "schlechteren", sondern vielmehr von "besonderen" finanziellen Bedingungen für Familienunternehmen ausgegangen werden. Einzige Grundannahme der Arbeit ist, dass der Zugang zum Kapital, unabhängig von der Frage der Quellen, eine wesentliche Voraussetzung für das Wachstum von Unternehmen ist. COLEMAN und CARSKY drücken dies wie folgt aus:

> "Access to capital is a critical factor in stimulating [...] business formation and growth. If a business cannot secure needed capital, it is doomed to remain small thus limiting its ability to create goods, services, [...] and jobs."[1]

1.2 Hintergrund und Ziele der Arbeit

Nach den gesamtwirtschaftlich gesehen eher problematischen Jahren 2002 bis 2004 gewinnt das inländische Wachstum in Deutschland seit 2005 wieder an Geschwindigkeit. Dies wirkt sich auch auf Familienunternehmen aus. Wie weiter oben bereits angeführt, wuchsen insbesondere große Familienunternehmen in den letzten Jahren mit hohen, jährlichen Zuwachsraten. Gleichzeitig zeigte sich, dass kleinere Familienunternehmen weit hinter diesen Wachstumszahlen zurückblieben, teilweise sogar stagnierten oder sich rückläufig entwickelten. Hierin zeigt sich sowohl ein aktueller zeitlicher Bezug wie auch die Ambivalenz des Themas Wachstum für deutsche Familienunternehmen.

Gleichzeitig stellt auch die Unternehmensfinanzierung viele Familienunternehmen vor gewisse Herausforderungen. Veränderungen der Rahmenbedingungen auf den Finanzierungsmärkten, gekennzeichnet durch Schlagworte wie "Basel II" oder aktuell die weltweite Finanz- und Wirtschaftskrise, stellen nur zwei Aspekte finanzieller Herausforderungen für Familienunternehmen

[1] COLEMAN und CARSKY (1999), S. 73.

dar. Für mindestens ebenso wichtig wird erachtet, von welcher Bedeutung von den Unternehmen selbst geschaffene, insofern endogene Einschränkungen in der Ausgestaltung der Unternehmensfinanzierung sind. Gerade für Familienunternehmen spielen hier Kriterien wie Autonomieerhalt und Wahrung des Familieneinflusses auf das Unternehmen eine gewichtige Rolle.[1]

Von besonderem Interesse ist der Zusammenhang zwischen den beiden genannten Faktoren Wachstum und Finanzierung. Beeinflusst das Wachstum die Ausgestaltung der Finanzierung oder ist es eher umgekehrt? Mit welchen Finanzierungslösungen schaffen es Familienunternehmen, erfolgreiche Wachstumsstrategien zu entwickeln? Welche Wachstumsmaßnahmen lassen sich auch unter stark restriktiven Finanzierungsvoraussetzungen verfolgen? Die hohe praktische Relevanz der Themen Wachstum und Finanzierung (des Wachstums) für Familienunternehmen zeigte sich auch in einer Reihe von Gesprächen, die der Autor im Rahmen seiner Beratungstätigkeit und der Vorbereitung des Buchvorhabens führen konnte. Die unternehmerische Praxis hat in diesem Zusammenhang ein natürliches Interesse an Handlungsempfehlungen und Hinweisen auf typische Erfolgs- und Misserfolgsfaktoren, die ebenfalls im Fokus dieser Untersuchung stehen sollen. Hierzu wurde im Rahmen der Arbeit mit verschiedenen Vertretern von Familienunternehmen gesprochen, und die Erkenntnisse aus diesen Interviews wurden in Form von Fallstudien verarbeitet. Schließlich soll es diese Arbeit ermöglichen, spezifische Anschlussfragen offenzulegen und weiteren Forschungsbedarf aufzuzeigen. Es sollen Hypothesen entwickelt werden, die sich in nachfolgenden Untersuchungen, beispielsweise durch großzahlige Verfahren, überprüfen lassen.

Das vorliegende Buch basiert auf einer Dissertation, die der Autor zwischen 2007 und 2009 am Wittener Institut für Familienunternehmen angefertigt hat. Gegenüber der eingereichten Fassung wurden für das vorliegende Buch nur geringfügige Anpassungen vorgenommen.

---

[1] Vgl. BLANCO-MAZAGATOS, DE QUEVEDO-PUENTE und CASTRILLO (2007), S. 200, BURGER-CALDERON et al. (2004), S. 7, und FUEGLISTALLER und ZELLWEGER (2006a), S. 8.

Die Zielsetzung der Arbeit ist insofern dreigeteilt, wie die folgende Darstellung verdeutlicht:

Darstellung 1.1: Ziele der Arbeit

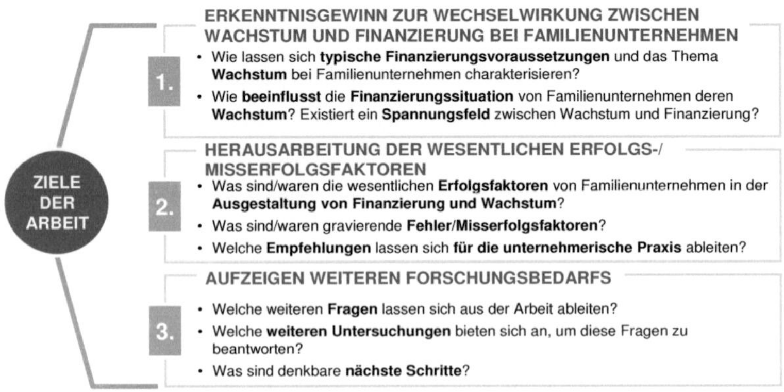

Quelle: eigene Darstellung

1.3 Stand der Forschung

In der vorliegenden Arbeit geht es, wie schon aus den vorangegangenen Ausführungen zu entnehmen ist, um drei zentrale Themenbereiche:

- Familienunternehmen
- Wachstum
- Finanzierung

Außerdem stehen typische Zusammenhänge und Wechselwirkungen zwischen Wachstum und Finanzierung, jeweils zu beziehen auf den Unternehmenstyp Familienunternehmen, im Vordergrund. Im Folgenden wird zunächst der aktuelle Stand der Forschung wiedergegeben, um anschließend, hierauf aufbauend, die konkrete Forschungsfrage abzuleiten.

1.3.1 Stand der Forschung und Übersicht der bestehenden Literatur

Eine Auswertung der vorhandenen Literatur ergab, dass sich neben einer Vielzahl von Publikationen zu den jeweiligen Themen Familienunternehmen,[1] Wachstum[2] und Finanzierung[3] inzwischen auch zahlreiche Forschungsbeiträge finden, die sich an der Schnittstelle von jeweils zwei der genannten drei Bereiche bewegen. Allerdings konnten nur vereinzelte Beiträge gefunden werden, die sich mit der spezifischen Wechselwirkung zwischen Wachstum und Finanzierung von Familienunternehmen beschäftigen.[4] Die folgende Darstellung visualisiert den Stand der Forschung und die daraus abzuleitende Forschungslücke:

Darstellung 1.2: Stand der Forschung und Forschungslücke

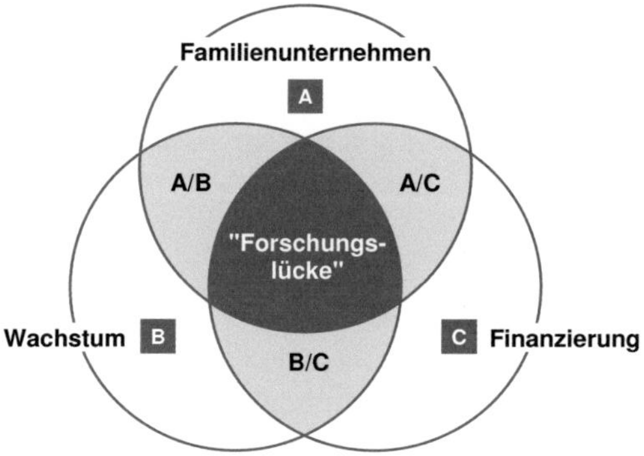

Quelle: eigene Darstellung

Mit dem Phänomen "Wachstum von Familienunternehmen" (Schnittmenge: A/B) beschäftigen sich neben einer Reihe empirischer Studien, die von Hoch-

[1] Vgl. anstelle von vielen WIMMER et al. (2005), KLEIN (2004a), HENNERKES (2004).
[2] Vgl. u.a. GLAUM, HOMMEL und TOMASCHEWSKI (2002), RAISCH, PROBST und GOMEZ (2007). Darüber hinaus haben in der jüngeren Vergangenheit einige Unternehmensberatungen interessante Beiträge zur Wachstumsherausforderung geleistet. Vgl. hierzu u.a. ZOOK (2004), SCHWENKER und BÖTZEL (2005a) und MEFFERT und KLEIN (2007).
[3] Vgl. anstelle von vielen PERRIDON und STEINER (2007) und WÖHE und BILSTEIN (2002) aus der deutschsprachigen Fachliteratur sowie BREALEY, MYERS und ALLEN (2005), COPELAND und WESTON (1992) und ROSS, WESTERFIELD und JAFFE (2004) aus dem angloamerikanischen Raum.
[4] Vgl. hierzu insbesondere die bereits in Abschnitt 1.1 angeführten Beiträge.

schulinstituten und privatwirtschaftlichen Unternehmen durchgeführt wurden,[1] auch einige Beiträge in wissenschaftlichen Fachzeitschriften und Sammelbänden.[2] Exemplarisch sei an dieser Stelle SACHS für den deutschsprachigen Raum genannt, der sich mit Akquisitionsstrategien von Familienunternehmen auseinandersetzt.[3] Im internationalen Bereich findet sich, neben anderen, der Beitrag von WARD, der einige wesentliche Herausforderungen für das Wachstum von Familienunternehmen beschreibt und versucht, daneben eine Reihe von Ratschlägen zu geben, um diese Herausforderungen zu meistern.[4]

Zum Phänomen "Finanzierung von Familienunternehmen" (Schnittmenge: A/C) finden sich in den genannten empirischen Studien zumeist separate Kapitel. Darüber hinaus ist die empirische Datenbasis der Kreditanstalt für Wiederaufbau (KfW) zu nennen, die in ihrer regelmäßig durchgeführten, großzahligen Unternehmensbefragung die Finanzierungssituation mittelständischer (und damit größtenteils in Familienhand befindlicher) Unternehmen in Deutschland abbildet.[5] Außerdem findet sich eine Reihe von Beiträgen in wissenschaftlichen Journals, Monographien oder Beiträge in Sammelbänden.[6]

Zu den Themen "Wachstum und Finanzierung" bzw. Wachstumsfinanzierung allgemein (Schnittmenge: B/C) existiert annahmegemäß eine Vielzahl von Literatur, zum Teil gehen die bereits aufgeführten, allgemeinen Quellen auch näher auf dieses Schnittmengenthema ein. Allerdings wird hierbei das Phänomen Familienunternehmen außer Acht gelassen, daher stand diese Schnittmenge nicht im Vordergrund der Literaturrecherche für diese Arbeit.

---

1 Vgl. u.a. WINKELJOHANN (2006), WALLAU et al. (2007).
2 Vgl. anstelle von vielen STRICK, BLANK und HÜLSBÖMER (2004), DAILY und THOMPSON (1994), GALLO, TÁPIES und CAPPUYNS (2004).
3 Vgl. SACHS (2005).
4 Vgl. WARD (1997).
5 Vgl. PLATTNER und PLANKENSTEINER (2006).
6 Vgl. anstelle von vielen KORMANN (2003) und ACHLEITNER und ACHLEITNER (2000) für den deutschsprachigen Raum, ASTRACHAN und MCCONAUGHY (2001) und DREUX (1990) als Vertreter der internationalen Forschung.

1.3.2 Ableitung der Forschungsfrage

Vor dem Hintergrund der in Abschnitt 1.2 genannten Ziele der Arbeit und dem bisherigen Stand der Forschung interessieren also im Wesentlichen die Wechselwirkungen zwischen Finanzierung bzw. Finanzierungsvoraussetzungen und dem Wachstum von Familienunternehmen.

Die zentrale Hypothese der vorliegenden Arbeit ist, dass Familienunternehmen regelmäßig besonderen Finanzierungsvoraussetzungen unterliegen. Diese können sowohl exogener, d.h. nicht vom Unternehmen zu beeinflussender, als auch endogener Natur (im Sinne von durch das Unternehmen selbst gewählt) sein. Von Interesse ist, ob und inwiefern diese Voraussetzungen das Wachstum von Familienunternehmen beeinflussen und ob sich hierdurch bestimmte gemeinsame Muster in der Ausgestaltung der Wachstumsstrategien finden lassen.

Zwar liefert die internationale Forschung, wie bereits gezeigt, Hinweise auf Parallelen und Gemeinsamkeiten von Familienunternehmen in- und außerhalb Deutschlands. Allerdings wären bei einer internationalen Untersuchung verschiedene weitere Einflussgrößen auf Finanzierungs- und Wachstumsmuster von Familienunternehmen zu beachten (z.B. politische Verhältnisse, gesamtwirtschaftliche Wachstumsvoraussetzungen, Steuergesetzgebung). Daher sollen im Rahmen der vorliegenden Arbeit nur deutsche Familienunternehmen betrachtet werden.

Die Forschungsfrage lautet demnach:

> Wie lassen sich besondere Finanzierungsvoraussetzungen deutscher Familienunternehmen charakterisieren und wie beeinflussen sie deren Wachstum und Wachstumsstrategien?

Aufgrund des bis dato nur wenig erforschten Zusammenhangs zwischen Finanzierung und Wachstum des Familienunternehmens soll die vorliegende Arbeit lediglich als erster Schritt auf dem Weg zu einem besseren Verständnis für die spezifischen Wechselwirkungen beider Faktoren in Familienunternehmen dienen. In Anhang II wird detailliert auf den der Arbeit zugrundeliegenden Forschungsansatz eingegangen. An dieser Stelle sei aber vorweg genommen, dass es sich bei dieser Arbeit nicht um eine deduktiv-theoriekritische Arbeit handelt, deren Ergebnisse daher auch keinen Anspruch auf statistische Repräsentativität erheben. Geeignete Hypothesen und Theorien zum Verhalten von deutschen Familienunternehmen zwischen Wachstums- und Finanzierungsentscheidungen sollen im Rahmen dieses Forschungsvorhabens mithilfe von Fallstudien erst entwickelt werden. Diese Hypothesen zu testen wäre, wie bereits unter 1.2 angemerkt, Gegenstand weiterer Forschung.

1.4 Definition und Abgrenzung des Forschungsgegenstandes

Von Familienunternehmen wird hierzulande viel gesprochen. Eine Durchsicht der in Deutschland erscheinenden Tages- und Wochenpresse liefert hierzu zahlreiche Beispiele.[1] Gerade auch familienunternehmenstypische Besonderheiten, im Verlauf dieser Arbeit noch im Detail zu diskutieren, finden mehr und mehr Aufmerksamkeit in Medien und Gesellschaft. Nur stellt sich die Frage, was genau ein Familienunternehmen ist bzw. welche die zentralen Merkmale sind, die ein Familienunternehmen zu einem solchen machen und es damit von anderen Unternehmen unterscheiden? Um eine nachvollziehbare und klar abgrenzbare Vorstellung davon zu haben, was mit dem Begriff "Familienunternehmen" gemeint ist, wird im Folgenden die im Rahmen dieser Arbeit verwendete Definition hergeleitet.

1.4.1 Bestehende Definitionen in der wissenschaftlichen Literatur

Eingangs sei eine sehr umfassende Übersicht zur Historie und Entwicklung von definitorischen Ansätzen in der Familienunternehmensliteratur angeführt,

[1] Exemplarisch seien an dieser Stelle verschiedene Artikel im Handelsblatt (19.11.2007, "Gesunde Skepsis gegenüber Großfusionen"; 30.10.2007, "Familienfirmen suchen Minderheitskapital"; 27.06.2007, "Aus eigener Kraft wächst Oetker nur noch minimal") sowie Beitragsserien zu Familienunternehmen genannt, die Ende 2007 in der Süddeutschen und in der Frankfurter Allgemeinen Zeitung erschienen.

die sich bei WIECHERS findet. Er stellt darüber hinaus eine Gruppierung und Systematisierung bestehender Ansätze vor.[1] Demgegenüber soll an dieser Stelle nur ein Auszug aus der vornehmlich deutschsprachigen Literatur präsentiert werden, um einen pragmatischen Ansatz zur Eingrenzung des Forschungsgegenstandes zu wählen.

HENNERKES wirft die Frage "Was ist ein Familienunternehmen?" auf. Zur Beantwortung greift er zunächst auf juristische Grundlagen im deutschen Rechtsraum zurück. Nach Maßgabe des Betriebsverfassungsgesetzes (BetrVG) kann nur dann von einem Familienunternehmen gesprochen werden, wenn sich die Mehrheit der Anteile in der Hand einer oder einer bestimmten Anzahl von Familien befindet. Das BetrVG schränkt die Gruppe der in Frage kommenden Unternehmen allerdings auf Aktiengesellschaften ein. Offen bleibt, ob es sich, wie der Gesetzeslaut nahelegt, bei der Familienbeteiligung an dem Unternehmen zwangsläufig um eine Mehrheitsbeteiligung handeln muss. HENNERKES führt mehrere Beispiele an, wonach ein bestimmender Einfluss eines oder mehrerer Gesellschafter auf das Unternehmen auch dann gegeben sein kann, wenn er oder sie nicht mehr als die Hälfte aller Gesellschaftsanteile auf sich vereinen.[2]

Der bestimmende Einfluss einer oder mehrerer Familien auf das Unternehmen kann sich neben dem Eigentum an Gesellschaftsanteilen auch in der Beteiligung von Familienmitgliedern am Management des Unternehmens manifestieren. Ob aber das Einnehmen von Führungspositionen im Unternehmen und damit eine Teilhabe an der aktiven, operativen Steuerung des Unternehmens eine notwendige Voraussetzung für das Vorhandensein eines Familienunternehmens darstellt, wird in der Literatur diskursiv behandelt.[3] Die Stiftung Familienunternehmen in Stuttgart beispielsweise sieht die Einheit von Eigentum und Leitung des Unternehmens als erforderlich für das Vorhanden-

[1] Vgl. WIECHERS (2006), S. 31-47. Eine weitere Übersicht zu verwendeten Definitionen in der internationalen Forschung findet sich bei DYER (2006), S. 255 f.
[2] Vgl. HENNERKES (1998), S. 23.
[3] Vgl. WIECHERS (2006), S. 32, WALLAU et al. (2007), S. 5, und European Foundation for the Improvement of Living and Working Conditions (2002), S. 6.

sein eines Familienunternehmens im engeren Sinne an.[1] In einer weiter gefassten Definition ist aber auch Fremdmanagement bei einem Familienunternehmen zulässig.

KLEIN gilt als Mitentwicklerin einer kontinuierlichen Systematik, um den Einfluss einer Familie auf ein Unternehmen zu messen. Bei dieser Systematik handelt es sich um die sogenannte "F-PEC"-Skala.[2] Das Akronym "F-PEC" steht hierbei für "**F**amily influence through **P**ower, **E**xperience and **C**ulture", der Familieneinfluss auf das Unternehmen wird also konzentriert auf die Dimensionen Macht, Erfahrung und Kultur. Jeder dieser drei Faktoren wird anhand verschiedener, messbarer Kriterien quantifiziert und anschließend durch eine lineare, additive Gleichung zu einem Gesamtwert verdichtet. Familieneinfluss kann hiernach grundsätzlich alle Ausprägungen zwischen nicht vorhanden (0%-Einfluss) und vollständig vorhanden (100%-Einfluss) annehmen. Der Ansatz bietet somit die Möglichkeit, der grundlegenden Dichotomie zwischen Familienunternehmen und Nichtfamilienunternehmen zu entgehen, die vielen Definition implizit ist. Allerdings ist die Erfassung der "F-PEC" zugrundeliegenden Variablen sehr aufwendig und erfordert eine Erhebung unter den zu untersuchenden Unternehmen. WIECHERS hinterfragt auch die Verrechenbarkeit und lineare Additivität der einzelnen Faktoren.[3]

SIMON, WIMMER und GROTH stellen auf den "prägenden Einfluss der Eigentümerfamilie auf die Unternehmensentwicklung" und auf die "enge Kopplung von Familie und Unternehmen" ab.[4] Diese bewusst weit gefasste Eingrenzung löst sich zum einen von der häufig geforderten Mitgliedschaft von Familienvertretern im Management des Unternehmens. Zum anderen ver-

[1] Vgl. WALLAU et al. (2007), S. 5, und HEINEMANN et al. (2006), S. 8.
[2] Vgl. ASTRACHAN, KLEIN und SMYRNIOS (2002) und KLEIN (2004a), S. 14 ff. zu Hintergründen und Berechnung von "F-PEC".
[3] Vgl. WIECHERS (2006), S. 38 f.
[4] Vgl. SIMON, WIMMER und GROTH (2005), S. 16. Eine identische Auffassung vertreten WIMMER et al. (2005), S. 6 f.

meidet sie auch eine größentechnische Klassifikation anhand von Umsatz- oder Mitarbeiterzahlen.[1]

Es kann also festgehalten werden, dass man gemeinhin nur dann von einem Familienunternehmen sprechen kann, wenn eine oder mehrere Familien einen wesentlichen und prägenden Einfluss auf das Unternehmen haben. Einigkeit dürfte darin bestehen, dass dies in der Regel der Fall ist, wenn diese Familien Gesellschaftsanteile an dem Unternehmen besitzen. Uneinigkeit besteht hingegen in der Frage, ob hierfür Mehrheiten erforderlich sind und ob Familienvertreter zwangsläufig auch im Management des Unternehmens aktiv sein müssen.

1.4.2 Inhaltliche Abgrenzung von Familienunternehmen

Für die vorliegende Untersuchung erscheint es – gerade im Hinblick auf eine gezielte Auswahl der genauer zu betrachtenden Fallunternehmen – zweckmäßig, den Begriff des Familienunternehmens weiter einzugrenzen. Daher soll in den folgenden Abschnitten eine Unterscheidung zwischen Familienunternehmen in dem hier verstandenen Sinne und anderen, auf Größenkriterien und Merkmalen des Gesellschafterkreises beruhenden Unternehmensbegriffen getroffen werden. Zu unterscheiden sind Familienunternehmen hiernach von

- dem Begriff des "Mittelstands" sowie kleinen und mittleren Unternehmen,
- Publikumsgesellschaften und sonstigen, nicht durch Familien geprägten Unternehmen.

[1] Zur inhaltlichen Unterscheidung von Familienunternehmen und Unternehmensdefinitionen anhand von Größenkriterien siehe den folgenden Abschnitt 1.4.2.

1.4.2.1 Abgrenzung gegenüber dem Mittelstandsbegriff sowie gegenüber kleinen und mittleren Unternehmen

Die wohl am häufigsten auftretende inhaltliche Verwechslung von Familienunternehmen ist die implizite Gleichsetzung mit dem deutschen Begriff des Mittelstands. Regelmäßig wird diesen Unternehmen eine herausragende Rolle für die deutsche Wirtschaft attestiert und in diesem Zusammenhang gern mit Metaphern wie der "Säule der deutschen Wirtschaft" oder dem "Rückgrat der Volkswirtschaft" gesprochen.[1] Allerdings beziehen sich diese Bezeichnungen mal auf den Typus Familienunternehmen und mal auf die Unternehmensklasse des Mittelstands. Woher rührt dieser synonyme Sprachgebrauch?

Diese Frage ist interessanterweise nicht ohne weiteres zu klären. Das IfM definiert kleine und mittlere Unternehmen (KMU) über Größenklassen, namentlich Mitarbeiter- und Umsatzzahlen. KMU sind demnach Unternehmen mit weniger als 500 Mitarbeitern oder einem jährlichen Umsatz von weniger als 50 Mio. EUR.[2] Das entspricht allerdings explizit nicht dem Mittelstandsbegriff des IfM. Dieser nämlich stellt einzig auf die Einheit von Eigentum und Leitung am Unternehmen ab. Insofern ist der Begriff "Mittelstand" zumindest nach Auffassung des IfM nicht quantitativ, sondern qualitativ belegt. Streng genommen wäre also der Mittelstandsbegriff, hielte man sich an die Definition des IfM, tatsächlich mit einer engen Auffassung von Familienunternehmen (Einheit von Eigentum und Leitung, kein Fremdmanagement) gleichzusetzen. Der alltägliche Sprachgebrauch aber scheint den Mittelstandsbegriff eher für die Definition von KMU nach IfM reserviert zu haben und unterstellt insofern implizit Unternehmen kleiner bis mittlerer Größe.[3] Familienunternehmen hingegen können Unternehmen jedweder Größenordnung sein, unabhängig von

[1] So z.B. die Wortwahl bei STRICK, BLANK und HÜLSBÖMER (2004), S. 12, und ACHLEITNER, SCHRAML und KLÖCKNER (2008), S. 11.

[2] Vgl. WALLAU et al. (2007), S. 4. Eine leicht abweichende Definition von KMU verwendet die Europäische Union (< 250 Mitarbeiter und zusätzlich eine Bilanzsumme von < 43 Mio. EUR). Unabhängigkeit des Unternehmens (also beispielsweise keine Konzernzugehörigkeit) ist in beiden Definitionen Voraussetzung.

[3] Vgl. SIMON, WIMMER und GROTH (2005), S. 16.

der Tatsache, dass sich ein Großteil der kleinen und mittelgroßen Unternehmen in Familienhand befindet.

Der Zusammenhang zwischen qualitativem Verständnis von Familienunternehmen und den unterschiedlichen Größenkategorien nach Definition des IfM wird durch Darstellung 1.3 verdeutlicht:

Darstellung 1.3: Zusammenhang von qualitativen und quantitativen Dimensionen bei der Unternehmensklassifikation

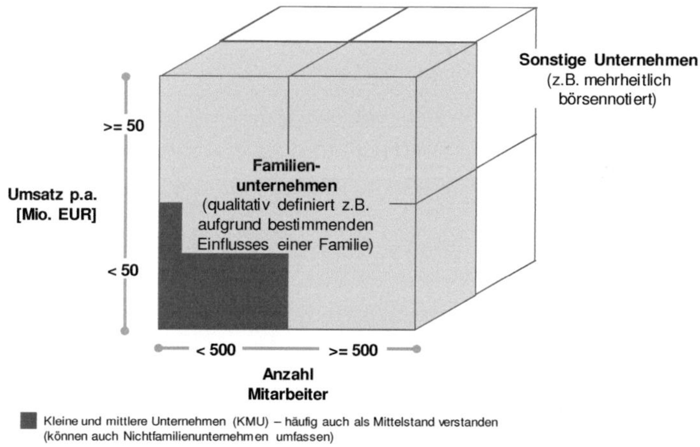

Quelle: eigene Darstellung in Anlehnung an die Definition des IfM

Entscheidend für die vorliegende Untersuchung ist, dass Familienunternehmen gerade nicht als vorwiegend kleine und allenfalls mittelgroße Gesellschaften verstanden werden. In der forschungsleitenden Auffassung von Familienunternehmen werden stattdessen erforderliche Mindestgrößen für die Untersuchung festgelegt, die gegeben sein müssen, damit die intendierten Wechselwirkungen von Wachstums- und Finanzierungsfragen beobachtet werden können.[1]

[1] Vgl. Abschnitt 1.4.3.

1.4.2.2 Abgrenzung gegenüber Publikumsgesellschaften und sonstigen, nicht durch Familien geprägten Unternehmen

Zwar können und sollen in der vorliegenden Arbeit auch große Unternehmen im Fokus stehen. Börsennotierte Aktiengesellschaften, an denen zwar eine Familie beteiligt ist, aber die aufgrund einer langjährigen Börsenhistorie und/oder aufgrund eines mehrheitlichen Streubesitzes größerer institutioneller Anteilseigner stärker durch den Kapitalmarkt als durch die Familie geprägt sind, sollen nicht Gegenstand der Untersuchung sein. Als Beispiel wäre hier die BMW AG zu nennen, an der zwar die Familien Quandt und Klatten 46,6% der Anteile halten. Von einem Familienunternehmen zu sprechen, würde aber an der hier vertretenen Auffassung vorbeigehen, da es sich bei der BMW AG um ein börsenerfahrenes, professionell gemanagtes Unternehmen handelt – Kriterien, die nicht verallgemeinert werden oder gar pauschal auf alle Familienunternehmen bezogen werden können.

Ebenso sollen Unternehmen, die möglicherweise ehemals reine Familienunternehmen waren, zwischenzeitlich aber einen neuen, institutionellen Mehrheitseigner gefunden haben (z.B. durch "management buyout" zusammen mit einem Finanzinvestor) nicht im Vordergrund der Untersuchung stehen. Die Ausschlussgründe sind hier ähnlich gelagert wie bei den Publikumsgesellschaften, weil derartige Unternehmen üblicherweise streng wirtschaftlich und renditeorientiert geführt werden. Wie weiter unten zu sehen sein wird, beziehen viele Familienunternehmen ihren besonderen Charakter auch aus dem Umstand, dass nichtfinanzielle Ziele der Unternehmensführung bisweilen gleichzusetzen sind mit dem wirtschaftlichen Erfolg. Daher sollen auch diejenigen Unternehmen, an denen zwar eine oder mehrere Familien noch verbleibende Anteile halten, die aber mehrheitlich von einem neuen strategischen Gesellschafter oder einem finanziell motivierten Investor beherrscht werden, nicht im Rahmen der Untersuchung behandelt werden.

1.4.3 Festlegung der forschungsleitenden Definition

Was ist also nun ein Familienunternehmen im Sinne der hier vertretenen Auffassung und der forschungsleitenden Definition? Familienunternehmen im hier verstandenen Sinne kennzeichnen sich durch folgende Kriterien:

1. Familienunternehmen unterliegen dem wesentlichen und prägenden Einfluss einer oder mehrerer Familien.

2. Typischerweise ist dies mit dem mehrheitlichen Eigentum an den Gesellschaftsanteilen bzw. den Stimmrechten des Unternehmens verbunden.

3. Familienmitglieder müssen nicht zwangsläufig im Unternehmen beschäftigt sein, die Leitung des Unternehmens kann bei einem Dritten liegen.

Sitz der Gesellschaft und regionaler Schwerpunkt der wirtschaftlichen Aktivitäten der betrachteten Unternehmen sollen in Deutschland liegen. Im Verlauf der Arbeit verwendete, abweichende Bezeichnungen (Familienbetriebe, familienorientierte Unternehmen etc.) dienen der sprachlichen Abwechslung und sollen synonym zum Begriff des Familienunternehmens verstanden werden.

Ergänzend zur genannten Nominaldefinition[1] werden Unternehmen mit einem Umsatz von weniger als 50 Mio. EUR in dieser Untersuchung nicht berücksichtigt. Die Fallunternehmen werden also ausschließlich große Unternehmen gemäß der Definition des IfM sein. Im Rahmen dieser Arbeit sollen Wechselwirkungen zwischen Wachstum, Wachstumsstrategien und Finanzierungsvoraussetzungen bei deutschen Familienunternehmen untersucht werden. Bei kleinen und mittleren Unternehmen kann allerdings nicht oder nur vereinzelt davon ausgegangen werden, dass diese eine explizite Wachstumsstrategie verfolgen. Hinsichtlich der Finanzierungsvoraussetzungen dürften exogene, d.h. nicht vom Unternehmen beeinflussbare, Faktoren dominieren. In

[1] Eine Nominaldefinition wie die hier getroffene ist nach MAYER "eine zweckabhängige Bedeutungsbestimmung", also eine Art Begriffskonvention, vgl. MAYER (2002), S. 11.

dieser Arbeit sollen aber auch und gerade endogene, im spezifischen Selbstverständnis der Unternehmung verankerte Gründe für besondere Finanzierungsmuster aufgezeigt werden, d.h., dass die Unternehmen zumindest potenziell auf ein breites Spektrum an Finanzierungsvarianten zurückgreifen könnten (selbst wenn sie es nicht tun) und nicht aufgrund externer Gegebenheiten nur ein reduziertes Finanzierungsangebot nutzen können.

1.5 Übersicht über den Aufbau der Arbeit

Im weiteren Verlauf folgt zunächst eine Zusammenfassung der wesentlichen theoretischen und empirischen Erkenntnisse zu den Themen Familienunternehmen, Wachstum und Finanzierung (Kapitel 2). Einleitend wird zunächst die Rolle von Familienunternehmen innerhalb der bestehenden Literatur und empirischen Forschung beschrieben (Abschnitt 2.1), anschließend erfolgt eine Darstellung der nationalen und internationalen volkswirtschaftlichen Bedeutung von Familienunternehmen (Abschnitt 2.2). Darauf folgt eine besondere Würdigung der Unternehmerfamilie und deren Einfluss auf das Unternehmen. (Abschnitt 2.3). Hierauf aufbauend werden Besonderheiten und Beobachtungen zu den Themen Finanzierung (Abschnitt 2.4) und Wachstum von Familienunternehmen (Abschnitt 2.5) erörtert.

In Kapitel 3, dem inhaltlichen Hauptteil der Arbeit, erfolgt die Zusammenfassung, Diskussion und Reflexion der im Rahmen der Fallstudien gewonnenen Erkenntnisse. Zu den Themenschwerpunkten Finanzierung und Wachstum der Fallunternehmen werden in den Kapiteln 3.1.1 und 3.2.1 die wesentlichen Erkenntnisse herausgearbeitet. Die Reflektion mit dem bisherigen Stand der Forschung erfolgt in den Abschnitten 3.1.2 und 3.2.2. Abschnitt 3.3 bildet die Synthese aus empirischen Erkenntnissen auf Basis der Fallstudien und dem bisherigen Stand der Forschung und fragt nach dem besonderen Spannungsfeld von Wachstum und Finanzierung bei Familienunternehmen. Kapitel 4 stellt insofern eine Zusammenfassung aus den Fallstudien dar, die ihrerseits im Einzelnen und vollumfänglich im Anhang zu dieser Arbeit aufgeführt sind.

Kapitel 4 schließlich fasst die Ergebnisse der Arbeit in einem Fazit zusammen (Abschnitt 4.1), gibt Handlungsempfehlungen für die unternehmerische Praxis (Abschnitt 4.2) und zeigt Limitationen sowie weiteren Forschungsbedarf auf (Abschnitt 4.3).

Folgende Darstellung verdeutlicht den Aufbau der Arbeit nochmals:

Darstellung 1.4: Aufbau der Arbeit

Kapitel 2
- Behandlung von Familienunternehmen in der Literatur
- Volkswirtschaftliche Bedeutung
- Rolle und Einfluss der Familie
- Fokus: Finanzierungs- und Wachstumsthemen

Kapitel 3
- Finanzierungsmerkmale der Fallunternehmen
- Bedeutung und Ausprägung von Wachstumsstrategien
- Wechselwirkungen
- Reflektion mit Stand der Literatur

Kapitel 4
- Gesamtfazit und Diskussion
- Handlungsoptionen für die Praxis
- Limitationen der Arbeit
- Aufzeigen weiteren Forschungsbedarfs

Quelle: eigene Darstellung

2 Theoretische und empirische Grundlagen

2.1 Die Behandlung von Familienunternehmen in der betriebswirtschaftlichen und sozialwissenschaftlichen Forschung

"Familienunternehmen: ein ebenso wohlbekanntes wie unbekanntes Phänomen", so übertitelt WIECHERS ein einleitendes Kapitel seiner Arbeit und pointiert damit ein besonderes Charakteristikum von Familienunternehmen sehr genau.[1] Zwar kann man grundsätzlich davon ausgehen, dass ein gewisser gesellschaftlicher Konsens darüber besteht, was Familienunternehmen sind und wodurch sie sich kennzeichnen. Bei genauerem Hinsehen allerdings fehlt es zum einen an standardisierten Definitionen von Familienunternehmen, wie in Abschnitt 1.4.1 dargelegt. Zum anderen ist längst nicht klar, was eigentlich Familienunternehmen zu eben einem besonderen Phänomen machen und damit hinsichtlich ihrer Verhaltens- und Wirkungsweisen von anderen Unternehmenstypen abgrenzen sollte. Es fehlt – nach wie vor – eine geschlossene Theorie der Familienunternehmen.[2]

Gleichwohl hat die betriebswirtschaftliche und sozialwissenschaftliche Literatur Familienunternehmen schon seit einiger Zeit als spannendes und ergiebiges Forschungsfeld entdeckt. Bereits in den 1960er und 1970er Jahren begannen die ersten Beiträge, sich mit dem besonderen Organisationsphänomen Familienunternehmen auseinanderzusetzen. Im Vordergrund standen hierbei typische verhaltenstheoretische Muster, die sich besonders häufig in Familienunternehmen fanden und finden, wie beispielsweise Nepotismus (Vetternwirtschaft), Rivalitäten zwischen Geschwistern, Generationenkonflikte, aber auch mangelnde Professionalität in der unternehmerischen Manage-

[1] WIECHERS (2006), S. 13.
[2] Vgl. KLEIN (2004a), S. 1.

mentpraxis.[1] Hinzu kamen zahlreiche Artikel zur Nachfolgeproblematik bei Familienunternehmen.[2]

Die modelltheoretischen Grundüberlegungen zur Phänomenologie von Familienunternehmen gingen von einer (begrifflich naheliegenden) Trennung der Systeme "Familie" und "Unternehmen" aus. Familienunternehmen beziehen hiernach ihre besondere Charakteristik aus der gegenseitigen Beeinflussung zweier zunächst höchst verschiedener sozialer Systeme mit unterschiedlichen Normen, Regeln und Kommunikationsmustern.[3] Späterhin wurde erkannt, dass die Dichotomie zwischen Familie und Unternehmen nicht ausreicht, um die vielfältigen Facetten und Rollenbilder eines Familienunternehmens umfassend zu beschreiben. Auf TAGIURI und DAVIS geht daher die Erweiterung zum sogenannten "3-Kreise-Modell" des Familienunternehmens zurück, innerhalb dessen zu den Systemen Familie ("family") und Unternehmen ("managers & employees") noch die Eigentümer ("owners") ergänzt werden.[4] Es macht demnach einen Unterschied, ob ein Familienmitglied gleichzeitig Gesellschafter des Unternehmens ist oder nicht und ob beispielsweise noch dritte Eigentümer vorhanden sind. Die folgende Darstellung zeigt das 3-Kreise-Modell und verdeutlicht Schnittstellen zwischen den verschiedenen Einflusssphären eines Familienunternehmens. Innerhalb und zwischen den drei Systemen lassen sich sieben generische Rollenbilder identifizieren, die von Personen in und um das Familienunternehmen eingenommen werden können.[5] Diese Personen können durchaus divergierende Interessen und Ziele verfolgen, beispielsweise hinsichtlich der Höhe der jährlichen Ausschüttungen an die Gesellschafter. Konflikte und Dilemmata der mit

[1] Vgl. WIECHERS (2006), S. 17.

[2] Eine Übersicht für den englischsprachigen Raum bietet beispielsweise HANDLER (1994), für den deutschsprachigen Raum ALBACH (1989), S. 23 ff., oder KLETT (2005), S. 35 ff.

[3] Vgl. SIMON, WIMMER und GROTH (2005), S. 17.

[4] Vgl. TAGIURI und DAVIS (1996). Die Autoren hatten die Erweiterung bereits 1982 in einem internen Arbeitspapier der Harvard University vorgestellt, vgl. WIECHERS (2006), S. 18.

[5] "Sieben" setzt sich dabei aus den drei Systemen, drei Überschneidungen zwischen jeweils zwei Systemen und einer Schnittmenge aus allen drei Systemen zusammen. Einige Familienunternehmensforscher gelangen auch zu abweichenden Zahlen möglicher Rollen, vgl. KLETT (2005), S. 12.

dem Unternehmen verbundenen Personen können auf diese Weise besser analysiert und geeignete Lösungen konzipiert werden.

Darstellung 2.1: 3-Kreise-Modell des Familienunternehmens

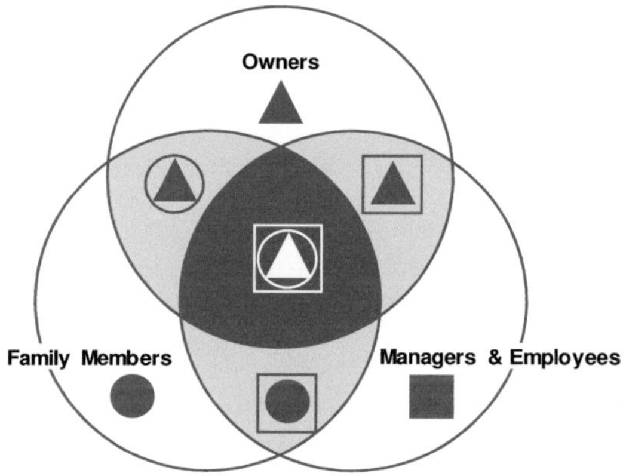

Quelle: TAGIURI und DAVIS (1996), S. 200

Das 3-Kreise-Modell von TAGIURI und DAVIS wurde nach und nach durch verschiedene Ergänzungen weiterentwickelt.[1] Dennoch, so SIMON, "[...] kann man wohl feststellen, dass die Spezifität der Familien- und Unternehmensdynamik, sei sie nun positiv oder negativ bewertet, stets aus dem Spannungsverhältnis dieser drei Systeme resultiert."[2]

Die Erforschung von Familienunternehmen als eigenständiges, wissenschaftliches Anliegen findet ihren Ursprung – wie viele andere Forschungsgebiete auch – in den USA. Verschiedene Disziplinen haben sich hier mittlerweile seit mehreren Jahrzehnten dem Phänomen Familienunternehmen gewidmet, wenngleich der Austausch zwischen den verschiedenen Fachrichtungen nach Ansicht von ZAHRA und SHARMA in Zukunft noch gestärkt werden kann.[3] Die Anzahl der publizierten Artikel zum Thema Familienunternehmen hat

[1] Vgl. WIECHERS (2006), S. 21 ff.
[2] Vgl. SIMON (2005), S. 11.
[3] Vgl. ZAHRA und SHARMA (2004), S. 331 und S. 336.

insbesondere in den 1990er Jahren deutlich zugenommen,[1] wobei sich die Veröffentlichungen längst nicht nur auf das wohl führende wissenschaftliche Magazin, die "Family Business Review" (FBR), konzentrieren, sondern inzwischen auch Mainstream-Journale erreicht haben.[2] Während die frühen Werke noch häufig ohne gesicherte empirische Erkenntnisse argumentieren mussten, konnte dieses Defizit, zumindest im englischsprachigen Raum, inzwischen ausgeräumt und konnten neuere Beiträge auf aussagekräftige empirische Daten gestützt werden.[3]

Im deutschsprachigen Raum hat die Familienunternehmensforschung insbesondere durch die Arbeit der Stiftung Familienunternehmen und des IfM in Bonn Auftrieb erhalten. Hinzu kam eine Reihe von Hochschulinstituten, die insbesondere an privaten Einrichtungen seit Ende der 1990er Jahre ins Leben gerufen wurden.[4] Zwar hat damit das Forschungsfeld Familienunternehmen auch im deutschsprachigen Raum einige Bedeutung erlangt. Es verwundert allerdings nicht, dass KLEIN Belege dafür findet, dass die Forschung in Deutschland, Österreich und der Schweiz im Vergleich zu den USA noch in den Kinderschuhen steckt. So ließen sich im Zeitraum von 1990 bis 2000 im deutschsprachigen Raum nur 14 publizierte Artikel in wissenschaftlichen Zeitschriften finden, deren Titel den Begriff "Familienunternehmen" (oder verwandte Begriffe wie etwa "Familienbetrieb") aufwiesen. Demgegenüber fanden sich allein im FBR im selben Zeitraum 222 Artikel.[5]

Wie weiter oben bereits angeführt, stellen Fragen zur Nachfolge das wohl aktivste Forschungsfeld im Bereich der Familienunternehmen dar. Zu diesem Ergebnis kommen auch CHRISMAN, CHUA und SHARMA: Anhand eines

---

1 Vgl. SHARMA (2004), S. 1.
2 Vgl. WIECHERS (2006), S. 29.
3 Vgl. ZAHRA und SHARMA (2004), S. 332.
4 Hierzu zählen u.a. das Wittener Institut für Familienunternehmen an der privaten Universität
Witten/Herdecke, das EBS European Family Business Center an der European Business School in
Oestrich-Winkel, der INTES-Stiftungslehrstuhl für Corporate Governance und Management von Unternehmerfamilien an der WHU – Otto Beisheim School of Management in Vallendar sowie das Center for Family Business an der Universität St. Gallen, Schweiz.
5 Vgl. KLEIN (2003), S. 6.

"literature reviews" von 190 Artikeln zwischen 1996 und 2003 stellen die Autoren fest, dass die weitaus meisten die Nachfolgethematik behandeln.[1] Das Thema ist nach Einschätzung der Autoren so dominierend und charakterisierend für das Feld der Familienunternehmensforschung, dass gerade bei Vertretern anderer Forschungsdisziplinen leicht der Eindruck entstehen könne, dass es sich faktisch um das einzig relevante Thema in der wissenschaftlichen Auseinandersetzung mit Familienunternehmen handelt.[2]

Die Nachfolgefrage ist auch nach GERSICK das zentrale Thema im Bereich der Familienunternehmensforschung. In seinem 4-Phasen-Modell zur Entwicklung der Erforschung von Familienunternehmen kennzeichnet sich die zweite Phase durch das Herausbilden eines dominierenden Themas, in diesem Fall der Nachfolgefrage. Die vier Phasen im Einzelnen sind:

1. "One-shot articles": Der wissenschaftliche Ansatz basiert hier zumeist noch auf persönlichen Erfahrungen einiger weniger Forscher bzw. Praktiker.

2. "First emergence of a topic": Herausbildung eines zentralen Themas, in diesem Fall der Nachfolgeproblematik.

3. "Early experts": Ausbildung einiger auch international anerkannter Experten.

4. "Established academic field": Regelmäßige Forschungsbeiträge zum Thema in spezialisierten und Mainstream-Journalen.[3]

Neben der Beschäftigung mit Nachfolgethemen sind weitere wesentliche Forschungsansätze komparative Performance-Studien zwischen Familienunternehmen und Nichtfamilienunternehmen, Corporate Governance, ressourcenbasierte Untersuchungen und Konfliktforschung sowie Entrepeneurship,

[1] Vgl. CHRISMAN, CHUA und SHARMA (2003), S. 4
[2] Vgl. CHUA, CHRISMAN und SHARMA (2003), S. 89.
[3] Vgl. GERSICK (1994), S. 103.

Unternehmenskultur und Unternehmensstrategie.[1] Es hat den Anschein, als bestünden gewisse "Megatrends" für Familienunternehmen, von denen auch ARONOFF spricht, geradezu klassische Themen, deren Relevanz für Unternehmer kaum erschöpfend behandelt werden kann.[2] So lässt sich zu dem Schluss kommen, dass fundamentale Fragen der Familienunternehmensforschung, wie beispielsweise der Stellenwert von unternehmerischen Zielen (monetär vs. nichtmonetär), auch weiterhin im Fokus des Interesses stehen werden.

2.2 Die volkswirtschaftliche Bedeutung von Familienunternehmen in nationalem und internationalem Kontext

Die wissenschaftliche Auseinandersetzung mit Familienunternehmen als besonderer "Spezies" von Unternehmen erscheint nicht zuletzt auch und gerade vor dem Hintergrund ihrer volkswirtschaftlichen Bedeutung erforderlich. Unabhängig von der zugrundegelegten Definition gelangen verschiedene empirische Untersuchungen zu beeindruckenden Ergebnissen hinsichtlich der Bedeutung von Familienunternehmen für Beschäftigung und Bruttowertschöpfung innerhalb der Volkswirtschaft. Hierdurch wird die häufig vertretene Auffassung von Familienunternehmen als dem "Rückgrat" der heimischen Wirtschaft durchaus bestätigt.[3]

Die wichtige Rolle von Familienunternehmen für die Gesamtwirtschaft gilt darüber hinaus nicht nur für die deutsche, sondern auch für viele andere Volkswirtschaften. In den folgenden Ausführungen sollen zunächst der nationale und anschließend der internationale Kontext beleuchtet und die besondere Bedeutung von Familienunternehmen erläutert werden.

---

[1] Vgl. CHRISMAN, CHUA und SHARMA (2003), S. 4.

[2] Vgl. ARONOFF (1998). Die vom Autor identifizierten Trends umfassen ebenfalls Fragen der Unternehmens- bzw. Generationennachfolge, die zunehmende Bedeutung strategischer Planung und die Stärkung der Kompetenz in Management- und Finanzangelegenheiten.

[3] Häufig beziehen sich solche plakativen Vergleiche auch auf den Mittelstandsbegriff und stellen damit vermutlich auf Größenkriterien ab. Gemeint ist aber in beiden Fällen ein sehr ähnlicher Unternehmenstypus, der sich häufig durch die Einheit von Eigentum und Management kennzeichnet und eher kleine und mittlere Größenordnungen im Blick hat, vgl. Abschnitt 1.4.2.1 für eine genaue begriffliche Abgrenzung der Begriffe "Familienunternehmen" und "Mittelstand".

2.2.1 Die Bedeutung von Familienunternehmen für die deutsche Volkswirtschaft

Will man sich der Frage nach der Bedeutung von Familienunternehmen für die deutsche Volkswirtschaft quantitativ nähern, so stellt man zunächst fest, dass gesicherte empirische Daten zu Familienunternehmen lange Zeit nicht existierten. Unterschiedliche Auffassungen davon, was ein Familienunternehmen eigentlich ist und durch welche Kriterien es sich kennzeichnet, machten und machen es notwendig, spezielle großzahlige Erhebungen anzustrengen, um genau diejenigen Unternehmen zu erfassen, die der jeweils vertretenen Definition von Familienunternehmen entsprechen. Behelfsweise wurde lange Zeit auf Daten der Umsatzsteuerstatistik zurückgegriffen, um durch eine Abgrenzung nach Größenklassen und Rechtsformen approximative Werte für volkswirtschaftliche Anteile von Familienunternehmen in Deutschland zu erhalten.

Die ersten repräsentativen Primärdaten basieren auf einer Erhebung von KLEIN. Basis für die Befragung waren alle im deutschen Handelsregister eingetragenen Unternehmen mit mehr als 1 Mio. EUR Jahresumsatz. Diese Abgrenzung von Kleinstunternehmen bot für die Forschungsfragen von KLEIN zu Management-, Kapital- und Kontrollstrukturen einen geeigneten Arbeitsansatz.[1] Zieht man in Betracht, dass gerade diese Unternehmen in den meisten Fällen in der Hand einer oder weniger natürlicher Personen liegen und damit nach strenger Auslegung als Familienunternehmen klassifiziert werden müssten, dürften die empirischen Werte aus der Untersuchung von KLEIN tendenziell noch höher ausgelegt werden. Von den deutschen Unternehmen mit mehr als 1 Mio. EUR Jahresumsatz sind hiernach knapp 70% Familienunternehmen. In der Größenkategorie zwischen 50 und 250 Mio. EUR sind es noch knapp 50%, darüber noch 30% aller Unternehmen. Insgesamt erwirtschaften Familienunternehmen 55% des Gesamtumsatzes aller

[1] Vgl. KLEIN (2004a), S. 38. Dargestellt sind die Ergebnisse der zweiten Untersuchung aus dem Jahr 2002. Dem vorangegangen war eine erste Erhebung in den Jahren 1996 und 1997, vgl. KLEIN (2000). Ebenfalls viel zitiert ist die Untersuchung von KAYSER und WALLAU in Zusammenarbeit mit dem Bund Deutscher Industrie (BDI) und Ernst & Young, vgl. KAYSER und WALLAU (2002).

Unternehmen mit mehr als 1 Mio. EUR Jahresumsatz und beschäftigen ca. 53% aller Beschäftigten in Unternehmen oberhalb dieses Mindestumsatzes. Branchenschwerpunkte liegen insbesondere im verarbeitenden und im Baugewerbe sowie im Handel und Handwerk, wo Familienunternehmen den Großteil der Unternehmen, gemessen an Anzahl und Gesamtumsatz, ausmachen. Demgegenüber sind Familienunternehmen im Bereich der Dienstleistungen zwar ebenfalls häufiger vertreten als Nichtfamilienunternehmen, erzielen hier aber kumuliert weniger Umsätze als Nichtfamilienunternehmen.[1]

Ähnliche Aussagen liefern die Ergebnisse von WALLAU et al.: Das IfM hat hierfür verschiedene Unternehmensdatenbanken sowie die Umsatzsteuerstatistik herangezogen und auf eigentümergeführte Unternehmen untersucht (enge Auffassung vom Begriff des Familienunternehmens). Die Daten bestätigen die insbesondere bei den niedrigeren Umsatzklassen dominierende Bedeutung des Familienunternehmens und zeichnen ebenfalls ein vergleichbares Bild hinsichtlich der Branchenschwerpunkte wie bei KLEIN. Insgesamt lassen sich die volkswirtschaftlichen Anteile von Familienunternehmen an der Anzahl, an den kumulierten Umsätzen und den sozialversicherungspflichtig Beschäftigten in Deutschland wie folgt wiedergeben:

Darstellung 2.2: die volkswirtschaftliche Bedeutung von Familienunternehmen in Deutschland

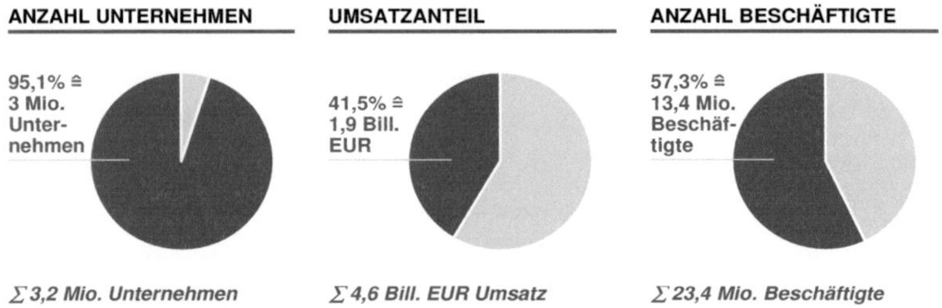

Quelle: eigene Darstellung in Anlehnung an WALLAU et al. (2007), S. 24

[1] Vgl. KLEIN (2004a), S. 49 ff.

Eine besonders prominente Rolle spielen gerade die großen Familienunternehmen, oft Unternehmensgruppen von internationaler Bedeutung. Während kleinere Unternehmen häufig eine sehr zurückhaltende Informationspolitik praktizieren und meistens nur regional bekannt sind, stehen die größten Familienunternehmen in Deutschland häufig regelrecht im Lichte der Öffentlichkeit. Dabei ist die Intonation der Berichterstattung durchaus ambivalent, wie KLETT beschreibt: Während große Namen wie Oetker oder Merck als glanzvolle Beispiele für unternehmerischen Erfolg zitiert werden, die sich auch in einem umkämpften Markt und mit zahlreichen Standortnachteilen ausgestattet über Generationen hinweg im Wettbewerb behaupten, stehen ihnen gegenüber zahlreiche zwischenmenschliche Verwerfungen und unternehmerisches Versagen wie z.B. im Fall von Bahlsen, Steilmann oder der Schmidt-Bank. [1] Das IfM in Bonn hat die 500 größten Familienunternehmen in Deutschland mithilfe einer Datenbankrecherche identifiziert und deren Umsatz- und Beschäftigungswerte für die Jahre 2003 bis 2005 zusammengetragen. Allerdings rückt das IfM bei dieser Darstellung von der in den oben genannten Zahlen angewendeten engen Auffassung von Familienunternehmen ab und stellt nicht mehr zwangsläufig auf die Einheit von Eigentum und Management ab. Trotzdem geben die Zahlen mindestens groben Aufschluss über die enorme wirtschaftliche Leistungsfähigkeit dieser großen Familienunternehmen: Die besagten 500 Unternehmen allein erzielten im Jahr 2005 einen Gesamtumsatz von mehr als 740 Mrd. EUR und damit fast 40% des Gesamtumsatzes aller drei Millionen Familienunternehmen in Deutschland (1,9 Bill. EUR, vgl. Darstellung 2.2). Auch wenn die den beiden Werten zugrundeliegenden Grundgesamtheiten nicht einheitlich sind, so zeigt sich doch eine deutliche Rechtsschiefe in der Umsatzverteilung nach Größenclustern innerhalb der deutschen Familienunternehmenslandschaft. Etwas weniger deutlich fällt der Anteil an der Beschäftigung in den 500 größten Familienunternehmen aus. 2005 waren in diesen Unternehmen ca. 3,3 Mio. Angestellte und Arbeiter und damit ca. 25% der 13,4 Mio. Beschäftigen aller Familienunternehmen tätig.

[1] Vgl. KLETT (2005), S. 17.

Im Zeitreihenvergleich der Jahre 2003 bis 2005 weisen die 500 größten Familienunternehmen bei Umsatz und Beschäftigung deutliche Steigerungsraten auf. Die Gesamtumsatzerlöse stiegen in diesen drei Jahren von 642 Mrd. EUR auf 743 Mrd. EUR (+101 Mrd. EUR = 15,7%), die Anzahl der Beschäftigten von 2,9 Mio. auf 3,3 Mio. (+0,4 Mio. = 13,8%), wie folgende Darstellung verdeutlicht:

Darstellung 2.3: Umsatz- und Beschäftigungsentwicklung der 500 größten Familienunternehmen 2003 bis 2005

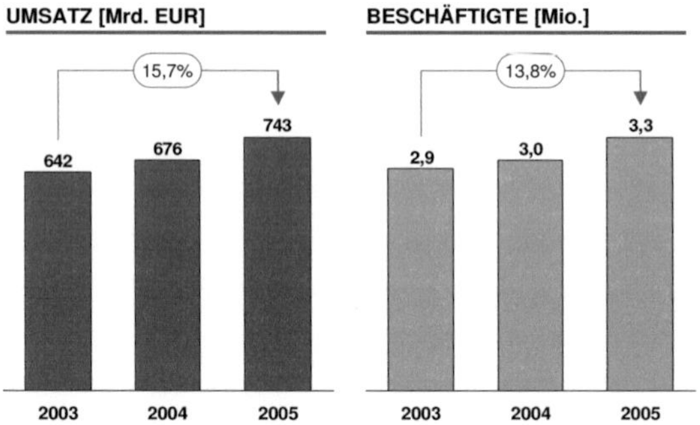

Quelle: eigene Darstellung in Anlehnung an WALLAU et al. (2007), S. 38

Während im Vergleichszeitraum die Gesamtanzahl der sozialversicherungspflichtigen Beschäftigten in Deutschland zurückging, steigerten sich die 500 größten Familienunternehmen hier um 10% von 2,0 auf 2,2 Mio. Arbeitsplätze. Damit entfielen also ca. zwei Drittel aller Arbeitsplätze der 500 größten Familienunternehmen auf den Standort Deutschland (2,2 Mio. von insgesamt 3,3 Mio. Beschäftigten). Demgegenüber war der Anteil der DAX-Unternehmen an den Gesamtarbeitsplätzen in Deutschland sogar leicht rückläufig (von 6,9% 2003 auf 6,7% 2005).[1] Insofern zeigt sich hierin auch die gerade für die Beschäftigung in Deutschland wichtige Bedeutung der großen Familienunternehmen.

[1] Vgl. für die Angaben zu den 500 größten Familienunternehmen WALLAU et al. (2007), S. 38 ff. Die Vergleichszahlen zwischen Familien- und DAX-Unternehmen sind bereinigt um die Metro AG und die BMW AG, die sowohl aufgrund der Eigentümerstruktur zu den Familienunternehmen gezählt wie auch im DAX-30 gelistet werden.

2.2.2 Die Bedeutung von Familienunternehmen für ausgewählte internationale Volkswirtschaften

Die zuvor beschriebene quantitative Bedeutung von Familienunternehmen für Wachstum und Wertschöpfung der Volkswirtschaft ist kein ausschließlich deutsches Phänomen. Je nach Breite der angewendeten Definition kommen ASTRACHAN und SHANKER auf Werte zwischen 29% und 64% für den Anteil von Familienunternehmen am Bruttoinlandsprodukt (BIP) der USA sowie 27% und 62% für den entsprechenden Anteil an der Gesamtbeschäftigtenzahl.[1] Neun von zehn Unternehmen in den USA sind nach den Autoren Familienunternehmen, was, gemessen an den Werten von KLEIN und unter Berücksichtigung von Kleinstunternehmen mit Umsätzen von weniger als 1 Mio. EUR p.a., mit der Situation in Deutschland vergleichbar sein dürfte.

In anderen Ländern zeichnet sich ein ähnliches Bild: In Australien sind nahezu 70% aller privatwirtschaftlichen Unternehmungen Familienunternehmen, die jeden zweiten inländischen Arbeitsplatz zur Verfügung stellen. Für Südamerika (hier Brasilien und Chile) gehen Schätzungen davon aus, dass sich ca. 65-70% der mittelgroßen und großen Unternehmen in Familienhand befinden. In Großbritannien sind drei von vier Unternehmen Familienunternehmen, die rund 50% der inländischen Arbeitsplätze bereitstellen. In Italien repräsentieren Familienunternehmen rund 93% der Unternehmenslandschaft, manche Schätzungen gehen sogar davon aus, dass bis zu 99% aller italienischen Unternehmen als Familienunternehmen klassifiziert werden können. Ähnlich wie in Deutschland liegt auch hier der Branchenschwerpunkt von Familienunternehmen im Bereich des verarbeitenden Gewerbes.[2]

Es zeigt sich also, dass Familienunternehmen – national wie international – in der Tat eine tragende Säule der Volkswirtschaft sind. Familienunternehmen besser zu verstehen, ist also nicht zuletzt auch vor dem Hintergrund ihrer gesamtwirtschaftlichen Bedeutung ein lohnendes Ziel sowohl für die Wissenschaft als auch für die Politik.

---

[1] Vgl. ASTRACHAN und SHANKER (2003), S. 218.
[2] Alle Angaben zitiert nach Family Firm Institute (2005).

2.3 Wesentliche Charakteristika, Stärken und Schwächen von Familienunternehmen

Aber ist es legitim, allein aus der makroökonomischen Bedeutung heraus abzuleiten, dass Familienunternehmen tatsächlich ein eigenständiges Forschungsfeld darstellen? Warum sollten sich bestehende Erkenntnisse aus der Betriebswirtschaftslehre nicht eins zu eins auf Familienunternehmen anwenden lassen? Was ist es genau, das Familienunternehmen von anderen, insbesondere korporativen, börsennotierten Unternehmen unterscheidet?[1] Wenn in Abschnitt 2.1 von "besonderen Charakteristika" und einer "Phänomenologie des Familienunternehmens" gesprochen wurde, so gilt es nun, diese Aspekte genauer zu beleuchten.

Der Begriff "Familienunternehmen" legt es bereits nahe: Das zentrale Unterscheidungs- und Abgrenzungsmerkmal dieses Unternehmenstypus ist der Einfluss einer (oder mehrerer) Familien, weswegen dieser auch Gegenstand aller gängigen Definitionen von Familienunternehmen ist, so verschieden diese im Einzelnen auch sein mögen.[2] Die Familie als privater Raum und das Unternehmen, zwei grundsätzlich verschiedene soziale Systeme, stehen hier nicht in abstrakter und isolierter Beziehung zueinander, sondern sind vielmehr eng miteinander verwoben,[3] geradezu interdependent.[4] Hierdurch erfährt das Unternehmen eine einzigartige Ressource, wie zu zeigen sein wird, in dem Sinne, dass die Familie und ihre Mitglieder sich für ihr Unternehmen bisweilen regelrecht aufopfern und all ihre Kräfte und Möglichkeiten in die Entwicklung und den Erhalt des Unternehmens einbringen. Andererseits kann eine solche Beziehung auch erhebliche Risiken in sich bergen: Stellt die Familie ihr eigenes privates Wohlergehen deutlich über das des Unternehmens, gehen diesem häufig gerade diese so dringend benötigten Ressourcen verloren und

---

1 In ähnlicher Form stellen sich WIMMER et al. (2005), S. 16, dieselben Fragen.

2 Vgl. Abschnitt 1.4.1.

3 Systemtheoretisch argumentiert lässt sich diese Formulierung allerdings nicht halten. Hier spricht WIECHERS anstelle dessen von "operativ geschlossenen, autopoietischen Systemen", die einander nur beobachten, sich aber nicht überlappen. Allerdings lässt der Autor durchaus gelten, "[...] dass erst die Familie als Fremdreferenz das Unternehmen zum Familienunternehmen werden lässt." Vgl. WIECHERS (2006), S. 158.

4 Vgl. SHARMA, CHRISMAN und CHUA (1997), S. 4.

die Familie bedroht die Existenz ihres eigenen Unternehmens (und damit letztlich auch die ihrer selbst). Die Familie kann also einerseits eine wertvolle Ressource, andererseits ein nicht unerhebliches Risiko für das Unternehmen darstellen. Die Handhabung dieser Janusköpfigkeit gehört (neben anderen) zu den wesentlichen Erfolgsmerkmalen langlebiger Familienunternehmen,[1] und beide Aspekte sollen im Folgenden ausführlich behandelt werden.

2.3.1 Die Familie als Ressource – eine zentrale Stärke des Familienunternehmens

Die Familie ist also das konstituierende Element, das "Fundament des Familienunternehmens"[2], zum Guten oder zum Schlechten, und es lässt sich die Einschätzung vertreten

> "[...] dass man einen realitätsgerechten Zugang zur Eigenart von Familienunternehmen erst dann gewinnt, wenn man sie als Ergebnis der Koevolution zweier, im Grunde genommen einer ganz unterschiedlichen inneren Logik folgender sozialer Systeme begreift, der Eigentümerfamilie einerseits und dem Unternehmen [...] andererseits."[3]

In gewisser Weise stellen Familien, in deren Eigentum sich ein Betrieb befindet, einen Anachronismus dar: Seit Herausbildung der Arbeitsteilung, spätestens aber seit Ende des zweiten Weltkriegs hat sich – wenigstens in hiesigen Breitengraden – ein Bild familiären Zusammenlebens entwickelt, welches primär auf emotionalen Gesichtspunkten fußt. Das System "Familie" wird gemeinhin als privater Raum erlebt, in dem die Menschen, die Familienmitglieder, und deren Gefühle eine gewichtige Rolle spielen. Dem Privatleben gegenüber und klar abgegrenzt voneinander steht das Berufsleben, in welchem es im Wesentlichen um die Erfüllung von Funktionen geht und die teilnehmenden Personen weniger aufgrund ihrer Persönlichkeit und Gefühle,

[1] Vgl. WIMMER und GROTH (2005), S. 105 ff., und SIMON, WIMMER und GROTH (2005), S. 153 ff.
[2] HENNERKES (2001), S. 32.
[3] Vgl. WIMMER et al. (2005), S. 7.

sondern vielmehr aufgrund ihrer Funktionserfüllung eingesetzt und beurteilt werden.[1] Ganz anders liegen die Dinge aber bei der Unternehmerfamilie: Hier kann die strikte Trennung der beiden Welten nie vollständig vollzogen werden, das Unternehmen sitzt quasi "immer mit am Tisch"[2]. Es nimmt gleichsam die Rolle einer gemeinsamen Aufgabe oder Funktion für die Familie ein, namentlich der Sorge um eine gemeinsame Existenzgrundlage. Mit dieser Aufgabe steht den primär emotionalen Komponenten des Familienlebens im Fall von Unternehmerfamilien ein funktionales Pendant gegenüber, was "[...] den familiären Liebesbanden in ihrer Bedeutung zumindest die Waage hält."[3]

Allerdings führt diese gemeinsame Aufgabe häufig auch zu einem hohen Maß an Verbundenheit innerhalb der Familie. In den Unternehmenskontext wiederum fließen ein häufig ebenso hohes Maß an Vertrauen zwischen den Familiengesellschaftern und gemeinsame Wertevorstellungen ein, was dazu führt, dass Familienunternehmen häufig nicht nur reine Wirtschafts-, sondern vielmehr Wertegemeinschaften repräsentieren. Aspekte wie Traditionswahrung, auf Nachhaltigkeit ausgelegtes, Generationen überspannendes unternehmerisches Handeln, soziale Verantwortung und zahlreiche weitere Prinzipien und Leitgedanken spielen daher in Familienunternehmen häufig eine große Rolle.[4] Die enge Verbindung zwischen Unternehmen und Familie führt wiederum dazu, dass die Identifizierung mit und die Loyalität gegenüber dem Unternehmen seitens der Gesellschafter oft bemerkenswert hoch und in dieser Form insbesondere bei großen Publikumsgesellschaften wohl nur selten zu finden sind. Gleichzeitig kann ein solch hohes Maß an Loyalität seitens der Gesellschafter unmittelbar auf die Mitarbeiter des Unternehmens abstrahlen. Motivation und Einsatzbereitschaft für das Unternehmen sind bei

[1] Vgl. SIMON (2005), S. 11 ff.
[2] GROTH und VATER (2007), S. 50. Das kann dazu führen, dass Mitglieder von Unternehmerfamilien bisweilen nicht genau wissen (können), auf welchem "Spielfeld", d.h. in welchem System (Unternehmen, Familie), sie sich gerade befinden. SIMON empfiehlt hier eine Art "Metakommunikation" ("sprechen, worüber gerade gesprochen wird") als Hilfestellung, um sich jederzeit über die anzuwendenden "Spielregeln" klar werden zu können, vgl. SIMON (2005), S. 30.
[3] WIMMER et al. (2005), S. 192.
[4] Vgl. HENNERKES (1998), S. 25.

Angestellten von Familienunternehmen häufig außerordentlich hoch.[1] Dies gilt insbesondere, wenn sich Familienmitglieder mit ihrer Arbeitskraft, ob nun als geschäftsführender Gesellschafter oder in sonstigen Funktionen, in das operative Geschäft des Unternehmens einbringen und so als Vorbild fungieren können. Ein qualifiziertes und erfahrenes Familienmitglied, so KLEIN, das Verantwortung für sich und sein Handeln übernimmt, ist für jedes Unternehmen von erheblichem Wert.[2]

Familien, die sich in so hohem Maße mit ihrem Unternehmen identifizieren, wissen, dass ihr eigenes Schicksal an das des Unternehmens gekoppelt ist und dass ihre eigene Existenzsicherung von der des Unternehmens unmittelbar abhängig ist. Gerade diese Sichtweise ermöglicht es vielen Familienunternehmen, eine langfristige, stark auf Nachhaltigkeit und Mehrgenerationenperspektive ausgerichtete Strategie zu verfolgen. Investitionsentscheidungen werden vor diesem Hintergrund nicht oder nicht nur anhand ihres (kurz- bis mittelfristigen) finanziellen Gehalts bemessen, sondern auch und gerade hinsichtlich ihres Beitrags zur langfristigen Existenzsicherung des Unternehmens. Hochriskante Strategien, mit stark volatilen "Auszahlungsmatrizen" (hohe Unternehmenswertzuwächse bei Erfolg, existenzbedrohende Ausmaße bei Nichterfolg) werden häufig vermieden. Publikumsgesellschaften, als das geradezu klassische Gegenstück, müssen demgegenüber häufig wesentlich kurzfristigeren Interessenhorizonten entsprechen und die hohen investitionsrechnerischen Anforderungen des Kapitalmarktes bedienen.

Unternehmer, die erkennen, dass die Existenz ihrer Familie ganz wesentlich abhängig von der des Unternehmens ist, stellen häufig ihre eigenen Interessen denen des Unternehmens klar hintan. Dies kann sich u.a. in der Bereitstellung finanzieller Ressourcen ausdrücken, sei es durch zusätzliche Liquidität oder Vermögen aus dem privaten Bereich, beispielsweise in Form von Kapitalerhöhungen, sei es – und dies ist ein häufig beobachtetes finanzwirtschaftliches Phänomen bei Familienunternehmen – durch Verzicht in Form

[1] Vgl. ARONOFF und WARD (1995), S. 127.
[2] Vgl. KLEIN (2004a), S. 220.

von Entnahmebeschränkungen und maßvollen Ausschüttungen und den hieraus resultierenden hohen Thesaurierungsraten.[1] Häufig ist daher auch von einer gewissen "Demut" die Rede, die es benötigt, um ein Familienunternehmen zu führen.[2] Das ist insbesondere für Fremdmanager wichtig zu wissen, auch deshalb, weil der Ruf des Unternehmens deutlich auf den der Familie "abfärbt". Gerade Familien, die ihre eigenen Wurzeln nach wie vor in der Region des Unternehmenssitzes haben, sind hierfür meist sehr sensibel. WIMMER spricht hier von Unternehmen und Familie als gegenseitigen "Identitätslieferanten" – ein Strukturmerkmal, welches von anderen Unternehmenstypen nur sehr schwer imitiert werden kann.[3] Die Familie kann aber auch mittelbar erheblichen Einfluss auf das Unternehmen entfalten und diesem so als Ressource dienen. HENNERKES beispielsweise hebt die Rolle der Ehefrau hervor, die für viele Unternehmer sowohl seelische Stütze als auch erster Ratgeber in unternehmerischen Fragen ist. Abgesehen davon haben sich zahlreiche Unternehmerehefrauen überaus erfolgreich in das Unternehmen eingebracht, nachdem ihre Männer verstorben waren.[4]

Es zeigt sich also, dass die Familie in den besten Fällen eine immens positive Wirkung auf ihr Unternehmen entfalten kann und so als Ressource dient, die qua Definition anderen Unternehmenstypen nicht oder nicht im selben Maße zur Verfügung steht.

2.3.2 Die Familie als Risiko – eine wesentliche Schwäche des Familienunternehmens

Den wichtigen Aufgaben und dem beispielhaften Ressourcenpotenzial, welches die Unternehmerfamilie für das Unternehmen darstellen kann, stehen

[1] Siehe hierzu im Einzelnen Abschnitt 2.4, dessen Inhalten hier nicht zu stark vorausgegriffen werden soll.
[2] So z.B. die Wortwahl bei MAY (2005), S. 15. KLETT (2007), S. 9, verweist auf weitere Beispiele einer solchen "Genügsamkeitssemantik", so z.B. das Prinzip "Firma geht vor Familie" von Konrad Henkel.
[3] Vgl. WIMMER (2007), S. 37.
[4] Beispiele hierfür sind u.a. Irene Kärcher oder Grete Schickedanz, vgl. HENNERKES (2004), S. 33 ff.

aber auch erhebliche Risiken gegenüber, die aus der speziellen Beziehung zwischen Familie und Unternehmen resultieren.

Zunächst einmal kann die Familie eine nicht unwesentliche Liquiditätsbelastung für das Unternehmen darstellen. Selbst wenn Familienunternehmen sich häufig dadurch auszeichnen, dass sie einen konservativen Finanzierungsstil pflegen und Gewinne vorzugsweise im Unternehmen belassen, können in Einzelfällen übermäßige Entnahmen und jährliche Ausschüttungen für Familienmitglieder die Liquidität des Unternehmens stark belasten, gerade wenn diese auf die Erträge aus dem Unternehmen als hauptsächliche Einnahmequelle angewiesen sind. Hinzu kommen gegebenenfalls Abfindungsansprüche von ausscheidenden Gesellschaftern, Renten- oder Ausgleichszahlungen und insbesondere Erbschaftssteuern – Liquiditätsbelastungen, die es in dieser Form bei anonymen Kapitalgesellschaften nicht oder nicht im selben Maße gibt.[1]

Darüber hinaus können sich auf der familiären Ebene Konflikte abspielen, die über kurz oder lang auf das Unternehmen zurückfallen. Gerade die engen Bande zwischen den Familiengesellschaftern und die Verwobenheit zwischen den Systemen Familie und Unternehmen machen Konflikte in Familienunternehmen zu einem besonders explosiven Thema. COSIER zählt gerade derartige "relationship conflicts" neben aufgaben- und prozessbezogenen Auseinandersetzungen ("task conflicts", "process conflicts") zu den typischen Konflikten in Familienunternehmen. Zwar können Streitigkeiten und Auseinandersetzungen auch fruchtbar für das Unternehmen sein, wenn sie richtig ausgetragen und genutzt und nicht "ungefiltert" auf das Unternehmen übertragen werden.[2] Allerdings erfordern die enge Kopplung von Familie und Unternehmen und das daraus resultierende spezifische Potenzial interpersoneller Konflikte eine besondere Aufmerksamkeit und eine systematische Handhabung. SIMON legt hier die zeitliche oder logische Trennung (diachrone bzw. synchrone Dissoziation) der beiden Systeme Familie und Unternehmen nahe,

[1] Vgl. HENNERKES (1998), S. 65, und WIMMER (2007), S. 44.
[2] Vgl. COSIER und HARVEY (1998), S. 76.

um Konflikte, die aus der familiären Sphäre resultieren, vom Unternehmen fernzuhalten.[1] Eine besondere Brisanz erfährt in diesem Zusammenhang das Thema der Nachfolgeregelung, weswegen diese auch nach wie vor zu den größten und meistdiskutierten Herausforderungen von Familienunternehmen zählt.[2] Hier bietet sich ein geradezu idealer Raum für emotionale und interpersonelle Konflikte, die sich häufig an der Frage der Gerechtigkeit bei der Behandlung der Kinder entzünden.[3] Die richtige Balance zwischen Gleichheit und Gerechtigkeit zu finden – in den Systemen Familie und Unternehmen jeweils unterschiedlich konnotiert – ist alles andere als einfach und kann in Einzelfällen emotional so stark aufgeladen werden, dass neben die Familie und das Unternehmen noch eine dritte Einflusssphäre, die juristische, tritt und der ursprünglich rechtsfreie Raum Familie verlassen wird.[4] Intra- und interfamiliärer Streit (bei mehreren an dem Unternehmen beteiligten Familien) stellt also aufgrund der hohen Emotionalität, mit der dieser häufig ausgetragen wird, und aufgrund der engen Verzahnung der Familie mit dem Unternehmen eine existenzielle Bedrohung für das Unternehmen dar.[5] Mit Hilfe einer sorgfältig ausgestalteten Konfliktprophylaxe und frühzeitig festgelegter, verbindlicher Handlungsanleitungen für den Streitfall (z.B. Familienverfassung, Geschäftsordnungen) können solche existenziellen Konfliktfälle vermieden oder zumindest beherrschbar gemacht werden.[6]

Es muss aber nicht zwangsläufig zu (offenen oder verdeckten) Konflikten im Unternehmen kommen, damit die Familie zum Risiko für das Unternehmen wird. Aus ihrem Ressourcenpotenzial, welches sich insbesondere aus einem hohen Maß an Identifikation mit und Verantwortung für das Unternehmen speist, kann sich allein schon durch ein Nichtvorhandensein dieser Eigen-

[1] Vgl. SIMON (2005), S. 39. Skeptisch dazu SCHLIPPE und KELLERMANNS (2008), S. 51.
[2] Vgl. die Ausführungen zur Literaturgeschichte in Abschnitt 2.1.
[3] Aber nicht nur das: WIMMER schildert noch eine Reihe weiterer emotionaler Herausforderungen, die im Zuge der Unternehmensnachfolge in Erscheinung treten können (z.B. das typische "Nicht-Loslassen-Können" des Patriarchen, mangelndes Selbstvertrauen beim Filius), vgl. WIMMER (2000). Ähnlich auch bei SCHLIPPE und KELLERMANNS (2008), S. 48 f.
[4] Vgl. SIMON (2003), S. 42.
[5] Vgl. RÜSEN und SCHLIPPE (2007), S. 314 f.
[6] Vgl. WIMMER et al. (2005), S. 102, und HENNERKES (2004), S. 60 ff.

schaften ein immenses Risiko ergeben. Ein Gesellschafterkreis, der den Bezug zum Unternehmen mehr und mehr verliert, beispielsweise aufgrund seiner zunehmenden Größe, zeitlicher Distanz zur Gründung und zu den Gründern des Unternehmens oder räumlicher Entfernung vom Heimatstandort, verliert seinen Einfluss auf das Geschehen im Betrieb und wird dazu neigen, Entscheidungen primär nach seinen eigenen Interessen zu fällen und die des Unternehmens hintanzustellen. Aus Ressource wird Risiko, und häufig bedarf es nicht viel mehr als eines Generationenwechsels, damit dies geschieht.

Ein weiteres potenzielles Risiko der Familie geht von ihren Personalentscheidungen aus. Hervorzuheben ist auch hier die Frage der Nachfolgeregelung. Hier setzt sich nicht selten das Prinzip durch, nachdem vor allem die familiäre Herkunft ausschlaggebend für die Besetzung von Geschäftsführungs- und anderen Führungspositionen ist, wo doch gerade hier insbesondere Kompetenzerwägungen die Entscheidungen leiten sollten.[1] Familienmitglieder weisen zwar den großen Vorteil auf, dass das Vertrauen der restlichen Familiengesellschafter ihnen gegenüber häufig sehr hoch ist, was gerade in Führungspositionen von immenser Bedeutung ist.[2] Dennoch kann dies nicht in jedem Fall mangelnde fachliche und menschliche Kompetenz sowie praktische Erfahrung kompensieren, derer es in Schlüsselpositionen dringend bedarf. Aus diesem Grund muss eine systematisch und rechtzeitig geplante Nachfolgeregelung als Pflichtübung eines jeden Familienunternehmens aufgefasst werden, um die Gefahr einer verfrühten bzw. nicht ausreichend fundierten Personalentscheidung für die Unternehmensführung so gering wie möglich zu halten.[3]

Es ließen sich weitere Gefährdungspotenziale anführen, denen gerade Familienunternehmen immer wieder unterliegen.[4] Deutlich geworden aber ist, dass

[1] Vgl. WIMMER (2007), S. 43, und ausführlich KLETT (2005).

[2] Ein Aspekt, der insbesondere in der häufig auf Familienunternehmen angewendeten Principal-Agent-Theorie zum Tragen kommt, vgl. Abschnitt 2.3.3.2.

[3] Wie beispielsweise ein Prozess zur stufenweisen Einbindung des Nachfolgers in das Unternehmen gestaltet werden kann, findet sich bei SCHWASS (2005), S. 71 f.

[4] So z.B. übermäßige Patriarchate, vgl. WIECHERS (2004), S. 140 ff.

der besondere soziale Hintergrund eines Familienunternehmens diesem nicht nur zum Guten, sondern auch zum Schlechten gereichen kann.

2.3.3 Theoretische Fundierung zur Wirkung der Familie

Mit der besonderen Beziehung zwischen Familie und Unternehmen sowie deren Auswirkungen auf den Unternehmenserfolg setzen sich auch die soziologische und ökonomische Theorie auseinander. Die zentrale Frage in diesem Zusammenhang ist, ob und inwiefern sozioökonomische Erklärungsansätze geeignet sind, diese besondere Beziehung zu beschreiben und Verhaltensweisen von Familienunternehmen hinreichend zu erklären.

Zu den diesbezüglich immer wieder verwendeten Theorien gehören:

1. Ressourcentheoretische Erklärungsansätze
2. Erklärungsansätze der Principal-Agent-Theorie
3. Erklärungsansätze der "Stewardship"-Theorie

2.3.3.1 Ressourcentheoretische Erklärungsansätze

Die Ressourcentheorie als Teilgebiet der Evolutionsökonomik versucht, strategische Wettbewerbsvorteile und die Performance von Unternehmen auf unterschiedliche Verfügbarkeit und Verwendung von Ressourcen zurückzuführen. Ressourcen können hiernach sowohl die klassischen Produktionsfaktoren Kapital, Arbeit und Grund und Boden wie aber auch jeder andere einzigartige Einsatzfaktor sein, der zur Wertschöpfung des Unternehmens beiträgt (z.B. Patente, bestimmte Kompetenzen oder Kernprozesse). Das Kriterium der Einzigartigkeit ("uniqueness") ist dabei entscheidend: Nach BARNEY kann ein dauerhafter strategischer Vorteil gegenüber dem Wettbewerb nur durch einzigartige Ressourcen gewonnen werden. Eine einzigartige Ressource muss wertvoll, selten bzw. knapp und darf nicht substituierbar oder imitierbar sein.[1] Die alleinige Verfügung über derartige Ressourcen wird aber nicht

[1] Vgl. BARNEY (1991), S. 105 ff.

ausreichen, um sich nachhaltige Wettbewerbsvorteile zu sichern. Vielmehr geht es primär darum, einzigartige Ressourcen auch richtig einzusetzen und miteinander zu verbinden. Insofern kennzeichnen sich erfolgreiche Organisationen insbesondere auch durch eine prozessuale Kompetenz, indem sie beispielsweise ihr besonderes technisches Know-how systematisch mit Markteinschätzungen des Vertriebs kombinieren. Auf diese Weise entstehen die in der Managementpraxis vielfach beschworenen "Kernkompetenzen". Den Begriff der Kernkompetenzen haben PRAHALAD und HAMEL geschärft, indem sie allen Erfolg der Unternehmung auf bestimmte, unternehmensindividuelle Kompetenzen zurückführen, aus denen sich Kernprodukte, strategische Geschäftseinheiten ("business units") und Endprodukte ableiten. Insofern ist die Idee der Kernkompetenzen eng mit dem Ressourcenansatz verwandt.[1]

In einer Erweiterung der Ressourcentheorie wird das Spektrum der verfügbaren Ressourcen über die Einzelunternehmensebene ausgedehnt und die Theorie um Kooperationsmöglichkeiten erweitert. Hierbei gewinnen Netzwerkressourcen und die Fähigkeit an Bedeutung, die eigenen Ressourcen gewinnbringend in die Kooperation einzubringen ("relational view" vs. "resource-based view"). Dies gilt umso mehr, als viele Unternehmen mehr und mehr von den Ressourcen anderer Unternehmen abhängig sind. In Zeiten betriebsübergreifender Optimierung von Wertschöpfungsabläufen sind knappe, wertvolle und nicht imitierbare Ressourcen für das einzelne Unternehmen häufig nur mittelbar zugänglich. Die Fähigkeit, mit der Kontingenz der Umweltbedingungen umzugehen und den Zugang zu knappen, wertvollen und nicht imitierbaren Ressourcen auch über die Grenzen des eigenen Unternehmens sicherzustellen, gewinnt an Bedeutung, wie PFEFFER und SALANCIK schon früh betont haben.[2]

Kann die Familie des Familienunternehmens und ihre besonders enge Bindung zum Unternehmen als strategische Ressource aufgefasst werden?

[1] Vgl. PRAHALAD und HAMEL (2008), S. 277 ff.
[2] Vgl. PFEFFER und SALANCIK (1978), S. 258 ff.

HOFFMANN, HOELSCHER und SORENSON finden Belege für Performancevorteile bei Familienunternehmen und führen diese auf das sogenannte "family capital" zurück. Hiermit sind weniger finanzielle Ressourcen im Privatvermögen der Familie gemeint als vielmehr spezifische Stärken wie tragfähige Netzwerke, hohe Loyalität, gemeinsame Normen und Wertevorstellungen und effiziente Informationskanäle, die zwischen den Familienmitgliedern ausgeprägt wurden. "Family capital" ist einzigartig und in jedem Unternehmen unterschiedlich stark ausgeprägt. Damit wird es zu einer strategischen Ressource für das Familienunternehmen.[1]

HABBERSHON und WILLIAMS fassen die Gesamtheit der Ressourcen, die einem Unternehmen aus der spezifischen Koppelung von Familie, Unternehmen und Einzelpersonen entstehen, unter dem Begriff der "familiness" zusammen.[2] Diese Ressourcen sind damit nach ihrer Auffassung Ausgangslage jeder Untersuchung strategischer Vorteile von Familienunternehmen gegenüber anderen Unternehmenstypen. Die Autoren schlagen eine Kategorisierung von unternehmenstypischen Ressourcen in

1. "Physical capital resources" (Maschinen, Immobilien, Rohmaterialien etc.),
2. "Human capital resources" (Fähigkeiten, Wissen, Ausbildungsstand etc.),
3. "Organizational capital resources" (Kompetenzen, Kontrollmechanismen etc.),
4. "Process capital resources" (Bereitstellung von Waren, Führungsmodelle etc.)

---

[1] Vgl. HOFFMAN, HOELSCHER und SORENSON (2006), S. 141.

[2] Vgl. HABBERSHON und WILLIAMS (1999), S. 11. In einem ähnlich ganzheitlichen Anspruch schlägt KLEIN vor, den spezifischen Familieneinfluss eines Unternehmens als einzigartige Ressource aufzufassen und anhand der F-PEC-Skala zu bemessen, vgl. KLEIN (2004b), S. 3 f., sowie Abschnitt 1.4.1 zur Erläuterung der F-PEC-Systematik.

vor.[1] Sie legen außerdem einen systematischen Prozess dar, wie sich, ausgehend von der jeweiligen Ressourcengesamtheit eines Familienunternehmens, erfolgskritische Fähigkeiten ("capabilities") der Organisation und der handelnden Personen ableiten lassen und wie untersucht werden kann, ob und inwieweit das Unternehmen in der Lage ist, diese Fähigkeiten in strategische, kompetitive Vorteile umzusetzen. Als Beispiele typischer positiver Eigenschaften und sozialer Ressourcen von Familienunternehmen führen HABBERSHON und WILLIAMS informale und formale Entscheidungsprozesse an, besondere Mentorenschaften zwischen Familienmitgliedern sowie Stärken im Stakeholdermanagement.[2]

Auch DYER findet Hinweise auf spezifische Ressourcen in Familienunternehmen, die potenzielle Wettbewerbsvorteile generieren können. Er kategorisiert diese ähnlich wie HABBERSHON und WILLIAMS in "human capital", "social capital" und "physical/financial capital" und führt Argumente an, wie Familienunternehmen aus allen drei genannten Ressourcen deutliche Wettbewerbsvorteile schöpfen können.[3] Beispielsweise stellt er auf hohe Motivation und Einsatzbereitschaft, Loyalität und Flexibilität von im Unternehmen beschäftigten Familienmitgliedern ab. Diese werden außerdem häufig bereits seit frühester Kindheit an das Unternehmen sowie an Mitarbeiter und Kunden herangeführt und verfügen somit über deutliche Wissens- und Erfahrungsvorsprünge. Außerdem kann die Familie von großem Nutzen für das Unternehmen sein, wenn sie finanzielle oder physische Ressourcen aus dem Privatvermögen dem Unternehmen (teilweise unentgeltlich) zur Verfügung stellt.[4]

Es erscheint einsichtig, dass sich Familienunternehmen gegenüber sonstigen Betrieben durch besondere Stärken der Eigentümerfamilien abgrenzen können. Insofern leuchtet der ressourcentheoretische Erklärungsansatz intuitiv ein. Allerdings kommt man nicht umhin, in der Theorie eine latente Gefahr der

[1] Vgl. HABBERSHON und WILLIAMS (1999), S. 11.
[2] Vgl. HABBERSHON und WILLIAMS (1999), S. 12.
[3] Vgl. DYER (2006), S. 262 ff.
[4] Empirische Evidenz für die hohe Relevanz privater Ressourcen für Familienunternehmen liefern u.a. HAYNES et al. (1990), S. 237 f.

Tautologie zu vermuten: Letztlich lässt sich vermutlich jeglicher strategischer Vorteil aus dem Vorhandensein und dem Nutzen spezifischer Ressourcen erklären. Und jeder Nachteil aus dem Fehlen solcher Ressourcen. Ob nun Performancevorteile im Einzelfall tatsächlich auf die Eigentümerfamilie und deren unmittelbare und mittelbare Wirkung auf das Unternehmen zurückgeführt werden können oder sich aufgrund sonstiger Faktoren oder auch nur zufällig einstellen, muss sehr genau untersucht werden. Außerdem ist stets anzumerken, dass familienspezifische Ressourcen und Einflüsse auch zu einer Gefährdung des Unternehmens führen können, wie bereits im Abschnitt 2.3.2 erörtert wurde.

2.3.3.2 Erklärungsansätze der Principal-Agent-Theorie

In derselben Untersuchung wie zum Ressourcenansatz behandelt DYER auch den Erklärungsgehalt der Principal-Agent-Theorie für Performanceunterschiede bei Familienunternehmen. Die Principal-Agent-Theorie (auch einfach als "Agency"-Theorie bezeichnet) ist ein verhaltenstheoretischer Erklärungsansatz zu typischen Phänomenen, die bei einer Gewaltentrennung zwischen einem Auftraggeber ("principal" bzw. zu Deutsch Prinzipal) und einem Auftragnehmer (Agent) entstehen können. Im Unternehmenskontext kann eine solche Beziehung sowohl zwischen Führungskräften und Mitarbeitern wie aber auch zwischen Gesellschafter und Manager bestehen. Mit Aufkommen und Entwicklung der korporativen Unternehmensformen in den USA rückte die Beziehung zwischen Eigentümern und Managern von Unternehmen mehr und mehr in den Mittelpunkt des agency-theoretischen Forschungsinteresses. Schon früh beschrieben BERLE und MEANS die Funktionstrennung zwischen "owners" und "managers" und die damit einhergehenden teilweise auseinanderfallenden Interessen der beiden Gruppen und legten so den Grundstein für die Ausarbeitung der Principal-Agent-Theorie.[1]

Die Theorie unterstellt eine grundsätzlich asymmetrische Informationsverteilung zwischen Prinzipalen und Agenten sowie auseinanderfallende Interes-

[1] Vgl. BERLE und MEANS (1932), S. 112 ff.

sen und Opportunismus. Zudem wird von unterschiedlichen Risikoneigungen ausgegangen. Weil beiden Parteien ein nutzenmaximierendes Kalkül unterstellt wird, kann davon ausgegangen werden, dass der Agent nicht immer im besten Interesse seines Auftraggebers, des Prinzipals, handeln wird. Um dieses Risiko zu reduzieren, kann der Prinzipal versuchen, geeignete Anreizmechanismen für den Agenten zu schaffen, um eine Art Interessensynchronisation herzustellen. Alternativ kann der Prinzipal gewisse Kontrollmechanismen etablieren, um ein zu starkes Auseinanderfallen zwischen eigenem Interesse und dem Handeln des Agenten zu verhindern. Um zu gewährleisten, dass der Agent im bestmöglichen Sinne des Prinzipals handelt, muss dieser also gewisse Kosten auf sich nehmen. Die personelle Trennung zwischen Auftragnehmer und Auftraggeber wird also regelmäßig mit gewissen Agency-Kosten verbunden sein.[1]

Bei Familienunternehmen liegt allerdings die konstitutive Trennung zwischen Eigentümern und Managern häufig nicht vor, weswegen sie unter Agency-Gesichtspunkten ein besonders interessantes Forschungsfeld darstellen.[2] Systematisch müssen der Theorie zufolge eigentümergeführte Unternehmen Agency-Vorteile gegenüber korporativen Gesellschaftsformen aufweisen. So konstatieren FAMA und JENSEN:

> "[...] proprietorships have a single residual claimant. [...] This restriction avoids the agency problems between residual claimants and decision functions in open corporations. Thus, costly mechanisms for separating the management and control of decisions are avoided."[3]

Nun müssen Unternehmen nicht unbedingt eigentümergeführt sein, um als Familienunternehmen klassifiziert werden zu können.[4] Allerdings können sich

---

[1] Vgl. JENSEN und MECKLING (1976), S. 308.

[2] ARONOFF und WARD drücken dies wie folgt aus: "We believe that family businesses are the ultimate expression of agency theory", ARONOFF und WARD (1995), S. 128.

[3] FAMA und JENSEN (1983a), S. 332.

[4] Vgl. die der Arbeit zugrundeliegende Definition von Familienunternehmen sowie ähnliche Auffassungen aus der Literatur, ausführlich hierzu Abschnitt 1.4.

typische familienunternehmensspezifische Ressourcen wie starke soziale Bindungen zwischen Familie, Eigentümern und Managern, hohe Loyalität gegenüber dem Unternehmen seitens der Familie und der Mitarbeiter und ein hohes Maß an Vertrauen zwischen allen Beteiligten derart auswirken, dass Agency-Kosten reduziert werden können. Das ist insbesondere der Fall, wenn Familienmitglieder Führungsrollen im Unternehmen übernehmen (nicht aber zwangsläufig Eigentümer desselben sein müssen). In einem anderen Artikel stellen FAMA und JENSEN fest:

> "[...] family members have many dimensions of exchange with one another over a long horizon and therefore have advantages in monitoring and disciplining related decision agents."[1]

Allerdings lassen sich, wie in Abschnitt 2.3.2 beschrieben, auch einige Argumente anführen, weswegen die spezifische Familiendynamik und der damit häufig einhergehende fruchtbare Boden für sehr komplexe Konfliktsituationen Agency-Probleme in Familienunternehmen eher verstärken als reduzieren können. Gerade wenn die Familienmitglieder unterschiedliche Rollen im Sinne des bereits vorgestellten 3-Kreise-Modells einnehmen[2] (mit/ohne Unternehmensbeteiligung oder Betätigung im Unternehmen), können sich stark unterschiedliche Interessenlagen und Zielvorstellungen herausbilden. Zusammen mit teilweise hoch emotionalen Bindungen zwischen den Familienangehörigen kann dies zu signifikanten Agency-Problemen führen.[3] Perspektivisch etwas anders, aber mit demselben Ergebnis, lässt sich auch argumentieren, dass gerade ein hohes Maß an Altruismus zwischen den Familienmitgliedern dazu führen kann, dass sich Symptome von Nepotismus im Unternehmen bilden. Möglicherweise werden gerade Familienmitglieder sowohl von den eigenen Verwandten als auch von Vorgesetzten im Unternehmen nicht hinreichend streng kontrolliert. Auch die Personalauswahl selbst kann in

[1] FAMA und JENSEN (1983b), S. 306.
[2] Vgl. Abschnitt 2.1.
[3] Vgl. DYER (2006), S. 261.

vielen Fällen schon aufgrund der Tradition, Führungspositionen mit Familienangehörigen zu besetzen, stark eingeschränkt sein.

BLANCO-MAZAGATOS, DE QUEVEDO-PUENTE und CASTRILLO beschäftigen sich mit dem Zusammenhang zwischen der Finanzierung des Familienunternehmens und der Ausprägung von Agency-Phänomenen. Die Autoren untersuchen anhand eines Samples von 654 spanischen Unternehmen, ob und inwieweit bei Familienunternehmen ein "trade-off" zwischen finanziellen Ressourcen (externem Kapital) und Agency-Kosten (infolge zunehmender Vergrößerung der Familie und des Einflusskreises) bestehen. Sie stellen fest, dass Familienunternehmen aufgrund von Unabhängigkeitsbestrebungen häufig gewisse Finanzierungsnachteile in Kauf nehmen.[1] Diese Nachteile werden insbesondere in der Gründergeneration durch eine im Sinne der Agency-Theorie effiziente Struktur der Personalunion von Eigentümer und Manager kompensiert. Mit fortschreitendem Alter und Generationswechsel des Unternehmens steigen die Agency-Kosten an (Verteilung von Kapital, Stimmrechten und Einfluss, gegebenenfalls Fremdmanagement), allerdings nimmt dafür auch die Bereitschaft zu, sich externen Kapitalquellen gegenüber zu öffnen, ursprüngliche Finanzierungsnachteile können so kompensiert werden.[2]

Zusammengefasst lässt sich konstatieren, dass Familienunternehmen sowohl unter Gesichtspunkten der Principal-Agent-Theorie wie auch der Ressourcentheorie spezifische Vorteile, aber auch Nachteile gegenüber Nichtfamilienunternehmen aufweisen können.

Die folgende Darstellung fasst dies noch einmal zusammen:

---

[1] Vgl. im Detail Abschnitt 2.4.3.3.2.

[2] Vgl. BLANCO-MAZAGATOS, DE QUEVEDO-PUENTE und CASTRILLO (2007), S. 201 f. Ergänzend stellen ANDERSON, MANSI und REEB fest, dass gerade solche Familienunternehmen, bei denen der Einfluss der Gründerfamilie noch sehr hoch ist, günstigere Kreditkonditionen realisieren können als Nichtfamilienunternehmen. Sie erklären dies mit stärkeren Interessenparallelen zwischen Fremdkapitalgebern und Familiengesellschaftern als mit vergleichbaren Nichtfamilieninvestoren (geringere Agency-Konflikte), vgl. ANDERSON, MANSI und REEB (2003), S. 283.

Darstellung 2.4: spezifische Vor- und Nachteile von Familienunternehmen unter Gesichtspunkten der Principal-Agent-Theorie sowie der Ressourcentheorie

	VORTEILE	NACHTEILE
Principal-Agent-Theorie	• Geringere Agency-Kosten aufgrund symmetrischer Informationen und übereinstimmender Interessen • Geringere Agency-Kosten aufgrund von hohem Vertrauen und gemeinsamen Werten zwischen Familienmitgliedern	• Höhere Agency-Kosten aufgrund konfligierender Zielvorstellungen innerhalb der Familie • Höhere Agency-Kosten aufgrund von Nepotismus und mangelnder Kontrolle von Familienangehörigen
Ressourcen-theorie	• Humankapital: Die Familie verfügt über einzigartige Ressourcen hinsichtlich Motivation, Loyalität und Erfahrung • Sozialkapital: Starke Bindungen zwischen der Eigentümerfamilie und Angestellten, Kunden, Lieferanten • Finanzielles Kapital: Die Familie kann dem Unternehmen finanzielle oder physische Ressourcen aus dem Privatvermögen zur Verfügung stellen	• Humankapital: Gerade Familienmitglieder sind unter Umständen nicht hinreichend qualifiziert oder erfahren; Qualifikationsanforderungen an Nicht-Familienangehörige sind höher • Sozialkapital: Konflikte zwischen den Familienangehörigen wirken sich auf das Unternehmen aus und unterminieren stabile Beziehungen zu wesentlichen Stakeholdern • Finanzielles Kapital: Übermäßige Ausschüttungen und Entnahmen für die Familie entziehen dem Unternehmen notwendige Liquidität

Quelle: eigene Darstellung in Anlehnung an DYER (2006), S. 259

2.3.3.3 Erklärungsansätze der "Stewardship"-Theorie

Die ökonomische Verhaltenstheorie geht üblicherweise von einem den eigenen Nutzen maximierenden Individuum aus. Dieser klassische Homo oeconomicus erleichtert zwar das Denken in zahlreichen ökonomischen Modellen (man denke beispielsweise an die Spieltheorie), ist aber hinsichtlich seines Erklärungsgehaltes der in der Realität zu beobachtenden Verhaltensmuster viel kritisiert worden.[1]

"Stewardship" (vom englischen Wort "steward", was ursprünglich Aufwärter oder Verwalter bedeutete) bezeichnet demgegenüber ein Verhalten, welches nicht nur auf den reinen Eigennutzen abstellt, sondern in welchem sich Individuen aus intrinsischer Motivation heraus in den Dienst der Gemeinschaft oder einer Organisation stellen. Gerade Führungskräfte, so die Theorie, streben häufig nach "höheren Zielen" und finden Erfüllung darin, sich voll und ganz den Zielen der Organisation und der Eigentümer zu verschreiben.

In Bezug auf Familienunternehmen wird die "Stewardship"-Theorie häufig als komplementärer Erklärungsansatz zur Principal-Agent-Theorie hinzugezogen.

[1] So z.B. durch die experimentelle, ökonomische Verhaltensforschung, vgl. anstelle von vielen GINTIS (2000).

Dies ist insbesondere der Fall, wenn sich die zu untersuchenden Unternehmen durch eine starke Übereinstimmung der Interessen zwischen Eigentümern und Managern auszeichnen oder sogar eigentümergeführt sind. Agency-Phänomene können in solchen Fällen nur eingeschränkt beobachtet werden, da die Theorie ja von Informationsasymmetrien und auseinanderfallenden Interessen zwischen Gesellschaftern und Managern ausgeht.[1] MILLER und LE BRETON-MILLER argumentieren, dass sich Unternehmerfamilien häufig durch eine tiefe emotionale Verbundenheit mit ihrem Unternehmen auszeichnen, weil ihre eigene Existenz und Reputation fest an das Unternehmen und dessen Wohlergehen gekoppelt sind. Die Bereitschaft, in das Unternehmen und seine Mitarbeiter zu investieren, ist daher bei Familienunternehmen häufig höher als bei anderen Unternehmensformen.[2] Die starke Identifikation von Eigentümern und Management mit dem Unternehmen drückt sich darüber hinaus häufig in durchschnittlich längeren Anstellungsdauern und geringerer Fluktuation (gerade unter Führungskräften) aus, in langfristiger Investitionspolitik, in nur geringer Risikoneigung, höheren Ausgaben für Forschung und Entwicklung sowie einem besonderen Stellenwert der Ausbildung der eigenen Mitarbeiter.[3] Insgesamt sind rein finanziell motivierte Zielsetzungen bei Familienunternehmen von geringerer Bedeutung als bei Unternehmen mit keinem oder nur geringem Familieneinfluss. Zu diesem Ergebnis kommen auch WESTHEAD und HOWORTH: Stattdessen stehen die nachhaltige Sicherung des Unternehmens für die kommende Generation sowie der Erhalt von Arbeitsplätzen im Vordergrund.[4] Es lässt sich also ein gewisser Stellenwert von altruistischen Elementen bei Entscheidungen in Familienunternehmen vermuten – die Unterstellung, dass dem gegenüber in allen sonstigen Unternehmenstypen ausschließlich rein finanziell motivierte und auf den unmittelbaren Nutzen für die jeweiligen Gesellschafter zielende Entscheidungen gefällt würden, ist aber selbstverständlich unzulässig.

[1] Vgl. WESTHEAD und HOWORTH (2006), S. 302 f.
[2] Vgl. MILLER und LE BRETON-MILLER (2006), S. 75.
[3] Vgl. MILLER und LE BRETON-MILLER (2006), S. 78 ff.
[4] Vgl. WESTHEAD und HOWORTH (2006), S. 312.

Die Familie ist also das zentrale Element in der Unterscheidung zwischen Familienunternehmen und anderen Unternehmensformen. Die Bindung von Familie und Unternehmen, ob lose gekoppelt oder eng miteinander verwoben, sorgt für den charakteristischen Einfluss des familiären Systems auf die Unternehmenssphäre – zum Guten oder zum Schlechten. Die Familie wird damit zu einer Art Schicksalsfaktor des Unternehmens, sie kann ihm als Ressource zur Verfügung stehen oder zum Risiko für seine Überlebensfähigkeit evolvieren. Die Prägung des Unternehmens durch die Familie schlägt sich in vielen Merkmalen von Familienunternehmen nieder, u.a. auch in der Finanzierungspolitik, die häufig eine deutliche Handschrift der Familie trägt. Mit typischen Besonderheiten der Finanzierung von Familienunternehmen beschäftigt sich daher der folgende Abschnitt.

2.4 Finanzierung von Familienunternehmen – einige Besonderheiten

"Ich bin Unternehmer und kein Roadshow-Clown", "Private Equity? Ausgeschlossen. Die wollen doch nur unser Geld verdienen", "Mezzanine – ich zahle doch keine Prämie auf Eigenkapital."

Diese unter Umständen etwas plakativ anmutenden Zitate aus einer Studie zu Wachstums- und Finanzierungsstrategien pointieren einige Besonderheiten bei der Finanzierung von Familienunternehmen.[1] Sehr entschieden wird bisweilen seitens des Unternehmers eine bestimmte Finanzierungsvariante verteidigt, andere geradezu verdammt. Die Tonlage der Zitate legt außerdem die Vermutung nahe, dass es sich bei der Finanzierungsentscheidung nicht immer um eine ausschließlich rational ablaufende, alle betriebs- bzw. finanzwirtschaftlichen Aspekte beleuchtende Angelegenheit handelt. Gleichwohl

[1] Vgl. BURGER-CALDERON et al. (2004), S. 12 ff. Wenn im Folgenden von "Finanzierung" gesprochen wird, so meint dies überwiegend den nach WOSSIDLO engeren Finanzierungsbegriff der Finanzmittelbeschaffung (sein weiter gefasster Begriff bezieht sich darüber hinaus auch auf die Finanzmittelverwendung, -freisetzung und -rückführung). Teilweise wird auch der umfassende Begriff der "Finanzwirtschaft" gewählt, der allgemein alle Vorgänge in- und außerhalb der Unternehmung umfasst, die sich in Zahlungsströmen sowie Nominalgüterbeständen niederschlagen, vgl. WOSSIDLO (1997), S. 288.

mögen gute Gründe für die jeweiligen Entscheidungen zur Ausgestaltung der Unternehmensfinanzierung bestehen.

Um zu einem besseren Verständnis der wesentlichen Kriterien, Ziele und Restriktionen bei Finanzierungsentscheidungen von Familienunternehmen zu gelangen, wird im Folgenden zunächst ein kurzer Überblick zur Unternehmensfinanzierung geliefert. Anschließend werden typische Finanzierungsmuster von Familienunternehmen dargestellt und einige theoretische Erklärungsansätze zur Unternehmensfinanzierung näher betrachtet.

2.4.1 Eine kurze Einführung in die Unternehmensfinanzierung

2.4.1.1 Überblick

Eine vollständige Abhandlung zur Finanzwirtschaft der Unternehmung sowie zu den vielfältigen alternativen Finanzierungsinstrumenten und -möglichkeiten würde den Rahmen der vorliegenden Arbeit sprengen, weswegen an dieser Stelle darauf verzichtet wird. Es existiert eine Vielzahl von geeigneter Literatur zur modernen Finanzwirtschaft der Unternehmung ("corporate finance"), auf die zu Zwecken vertiefenden Lesens zurückgegriffen werden kann.[1] Für die Kernfragen der vorliegenden Arbeit reicht es aus, sich einen kurzen Überblick über die wesentlichen Finanzierungsvarianten zu verschaffen sowie kurz auf einige Besonderheiten einzugehen.

Innerhalb der Unternehmensfinanzierung wird, wie sich der folgenden Darstellung entnehmen lässt, üblicherweise zunächst zwischen Mitteln der Innen- und Außenfinanzierung unterschieden, innerhalb der Außenfinanzierung anschließend nach Eigen- und Fremdmitteln.

[1] Vgl. anstelle von vielen WÖHE und BILSTEIN (2002) und PERRIDON und STEINER (2007) aus der deutschsprachigen Fachliteratur sowie BREALEY, MYERS und ALLEN (2005), COPELAND und WESTON (1992) und ROSS, WESTERFIELD und JAFFE (2004) aus dem angloamerikanischen Raum.

Darstellung 2.5: Unterscheidungsebenen und Beispiele alternativer Finanzierungslösungen

	Unternehmensfinanzierung			
Erste Unterscheidungsebene	**Innenfinanzierung**		**Außenfinanzierung**	
Zweite Unterscheidungsebene	**Selbstfinanzierung**	**Sonstige Formen der Innenfinanzierung**	**Eigenfinanzierung**	**Fremdfinanzierung**
Beispiele	▪ Offene Selbstfinanzierung (Ergebnisthesaurierung) ▪ Stille Selbstfinanzierung (stille Reserven)	▪ Finanzierung über Abschreibungen ▪ Finanzierung durch Pensionsrückstellungen ▪ Finanzierung durch Vermögensumschichtung	▪ Nichtöffentliche Kapitalerhöhung über Einlagen der Altgesellschafter ▪ Neuaufnahme von Gesellschaftern (z.B. Private Equity) ▪ Börsengang (IPO)	▪ Kontokorrentkredite ▪ Lieferantenkredite ▪ Factoring ▪ Langfristige Darlehen ▪ Anleihen ▪ Leasing

Quelle: eigene Darstellung in Anlehnung an WÖHE und BILSTEIN (2002), S. 35-398

Dabei sollte allerdings nicht übersehen werden, dass auch innerhalb der Innenfinanzierung zwischen Eigen- und Fremdfinanzierung differenziert werden kann. Echte Eigenmittel akkumuliert das Unternehmen nämlich nur dann, wenn die Ansprüche der Fremdkapitalgeber befriedigt sind, z.B. bei der Thesaurierung von Gewinnen (nach Zinsen). Bei der Finanzierung mithilfe von Pensionsrückstellungen demgegenüber handelt es sich um eine Art Fremdfinanzierung, weil den zurückgestellten Beträgen künftige Ansprüche der Arbeitnehmer gegenüberstehen.[1]

2.4.1.2 Ausgewählte Finanzierungsansätze

Auf einige ausgewählte Finanzierungsansätze soll im Folgenden näher eingegangen werden. Zwar kann, wie weiter oben bereits angemerkt, an dieser Stelle kein Anspruch auf ein vollständiges Bild aller Finanzierungsmöglichkeiten der Unternehmung bestehen. Es lohnt aber der Blick auf einige neuere Entwicklungen, um Finanzierungsmuster und -entscheidungen von Familienunternehmen zu einem späteren Zeitpunkt umfänglicher einschätzen zu können.

[1] Vgl. GUGGLBERGER, KÖNIG und MAYER (2004a), S. 128 f.

2.4.1.2.1 Private Equity

Private Equity ist inzwischen längst kein den intimen Kennern der Finanzmärkte vorbehaltener Begriff mehr. In den letzten Jahren haben sich Anbieter von nichtbörslichem Eigenkapital zu einer festen Größe auf den Finanzierungsmärkten in Deutschland und Europa entwickelt und spätestens seit der "Heuschrecken"-Metapher des damaligen SPD-Vorsitzenden Franz Müntefering Ende 2004/Anfang 2005 ist der Begriff auch außerhalb der Finanzwelt bekannt.

Als Private Equity werden gemeinhin Eigenkapital- oder eigenkapitalnahe Finanzierungen von nichtbörsennotierten Unternehmen bezeichnet. Nicht selten wird im selben Zusammenhang auch von Venture Capital gesprochen, wobei es sich hierbei nach herrschender Meinung um Eigenkapitalfinanzierungen speziell für junge, innovative Unternehmen handelt, wohingegen der Begriff Private Equity eher für reifere Unternehmen mit stabileren wirtschaftlichen Verhältnissen reserviert ist.[1]

Die Dynamik des deutschen Private-Equity-Marktes hat sich in den letzten Jahren deutlich gesteigert. Nach Angaben des Bundesverbandes deutscher Kapitalbeteiligungsgesellschaften (BVK) haben die in Deutschland aktiven Private-Equity-Anbieter 2007 rund 4,1 Mrd. EUR investiert und damit rund 13% mehr als im Jahr 2006. Im gesamtwirtschaftlich schwachen Jahr 2003 waren es demgegenüber nur 1,3 Mrd. EUR, 1990 gerade einmal 642 Mio. EUR. Das verwaltete Fondsvolumen stieg im Jahr 2007 auf nahezu 32 Mrd. EUR.[2] In den ersten drei Quartalen des Jahres 2008 konnte das Investitionsvolumen laut BVK gegenüber 2007 nochmals gesteigert werden: Bereits nach neun Monaten haben Private-Equity-Investitionen in Deutschland ein Volumen von rund 4 Mrd. EUR erreicht.[3] Das historische vierte Quartal 2008 mit den weltweit einbrechenden Kapitalmärkten ist hierin allerdings noch nicht berücksichtigt. Aktuell trüben sich die Aussichten für die häufig zu großen

[1] Vgl. Hackl und Jandl (2004), S. 194, und Lange und Schiereck (2003), S. 10.
[2] Vgl. Bundesverband deutscher Kapitalbeteiligungsgesellschaften (2008a), S. 6.
[3] Vgl. Bundesverband deutscher Kapitalbeteiligungsgesellschaften (2008b), S. 1.

Teilen fremdfinanzierten Übernahmen durch Finanzinvestoren im Zuge der globalen Finanzmarktkrise doch merklich ein.

Neben den großen, internationalen Anbietern von Private Equity wie Kohlberg Kravis Roberts & Co. (KKR), Blackstone oder Carlyle, die in den letzten Jahren mit großvolumigen Transaktionen die Medienaufmerksamkeit bestimmten, gibt es eine Reihe von eher mittelständisch geprägten Beteiligungsgesellschaften in Deutschland. Daneben existieren spezielle Gesellschaften, deren Träger öffentliche oder teil-öffentliche Einrichtungen sind (so z.B. die Beteiligungsgesellschaften der Sparkassenorganisation).

Obwohl die Überlassung von Eigenkapital grundsätzlich unbefristet erfolgt, gehen Private-Equity-Anbieter ihre Investments in der Regel für einen begrenzten Zeitraum ein, in den meisten Fällen zwischen drei und acht Jahren.[1] Anschließend erfolgt der sogenannte "exit" in Form eines Börsengangs ("initial public offering" – IPO), eines "trade sale" (Verkauf an einen strategischen Investor), eines "secondary purchase" (Verkauf an einen weiteren Finanzinvestor) oder eines "buy back" (Rückverkauf an den ursprünglichen Eigentümer).[2]

Private-Equity-Geber gehen in vielen Fällen Mehrheitsbeteiligungen an den Zielunternehmen ein, um sich Kontrollrechte hinsichtlich der unternehmerischen Entscheidungen zu sichern. Gerade kleinere Anbieter haben sich allerdings häufig auch auf reine Minderheitsbeteiligungen spezialisiert. Die Renditeerwartungen an Private Equity-Investments sind hoch: Sie liegen in der Regel zwischen 20 und 30% p.a. und setzen sich aus laufenden Ausschüttungen (häufig eher gering ausfallend)[3] und einer realisierten Wertsteigerung beim Wiederverkauf der Anteile zum Zeitpunkt des Exits zusammen. Hinter dem eigentlichen Private-Equity-Fonds steht meist eine Managementgesellschaft, die den Fonds verwaltet und die Investitionsziele aussucht.

[1] Vgl. HACKL und JANDL (2004), S. 205.
[2] Vgl. RAMS und REMMEN (1999), S. 82.
[3] Vgl. HACKL und JANDL (2004), S. 195, BURGER-CALDERON et al. (2004), S. 32, oder FINSTERER und GULDER (2001), S. 13.

Außerdem wirbt sie das Kapital für den Fonds von den Investoren, oftmals institutionellen Anlegern wie Versicherungen oder Pensionsgesellschaften, ein. Die Managementgesellschaft wird am Wertzuwachs des Fonds beteiligt ("carried interest") und erhält eine laufende Kompensation für ihre operativen Kosten.

Ein klassisches Aufbaukonzept einer Private-Equity-Beteiligung verdeutlicht die folgende Darstellung:

Darstellung 2.6: Aufbaukonzept einer Private-Equity-Beteiligung

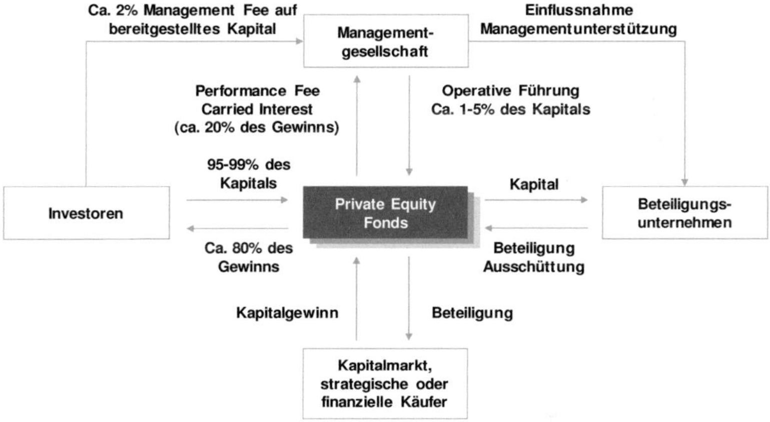

Quelle: REIMERS (2003), S. 7

2.4.1.2.2 Factoring, Forfaitierung und "asset-backed securities"

Unter "Factoring" versteht man nach WÖHE und BILSTEIN ein Finanzierungsgeschäft, bei dem ein sogenannter "factor" (häufig ein Kreditinstitut oder sonstiger Finanzintermediär) einem Unternehmen einen Teil seiner Forderungen abkauft und damit für zusätzliche Liquidität auf Seiten des Veräußerers sorgt.[1] Eng verwandt mit dem Factoring ist die Forfaitierung, die sich speziell auf Forderungen aus Exportgeschäften bezieht.

[1] Vgl. WÖHE und BILSTEIN (2002), S. 202 f.

Im Gegensatz zu kapitalerhöhenden Maßnahmen (wie z.B. bei Neuaufnahme von Gesellschaftermitteln) handelt es sich beim Factoring also nur um eine Liquiditätsmaßnahme, einen Aktivtausch, der damit unter die sogenannten Finanzierungssurrogate fällt.[1] Geht mit dem Verkauf der Forderung das Risiko des Forderungsausfalls auf den Käufer über (Delkrederefunktion) und übernimmt dieser außerdem die Debitorenbuchhaltung und das Mahnwesen für die betreffenden Forderungen, so spricht man vom "echten" Factoring. Die Abtretung der Forderungen an den Käufer kann zum einen im offenen Verfahren (offene Zession) erfolgen. Der Debitor des Unternehmens erhält dann einen Hinweis auf den zugehenden Rechnungen, dass Zahlungen direkt an den Factor zu leisten sind. Im Fall der stillen Zession leitet der Verkäufer eingehende Zahlungen direkt an den Factor weiter.[2]

Ein wesentlicher Vorteil des Factorings besteht darin, dass das Unternehmen in die Lage versetzt wird, seinen Kunden Zahlungsziele einzuräumen ohne dafür Liquiditätsnachteile in Kauf nehmen zu müssen. Allerdings lässt sich der Factor bei Ausübung der Delkrederefunktion die Übernahme des Forderungsausfallrisikos durch einen Abschlag auf den ursprünglichen Forderungsbetrag vergüten. Das sogenannte Factoringentgelt kompensiert den Factor für das übernommene Risiko und die Verwaltungskosten. Es liegt nach Angaben des Deutschen Factoring-Verbandes bei ca. 0,8-2,5% des Forderungsumsatzes.[3] Hinzu kommen Zinsen entsprechend des Zahlungszieles.

Werden Forderungen in ganzen Paketen, zumeist von homogener Fristigkeit und diversifizierter Risikostruktur, an spezielle Zweckgesellschaften verkauft, die sich wiederum durch Begebung von Wertpapieren refinanzieren, so spricht man von sogenannten "asset-backed securities (ABS)"-Transaktionen.[4] Factoring und ABS sind also vom Prozess her verwandte Finanzierungsansätze. Die Grundidee ist es, Forderungen zu verselbststän-

[1] Vgl. HAHN (1993), S. 521.
[2] Vgl. WÖHE und BILSTEIN (2002), S. 303.
[3] Vgl. Deutscher Factoring-Verband (2008).
[4] Vgl. WÖHE und BILSTEIN (2002), S. 306 f.

digen und so zum einen die Bonität des Unternehmens von der Bonität der Forderungen (bzw. der Schuldner) zu trennen und zum anderen einen unmittelbaren Liquiditätseffekt herbeizuführen.[1] Mit Hilfe von ABS können sich auch nichtbörsennotierte Unternehmen einen indirekten Zugang zum Kapitalmarkt eröffnen, und die hohen Publizitätsanforderungen, die mit einer direkten Wertpapieremission normalerweise verbunden wären, entfallen. Allerdings sind die Anforderungen, die sich zum einen an die Struktur der zu veräußernden Forderungen (Ableitung prognostizierbarer Zahlungsströme) und zum anderen an den Veräußerer selbst stellen (hoher Datenaufbereitungsaufwand, sehr informationsintensive Finanzierungstechnik), nicht unerheblich.[2] Die erforderlichen Mindestvolumina für ABS-Transaktionen liegen zudem im Regelfall zwischen 80 und 100 Mio. EUR. Im Rahmen von sogenannten "multi-seller conduit"-Programmen werden Forderungen mehrerer Verkäufer gepoolt und so eine Partizipation an ABS-Transaktionen auch für kleinere Unternehmen ermöglicht.[3] Bis dato aber nutzen vorwiegend größere Unternehmen ABS-Transaktionen, um sich gezielt spezifischer Forderungsrisiken zu entledigen und Liquiditätsvorteile zu realisieren. Allgemein weist der deutsche ABS-Markt im internationalen Vergleich noch deutlichen Nachholbedarf auf.[4]

2.4.1.2.3 Leasing

Das Leasing wurde in Deutschland mit Beginn der 1960er Jahre zunehmend populär.[5] Die Entscheidung, beispielsweise eine Immobilie zu leasen anstatt zu kaufen, kann interessante wirtschaftliche Vorteile bieten.

Man unterscheidet gemeinhin zwischen "operate-leasing" einerseits und Finanzierungsleasing andererseits.[6] Während es sich beim "operate-leasing" um einen normalen Mietvertrag im Sinne des Bürgerlichen Gesetzbuches

[1] Vgl. PLEISTER (2000), S. 107.
[2] Vgl. HULTSCH (2002), S. 147 f.
[3] Vgl. NEUMÜLLER und HOCHGATTERER (2004), S. 273.
[4] Vgl. DENTZ (2004), S. 56.
[5] Vgl. WÖHE und BILSTEIN (2002), S. 279, sowie S. 279-297 zum vertiefenden Lesen.
[6] Vgl. LEE S.K. und TAN (2001), S. 499.

handelt, zeichnen sich Finanzierungsleasingverträge dadurch aus, dass der Leasingvertrag regelmäßig längerfristig ausgestaltet und für einen gewissen Mindestzeitraum unkündbar ist und außerdem das Leasingobjekt nicht selten spezifisch auf die Bedürfnisse des Leasingnehmers zugeschnitten wird (Spezialleasing). Der Leasingnehmer trägt im Fall des Finanzierungsleasings das volle Investitionsrisiko (z.B. das Risiko der technischen Überalterung), daher wird das Finanzierungsleasing zumeist als "echte" Alternative zur klassischen Finanzierung angesehen.

Der wirtschaftlich besonders interessante Aspekt am Finanzierungsleasing ist, dass das geleaste Wirtschaftsgut, abhängig von der vertraglichen Ausgestaltung und insbesondere der Behandlung des Gutes nach Ablauf der Grundleasingzeit, beim Leasingnehmer bilanziert werden kann. Allerdings kann es steuerlich vorteilhafter sein, das Leasingobjekt dem Leasinggeber zuzurechnen, weil hierdurch unter Umständen höhere laufende Betriebsausgaben geltend gemacht werden können (volle Tilgung gegenüber kalkulatorischen Abschreibungen).[1] In diesem Fall entfällt auch eine entsprechende Passivierung der Zahlungsverpflichtungen aus dem Leasingvertrag ("off-balance"-Ausweis).[2] Da der Leasinggeber in jedem Fall rechtlicher Eigentümer des Wirtschaftsgutes bleibt, entfallen außerdem in vielen Fällen die bei Finanzierungen sonst üblichen Sicherheiten – ein weiterer Aspekt, der das Leasing zu einer interessanten Alternative zur klassischen Finanzierung gemacht hat.

Eine besondere Rolle innerhalb des Finanzierungsleasings nehmen sogenannte "sale & lease back (SLB)"-Transaktionen ein. Bei einer solchen Transaktion wird (üblicherweise betriebsnotwendiges) Vermögen an einen spezialisierten Dienstleister veräußert und anschließend Zug um Zug zurückgeleast.[3] Dies hat nicht nur unmittelbare Liquiditätswirkung, sondern kann auch bilanzstrukturelle Folgen haben, wenn Teile der Veräußerungserlöse beispielweise zur Schuldentilgung genutzt werden. Allerdings erfolgen SLB-

[1] Vgl. WÖHE und BILSTEIN (2002), S. 286 f.
[2] Vgl. PLEISTER (2000), S. 105.
[3] Vgl. GUGGLBERGER, KÖNIG und MAYER (2004b), S. 37.

Maßnahmen häufig zu Lasten künftiger Cashflows und teilweise auch zu Lasten des Ergebnisses, abhängig davon, wie die Bilanzierung der Leasingverbindlichkeit erfolgt und ob die Leasingraten die bisherigen Lasten aus Abschreibungen und Zinsen übersteigen.

2.4.1.2.4 Anleihen, Obligationen und Schuldverschreibungen

Neben der klassischen Beschaffung langfristiger Fremdmittel in Form von Bankdarlehen können gerade größere Unternehmen auch auf den organisierten Kapitalmarkt oder einen privaten Platzierungskreis zurückgreifen, um Schuldverschreibungen zu begeben, und sich so eine alternative Quelle für langfristiges Fremdkapital erschließen. Der Begriff der Schuldverschreibung ist dabei dem der Obligation oder der Anleihe gleichzusetzen.[1]

Zentrales Merkmal dieser Finanzierungsvariante ist, dass der erforderliche Kapitalbetrag nicht nur von einem Gläubiger (beispielsweise einer Bank) aufgenommen, sondern auf viele Investoren verteilt wird.[2] Üblich sind Teilbeträge, die von 100 EUR bis 10.000 EUR reichen.[3] Durch die breite Streuung der Kapitaleinlage kann sich das Unternehmen unabhängiger von einigen wenigen Financiers wie beispielsweise seinen Hausbanken machen und so gleichzeitig eine Verbesserung seiner Finanzstruktur und seiner Bonitätsbeurteilung erreichen.[4] Außerdem sind spezielle dingliche Besicherungen von Schuldverschreibungen inzwischen unüblich geworden. Stattdessen werden zum Anlegerschutz zumeist Negativerklärungen vereinbart (Gleichstellung der Anleihegläubiger mit allen anderen Gläubigern unbesicherter Finanzierungen) und bestimmte rechtliche und finanzielle Mindestanforderungen an das Unternehmen vertraglich fixiert ("legal/financial covenants").[5] Ein weiterer Vorteil ist, dass Anleihen öffentlich begeben werden können und sich das Unternehmen so einen Zugang zum organisierten Kapitalmarkt erschließt.

[1] Vgl. WÖHE und BILSTEIN (2002), S. 232 ff.

[2] Aus diesem Grund wird auch häufig von Teilschuldverschreibungen gesprochen, vgl. GEBHARDT (1993), S. 446.

[3] Vgl. WÖHE und BILSTEIN (2002), S. 233.

[4] Vgl. HOCHGATTERER, SACHER und WALLNER (2004), S. 171, sowie Abschnitt 2.4.3.3.2 zu Hintergründen von Bonitätsanforderungen im Rahmen von Basel II.

[5] Vgl. HOCHGATTERER, SACHER und WALLNER (2004), S. 172.

Häufig geht eine solche öffentliche Emission einer Teilschuldverschreibung einer späteren Notierung von Eigenkapitaltiteln (Aktien) voraus. Eine besondere Form einer öffentlichen Anleihe sind Wandelschuldverschreibungen ("convertible bonds"). Zusätzlich zu den üblichen Konditionen (feste oder variable Verzinsung, vollständige Tilgung des Anlagebetrages im Zeitverlauf oder am Ende der Laufzeit etc.) hat der Gläubiger einer Wandelschuldverschreibung das Recht, gegebenenfalls unter bestimmten Voraussetzungen seine Schuldtitel in Eigenkapitalanteile (Aktien) des Unternehmens einzutauschen. Das Forderungsrecht auf die Rückzahlung des Schuldbetrages erlischt mit der Umwandlung in Aktienkapital allerdings.[1]

Nachteile einer öffentlichen Emission sind insbesondere die damit verbundenen erheblichen Transaktionskosten, weswegen öffentliche Anleihen zumeist erst ab einem Finanzvolumen von rund 100 Mio. EUR genutzt werden und sich damit prinzipiell nur für große Unternehmen eignen.[2] Alternativ kann sich das Unternehmen aber auch an einen kleineren, privaten Kreis von Investoren wenden; Genehmigungspflichten nach dem Wertpapiergesetz, Kosten für Verkaufsprospekte sowie die eigentlichen Emissionsgebühren der Börsen entfallen somit. Im Rahmen einer solchen Selbstemission kann das Unternehmen mit einer oder mehreren Banken zusammenarbeiten, die zum einen den Kontakt zu potenziellen Investoren herstellen wie auch Teile des Kapitalvolumens (zunächst) selbst übernehmen können. Alternativ kann das Unternehmen die Anleihe aber auch vollständig ohne Zuhilfenahme eines Intermediärs begeben. Voraussetzung hierfür ist aber, dass ihm Mittel und Wege offenstehen, einen hinreichend großen und finanzstarken Investorenkreis anzusprechen, um seinen erforderlichen Kapitalbedarf auch vollständig zu decken. Die bei Privatemissionen grundsätzlich eingeschränkte, sogenannte Sekundärmarktliquidität stellt nach ACHLEITNER und WAHL potenzielle Investoren immer vor das Risiko, dass sie sich ihrer Forderungen nicht durch einen Verkauf über die Börse zeitnah entledigen können. Unter Umständen

[1] Vgl. GEBHARDT (1993), S. 473.
[2] Vgl. WÖHE und BILSTEIN (2002), S. 233.

sind die Schuldtitel sogar vollständig nichtfungibel. Trotzdem handelt es sich bei Anleihen um eine innovative Form der langfristigen Fremdfinanzierung von Unternehmen, die insbesondere bei größeren Wachstumsvorhaben genutzt werden können.[1]

2.4.1.2.5 Mezzanine-Kapital

Neben der Unterscheidung in Eigen- und Fremdkapital haben sich in den letzten Jahren Mischformen, sogenannte hybride Finanzierungsvarianten entwickelt. Häufig wird auch der Begriff Mezzanine-Kapital verwendet, um Finanzierungsvehikel zu subsumieren, die weder eindeutigen Eigen- noch Fremdkapitalcharakter aufweisen.[2] Hierzu zählen u.a. Gesellschafterdarlehen, Genussscheine sowie bestimmte Ausgestaltungen bei stillen Beteiligungen.[3] Allen mezzaninen Finanzierungsvarianten ist gemein, dass sie gegenüber klassischem Fremdkapital nachrangig sind, insofern also eigenkapitalähnlichen Charakter aufweisen, weswegen sie häufig auch als "unternehmerisches Fremdkapital" bezeichnet werden.[4] Als Mezzanine überlassenes Kapital ist regelmäßig zeitlich befristet, die Laufzeiten können allerdings bis zu zehn Jahre betragen. Ein weiterer Vorteil ist, dass bei spezifischer Ausgestaltung Mezzanine-Kapital handelsrechtlich als Eigenkapital, steuerrechtlich aber als Fremdkapital aufgefasst wird und damit die Kapitalkosten (fixe und variable Zinskomponenten) als Betriebsausgaben abzugsfähig sind.[5] Entscheidungs- und Kontrollrechte der Mezzanine-Kapitalgeber sind in den meisten Fällen nicht oder nur bedingt gegeben, daher führt eine Mezzanine-Finanzierung nicht zwangsläufig zu stärkerem Fremdeinfluss auf die unternehmerischen Entscheidungen. All diese Vorteile in der Ausgestaltung von

---

[1] Vgl. ACHLEITNER und WAHL (2004), S. 1324 f.

[2] Vgl. FISCHER (2004), S. 225. Der Begriff "Mezzanine" stammt aus dem Italienischen und bezeichnet eine Art Zwischengeschoss in einem Gebäude.

[3] Für einen ausführlichen Überblick zu Mezzanine-Instrumenten sowie deren schuld-, handels- und gesellschaftsrechtliche Implikationen vgl. MUTTER (2005), S. 333 ff. Die im Verlauf der Arbeit, insbesondere innerhalb der Fallstudien, immer wieder angesprochenen Genussrechte und Genussscheine sowie ihre besonderen handels- und steuerrechtlichen Aspekte werden bei HARRER, JANSSEN und HALBIG (2005) und VOLLMER (2000) ausführlich erläutert.

[4] So z.B. bei STADLER (2002), S. 110.

[5] Vgl. MUTTER (2005), S. 334 und 336 ff.

mezzaninen Finanzierungen schlagen sich allerdings in gegenüber der klassischen Fremdfinanzierung häufig deutlich höheren Kapitalkosten nieder. Je nach Ausgestaltung (mit/ohne Equity-Kicker) können die Renditeerwartungen der Investoren 10 bis 18% erreichen.[1]

2.4.2 Typische Finanzierungsmuster von Familienunternehmen

Die Finanzierung von privat gehaltenen Unternehmen, d.h. solchen, die keinen oder nur eingeschränkten Zugang zu öffentlichen (Eigen- oder Fremd-)Kapitalmärkten besitzen und zu denen auch die meisten Familienunternehmen gehören, ist bis vor einigen Jahren in Deutschland eine überschaubare Angelegenheit gewesen. Neben der Bereitstellung von Kapital durch die Gesellschafter (Kapital- bzw. Gewinnrücklagen, Gesellschafterdarlehen etc.) erfolgte die Finanzierung von Investitionen und operativem Geschäft im Wesentlichen durch die Hausbank in Form von lang- und kurzfristigen Krediten. In der jüngeren Vergangenheit allerdings gelangten innovative Finanzierungsinstrumente auch auf den deutschen Markt und erreichten zunehmende Bekanntheit. Beispiele wie SLB-Finanzierungen, Factoring-Lösungen und Mezzanine-Kapital, aber insbesondere die zunehmende Verfügbarkeit von Private Equity haben die Finanzierungsbandbreite auch für nichtbörsennotierte Unternehmen deutlich erweitert.

Es stellt sich die Frage, ob und inwiefern dieses zunehmende Angebot an Kapitalquellen die Finanzierung von Familienunternehmen in Deutschland verändert hat. Verschiedene Studien zum Finanzierungsverhalten deutscher Familienunternehmen legen nahe, dass diese Frage (noch) zu verneinen ist. REDLEFSEN und EIBEN zeigen, dass neben der Finanzierung durch Eigenmittel bzw. durch die Altgesellschafter sowie durch Bankkredite einzig das Leasing inzwischen zu einer gewissen Popularität gelangen konnte und in zahlreichen Unternehmen eingesetzt wird. Andere moderne Finanzierungsinstrumente wie z.B. das Factoring werden deutlich seltener genutzt.[2] Dies liegt

[1] Vgl. FINSTERER und GULDER (2001), S. 13.
[2] Vgl. REDLEFSEN und EIBEN (2006), S. 7.

nicht etwa an der mangelnden Bekanntheit alternativer Finanzierungslösungen, wie die folgende Darstellung verdeutlicht:

Darstellung 2.7: Bekanntheits- und Nutzungsgrad verschiedener Finanzierungsinstrumente bei deutschen Familienunternehmen (Auszug)

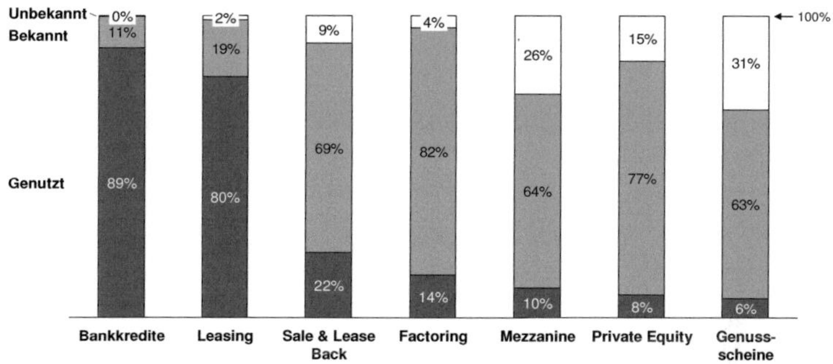

Quelle: eigene Darstellung in Anlehnung an REDLEFSEN und EIBEN (2006), S. 7

Weit wichtiger noch als die Finanzierung mithilfe des klassischen Bankkredits ist für viele Familienunternehmen die Innen- bzw. Selbstfinanzierung des Unternehmens über einbehaltene Gewinne. Die dominierende Rolle der Gewinnthesaurierung für die Finanzierung von Investitionen und laufendem Geschäft wird ermöglicht durch geringe Entnahme- und Ausschüttungsquoten, die in vielen Familienbetrieben zum Tragen kommen. "Thesaurus Rex", so überschreiben KARKOWSKI und KEPPLER anschaulich ihren Artikel zur Mittelstandsfinanzierung. Hiernach kommt der Gewinnthesaurierung die weitaus wichtigste Rolle in der Finanzierung des Unternehmens zu.[1]

Eine deutliche Betonung der Bedeutung von Innen- bzw. Selbstfinanzierung für mittelständische Unternehmen findet sich auch bei KOLBECK. Einbehaltene Gewinne sind hiernach für beinahe 60% der befragten Unternehmen die zentrale Finanzierungsquelle,[2] gefolgt von alternativen Mitteln der Innenfinanzierung (Finanzierung durch Abschreibungen und Rückstellungen mit rund

[1] Vgl. KARKOWSKI und KEPPLER (2004), S. 48 f. Ähnliche Ergebnisse und Kommentierungen finden sich bei STRICK, BLANK und HÜLSBÖMER (2004), S. 13 f.

[2] Vgl. KOLBECK (2002), S. 391.

41%). Analog zur Studie von REDLEFSEN und EIBEN finden sich auch bei KOLBECK Kredite als wichtigste Quelle der Außenfinanzierung (rund 30%). Kapitalbeteiligungsgesellschaften spielen eine nur untergeordnete Rolle, wie die folgende Darstellung verdeutlicht:

Darstellung 2.8: Finanzierungsquellen des deutschen Mittelstandes und ihre Nutzung [in % der Nennungen] (Auszug)

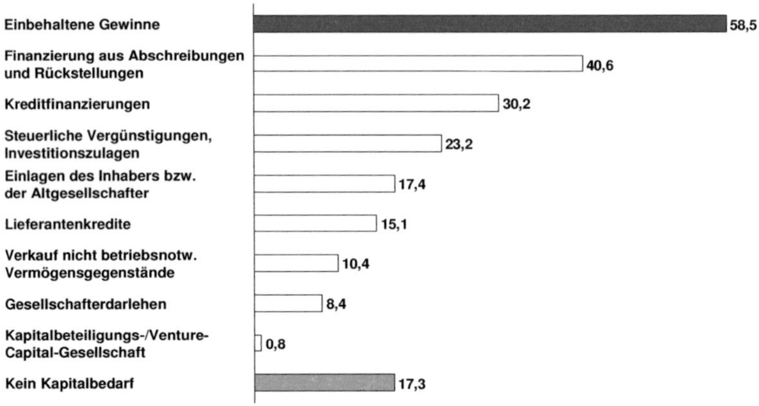

Quelle: eigene Darstellung in Anlehnung an KOLBECK (2002), S. 392

Allerdings reicht die Ertragskraft vieler Familienunternehmen nicht aus, um sich ausschließlich oder zum überwiegenden Teil aus der Thesaurierung laufender Ergebnisse zu finanzieren. Gerade wenn einige Familienmitglieder ihren Lebensunterhalt aus dem Unternehmen und seinen laufenden Erträgen bestreiten müssen, ist eine reine Innenfinanzierung häufig nicht ausreichend, um Investitionen zu finanzieren und laufende Auszahlungen sicherzustellen. Trotz einer konservativen Finanzierungspolitik sind Familienunternehmen deshalb häufig auf Instrumente der Außenfinanzierung angewiesen. Es ist daher nicht verwunderlich, dass viele Familienunternehmen ihre Finanzierungssituation besonders aufmerksam betrachten. Die Beschaffung von Kapital und die Bereitstellung ausreichender Liquidität werden, stärker beispielsweise als Kostenkontrolle oder Steueroptimierungen, regelmäßig zu den größten finanziellen Herausforderungen von Familienunternehmen gezählt.[1] Nicht selten muss der Unternehmer einen großen Teil seiner Zeit Finanzierungsfragen widmen – für die Beschäftigung mit anderen familienunternehmensspezifischen Herausforderungen wie beispielsweise der Nachfolgeplanung bleibt daher häufig nur wenig Zeit.[2] Gleichwohl zeigen sich die meisten Familienunternehmen mit ihrer grundsätzlichen Finanzierungssituation nicht unzufrieden.[3]

Zur kurz- und langfristigen Außenfinanzierung greifen Familienunternehmen, wie in der Studie von REDLEFSEN und EIBEN beschrieben, in den meisten Fällen auf Bankkredite zurück.[4] Die besondere Rolle und Verantwortung der Banken für die Finanzierung deutscher Unternehmen im Allgemeinen und Familienunternehmen im Speziellen wird damit also deutlich.[5] Dementsprechend sollte man hohe Verschuldungsgrade und geringe Eigenkapitalquoten bei diesen Unternehmen erwarten, und tatsächlich gilt der deutsche Mittelstand häufig als "unterfinanziert". Der hohe Stellenwert, den viele Familienunternehmen der Ergebnisthesaurierung, bescheidenen Ausschüttungsquoten und allgemein einer konservativen Finanzierungsstruktur zukommen lassen, widerspricht dem allerdings. Wie kommt es also zu dieser Diskrepanz? Ein denkbarer Erklärungsansatz liegt in unterschiedlichen Größenverteilungen, die den Datensamples verschiedener Studien und Erhebungen zugrunde liegen.[6] Untersuchungen, die sich mit kleinen bis mittelgroßen Unternehmen und deren Finanzierung auseinandersetzen, weisen häufig auf – auch und gerade im internationalen Vergleich – geringe Eigenkapitalquoten dieser

[1] Vgl. WINKELJOHANN (2006), S. 19 f.
[2] Vgl. MURPHY (2005), S. 132.
[3] Vgl. REDLEFSEN und EIBEN (2006), S. 10.
[4] Vgl. HEINEMANN et al. (2006), S. 44 ff., und PLATTNER und PLANKENSTEINER (2006), S. 7, für vergleichbare Einschätzungen.
[5] Vgl. zur historischen Entstehung dieser Bedeutung auch den Artikel von FRANKS, MAYER und WAGNER (2005).
[6] Vgl. KOLBECK (2002), S. 391. Insofern werden hierbei häufig die beiden Begrifflichkeiten "Familienunternehmen" und "Mittelstand" vermengt, weswegen in Kapitel 1.4.2.1 eine Abgrenzung der beiden Begriffe vorgenommen und das Augenmerk auf Familienunternehmen gelenkt wurde.

Unternehmensgrößenklasse in Deutschland hin.[1] STARK beispielsweise erwähnt den geringen Eigenkapitalanteil und geringe betriebliche Sicherheiten beim deutschen Mittelstand.[2] GEISELER zeichnet ein etwas differenzierteres Bild, wonach eine Eigenkapitalschwäche insbesondere bei Unternehmen mittlerer Größe (zwischen 51 und 200 Beschäftigten) zu finden ist.[3] Die folgende Darstellung gibt eine Übersicht zu aktuellen Untersuchungsergebnissen hinsichtlich der Eigenkapitalquote von mittelständischen Unternehmen in Deutschland.

Darstellung 2.9: Eigenkapitalquoten von mittelständischen Unternehmen in Deutschland

QUELLE	EIGENKAPITAL-QUOTE	KOMMENTAR
Creditreform und IfM (2007)[a)]	**19,56%**	• Modellhafter Mittelwert eines Durchschnittsunternehmens • Mittelstandsdefinition gemäß IfM
Deutsche Bank (2007)[b)]	**15%**	• Mittelwert
ARNSFELD und HIEB (2004)[c)]	**25,3%**	• Mittelwert • Mittelstandsdefinition gemäß IfM
HOMMEL und SCHNEIDER (2003)[d)]	**15%**	• Mittelwert • Mittelstandsdefinition bis 100 Mio. EUR Umsatz

Quellen: a) SPENGEL et al. (2007)
b) LINNEMANN (2007)
c) ARNSFELD und HIEB (2004)
d) HOMMEL und SCHNEIDER (2003)

Betrachtet man demgegenüber Studien, die sich explizit mit der Finanzierung von Familienunternehmen (und eben gerade nicht ausschließlich mit kleinen und mittleren Unternehmen) beschäftigen, so ergibt sich ein differenzierteres Bild. So weist KORMANN darauf hin, dass bei Quoten von bis zu 33% von

[1] RAJAN und ZINGALES finden sogar Hinweise für einen umgekehrt proportionalen Zusammenhang zwischen Unternehmensgröße und Verschuldung in Deutschland – in vielen anderen Ländern verhält es sich exakt umgekehrt, vgl. RAJAN und ZINGALES (1995), S. 1422.

[2] Vgl. STARK (2002), S. 38.

[3] Vgl. GEISELER (1999), S. 146 f.

einer zu geringen Eigenkapitalausstattung nicht gesprochen werden kann.[1] Andere Untersuchungen kommen zu ähnlichen Ergebnissen.[2]

Sehr früh sprach DREUX bereits davon, dass viele Familienunternehmen sogar "überkapitalisiert" seien.[3] Insofern kann ein pauschales Urteil zur Über- oder Unterfinanzierung deutscher Familienunternehmen nicht geteilt werden. Stattdessen scheint eine differenzierte Aussage nach Größenklassen angebrachter.

2.4.3 Erklärungsansätze

Aus dem vorangegangenen Abschnitt werden zwei Dinge deutlich:

1. Familienunternehmen stützen sich vorwiegend auf wenige Finanzierungsvarianten und bevorzugen die Innenfinanzierung und den klassischen Bankkredit.

2. Die Eigenkapitalversorgung von Familienunternehmen divergiert bisweilen stark. Von einer allgemeinen Unterversorgung mit Eigenmitteln kann aber nicht gesprochen werden.

Woher rühren nun diese spezifischen Muster in der Finanzierung von Familienunternehmen? Dieser Frage soll der folgende Abschnitt nachgehen und dabei sowohl Erklärungsangebote der Finanzierungstheorie und "Praktikerregeln", wie auch besondere Merkmale von Familienunternehmen, Ziele und Restriktionen bei der Ausgestaltung der Finanzierung näher betrachten.

2.4.3.1 Erklärungsansätze der Finanzierungstheorie

2.4.3.1.1 Das Irrelevanztheorem von Finanzierungsentscheidungen

Die moderne Theorie zu Finanzierungs- und Kapitalstrukturentscheidungen hat ihren Ursprung in dem bis heute viel zitierten Artikel von MODIGLIANI

[1] Vgl. KORMANN (2003), S. 14 ff.
[2] Vgl. anstelle von vielen REDLEFSEN und EIBEN (2006), S. 3, oder BURGER CALDERON et al. (2004), S. 9.
[3] Vgl. DREUX (1990), S. 228.

und MILLER aus dem Jahr 1958.[1] Darin zeigen die Autoren, dass in einem modellhaften Kapitalmarkt die Finanzierungsstruktur eines Unternehmens keinerlei Einfluss auf dessen Marktwert besitzt, weil die Opportunitätskosten aus Sicht der Marktteilnehmer ausschließlich vom leistungswirtschaftlichen, nicht aber vom finanzwirtschaftlichen Risiko des Unternehmens abhängen. Unter der Prämisse einer marktwertmaximierenden Unternehmensstrategie wäre es demnach gleichgültig, ob und inwieweit sich ein Unternehmen verschuldet.

In ihren berühmten Hypothesen, den sogenannten "MM propositions", zeigen MODIGLIANI und MILLER, dass

> "[...] the market value of any firm is independent of its capital structure and is given by capitalizing its expected return at the rate p_k appropriate to its class."[2]

Von der Aussage her eng verwandt mit dem Irrelevanztheorem ist das Separationspostulat zwischen Investitions-, Finanzierungs- und Konsumentscheidungen, welches auf die Arbeiten von TOBIN und FISHER zurückgeht. Investitionsentscheidungen können hiernach unabhängig von den Nutzenfunktionen der Investoren getroffen werden, was bedeutet, dass Unternehmer die Entscheidung darüber, in welchem Umfang in welche Projekte investiert werden soll, ihren angestellten Managern überlassen können. Unter der Maxime einer unternehmenswertmaximierenden Investitionspolitik werden Investitionen genau in dem Umfang getätigt, bis ihr Nettobarwert exakt null ist. Unabhängig davon können die Investoren darüber entscheiden, ob sie am Kapitalmarkt Geld aufnehmen wollen, um es von ihren Managern investieren zu lassen oder ob sie dem Markt finanzielle Mittel zur Verfügung stellen, was

[1] So die Einschätzung bei HARRIS und RAVIV (1991), S. 297. Ihr Artikel enthält darüber hinaus eine gute Übersicht zu Beiträgen der modernen Finanzierungstheorie sowie zu deren wesentlichen Aussagen und Ergebnissen.
[2] Vgl. MODIGLIANI und MILLER (1958), S. 268.

letztlich eine Frage der persönlichen Nutzenfunktion und der zeitlichen Konsumpräferenzen darstellt.[1]

Allerdings sind die Voraussetzungen, unter denen die Irrelevanz- bzw. die Separationsvermutung gelten, äußerst restriktiv.[2] Neben der Abwesenheit von Transaktions- und Insolvenzkosten ist in dem Modell bis hierhin eine finanzierungsneutrale Besteuerung der Unternehmen vorgesehen. Das bedeutet, dass Zinsaufwendungen ebenso wie Dividenden nicht steuerlich abzugsfähig sind, und dies ist in den meisten Steuersystemen eben gerade nicht der Fall. Das Marktmodell von MODIGLIANI und MILLER ist also um verschiedene "realistischere" Annahmen zu ergänzen. Die Autoren führen daher zwei wesentliche Erweiterungen ein:

1. Die steuerliche Abzugsfähigkeit von Zinsen
2. Eine breite Angebotsvielfalt an Fremdfinanzierungsinstrumenten ("bonds") verbunden mit unterschiedlichen Kosten[3]

Insbesondere die steuerliche Vorteilhaftigkeit von Fremdfinanzierungen hat weitreichende Implikationen für das Modell. Das Irrelevanzpostulat kann hierunter nicht mehr gelten, es wäre sogar denkbar, die gesamte Unternehmung mit Fremdkapital zu finanzieren, stünden den geringeren Kapitalkosten nicht steigende andere Kosten (wie z.B. die zunehmende Insolvenzgefahr) gegenüber.

Wie in Abschnitt 2.4.2 bereits zu sehen war, scheinen auch die empirischen Finanzierungsmuster von Familienunternehmen das Irrelevanztheorem eindeutig zu widerlegen, finden sich doch in den meisten Fällen eindeutige Präferenzen zugunsten der Selbst- bzw. Innenfinanzierung. Dies wiederum legt

[1] Vgl. COPELAND und WESTON (1992), S. 18 ff., und BREALEY, MYERS und ALLEN (2005), S. 194.

[2] Vgl. COPELAND und WESTON (1992), S. 439, für eine vollständige Übersicht der (expliziten wie impliziten) Annahmen des MM-Modells.

[3] Vgl. MODIGLIANI und MILLER (1958), S. 272 ff. Außerdem berücksichtigten die Autoren noch weitere, eher allgemeine Defizite des Marktes (z.B. Transaktionskosten, welche die für das ursprüngliche Modell notwendigen Arbitrageprozesse beeinflussen können).

die Vermutung nahe, dass andere Kriterien schwerer wiegen als die steuerlichen Vorteile der Fremdfinanzierung. Welcher Natur können diese Kriterien also sein?

ZELLWEGER widerlegt das Irrelevanztheorem für Familienunternehmen. Bestimmte Verhaltensaspekte (u.a. starke Aversion gegenüber dem Verlust von Unabhängigkeit; vgl. hierzu eingehend Abschnitt 2.4.3.3) von Familienunternehmen beeinflussen deren konkrete Finanzierungsentscheidungen in wesentlichem Maße. In einer experimentellen Befragung von 148 Eigentümern privat gehaltener Unternehmen in Deutschland, Österreich und der Schweiz kommt er zu deutlichen Unterschieden bei der Finanzierungsentscheidung von Familienunternehmen und Nichtfamilienunternehmen.[1] Ausschlaggebend für die jeweiligen Finanzierungsentscheidungen sind hierbei Kriterien wie Kontroll- und Unabhängigkeitspräferenzen. ZELLWERGERs Resultate zeigen, dass Familienunternehmer ungleich häufiger als Vertreter von Nichtfamilienunternehmen Investitionsvarianten wählen, die in stärkerem Maße zum Unabhängigkeitserhalt der Unternehmung als zur Rendite beitragen. Außerdem werden Entscheidungen immer kontextbezogen bzw. referenzpunktabhängig gefällt: Aus sehr sicheren Positionen heraus, in denen sich das Unternehmen bereits in einem hohen Autonomiegrad befindet, sind Familienunternehmen demnach bereit, punktuelle Kontrollrisiken einzugehen, um Renditevorteile zu erzielen.[2]

Familienunternehmer neigen offenbar dazu, Finanzierungsentscheidungen stark von den ihnen innewohnenden Risiken und möglichen Kontrollverlusten abhängig zu machen und beurteilen vergleichbare Investitions- bzw. Finanzierungsentscheidungen kontextspezifisch. Von einer Irrelevanz der Kapitalstruktur kann vor diesem Hintergrund keine Rede sein. Ebenso werden Investitions- und Finanzierungsentscheidungen bei Familienunternehmen typischerweise gerade nicht getrennt, sondern in hohem Maße integrativ betrach-

[1] Die Unterscheidung zwischen Familienunternehmen und Nichtfamilienunternehmen erfolgte dabei anhand der F-PEC-Systematik (vgl. Abschnitt 1.4.1).

[2] Vgl. ZELLWEGER (2006), S. 106 ff.

tet. Eine Investitionsentscheidung wird vermutlich in den meisten Fällen (ungeachtet ihres investitionsrechnerischen Profils wie z.B. vielversprechenden Cashflow-Prognosen) nur dann getroffen werden, wenn die hierfür notwendige Finanzierung den unter Familienunternehmen weit verbreiteten, nichtfinanziellen Motiven wie beispielsweise dem Erhalt der eigenen Unabhängigkeit nicht entgegensteht.

2.4.3.1.2 Die "Static Trade-off"-Theorie

Wie im vorangegangenen Abschnitt bereits gezeigt, können insbesondere steuerliche Aspekte und Insolvenzrisiken relevante Kriterien bei der Ausgestaltung der Finanzierungsstruktur eines Unternehmens darstellen. Während allerdings die steuerliche Abzugsfähigkeit von Fremdkapitalzinsen – ceteris paribus (c.p.) – einen positiven Einfluss auf den Unternehmenswert hat, nimmt die Gefahr einer Unternehmensinsolvenz mit dem Verschuldungsgrad zu. Insofern ließe sich vermuten, dass es so etwas wie einen optimalen Verschuldungsgrad für Unternehmen gibt, in dem die zunehmenden Insolvenzrisiken gerade noch von den steuerlichen Vorteilen der Fremdfinanzierung kompensiert werden. Die Bestimmung dieses optimalen Verschuldungsgrades ist Gegenstand der sogenannten "Static Trade-off"-Theorie (häufig auch nur als "Trade-off"-Theorie bezeichnet). MYERS beschreibt in seinem Artikel ein Modell, innerhalb dessen die Maximierung des Unternehmenswertes abhängig ist von eben einem solchen optimalen Verschuldungsgrad, determiniert durch positive Barwerte der Steuerersparnisse ("tax shield") und negative Barwerte der Insolvenzkosten, wie die folgende Darstellung zeigt.[1]

Unter identischen Voraussetzungen, insbesondere unter homogener steuerlicher Behandlung, sollten nach der "Static Trade-off"-Theorie alle Unternehmungen identische, namentlich optimale Verschuldungsgrade aufweisen. Dies ist in der Realität offenkundig nicht der Fall, wie bereits die Angaben zur Eigenkapitalquote mittelständischer Unternehmen in Abschnitt 2.4.2 gezeigt haben.

[1] Vgl. MYERS (1984), S. 577 ff.

Darstellung 2.10: "Static Trade-off"-Theorie

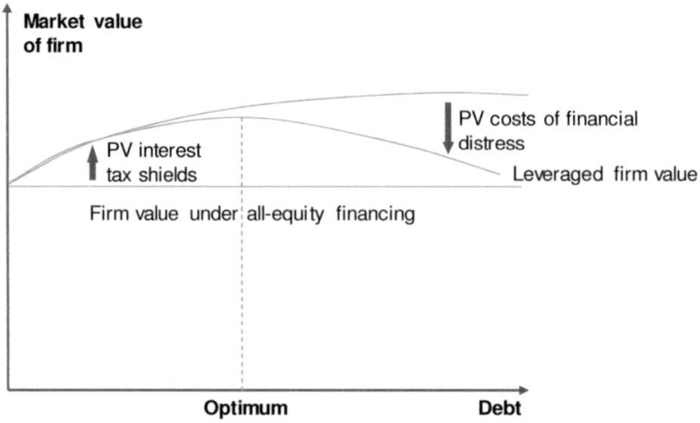

Quelle: MYERS (1984), S. 577

Selbst wenn es gelänge, zwei unter steuerlichen Gesichtspunkten perfekt vergleichbare Unternehmen zu identifizieren, dürften deren Verschuldungsgrade voneinander abweichen. Der Grund hierfür liegt in der äußerst diffizilen Einschätzung und Quantifizierung drohender Insolvenzkosten und den hieraus resultierenden Auswirkungen auf die spezifische Risikoneigung des Unternehmers. KUDLA weist darauf hin, dass neben den unmittelbaren Kosten, die mit einer Insolvenz des Unternehmens verbunden sind (wie z.B. Anwaltskosten, Gerichtsgebühren), indirekte Kosten bestehen, die sich infolge zunehmender Unsicherheit und abnehmenden Vertrauens in das Unternehmen von Seiten der Kapitalgeber, Kunden und Lieferanten ergeben können und sich in Form von rückläufigen Ergebnissen und Liquiditätsspielräumen äußern.[1] MYERS unterscheidet in ähnlicher Form zwischen rein rechtlich-administrativen Kosten und eher subtileren Agency-Kosten als Folge abnehmenden Vertrauens und infolgedessen zunehmenden Monitoring- und Controlling-Aufwands.[2]

Unterschiedliche Einschätzungen und Erwartungen hinsichtlich der genannten Kostenaspekte widersprechen der Theorie allerdings nicht, weil hierzu

[1] Vgl. KUDLA (2004), S. 37.
[2] Vgl. MYERS (1984), S. 580.

keine expliziten Annahmen getroffen werden. Daher lassen sich auch durchaus empirische Hinweise für die Anwendbarkeit der "Trade-off"-Theorie auf Kapitalstrukturentscheidungen von Unternehmen finden. BANCEL und MITTOO sowie BROUNEN, DE JONG und KOEDIJK gelangen beispielsweise zu diesem Ergebnis in unterschiedlichen Untersuchungen europäischer Unternehmen.[1] Allerdings handelt es sich hierbei nicht um eine dezidierte Studie zu Familienunternehmen. Ob und inwiefern sich "Trade-off"-Ansätze eignen, um die Finanzierungsentscheidungen von Familienunternehmen zu erklären, kann an dieser Stelle nicht beurteilt werden. Fixpunkte der Kapitalstruktur wie beispielsweise Zieleigenkapitalquoten könnten für eine (mindestens implizite) Anwendung der Theorie sprechen. Ob aber die Maximierung des Unternehmenswertes bei solchen Entscheidungen von Familienunternehmen tatsächlich das ausschlaggebende Motiv ist, kann bezweifelt werden. Genau so gut könnte die Vorstellung einer Mindestausstattung mit Eigenkapital dem nun schon mehrfach betonten Sicherheits- und Unabhängigkeitsstreben entstammen, welches vielen Familienunternehmen zu eigen ist.

2.4.3.1.3 Die Hierarchie der Finanzierungsinstrumente – zur "Pecking Order"-Theorie

Wie gezeigt geht die "Static Trade-off"-Theorie solange von einer Präferenz zugunsten einer fremdkapitalorientierten Finanzierungspolitik der Unternehmung aus, bis ein optimaler Verschuldungsgrad erreicht ist, in dem die Nachteile zunehmender Insolvenzrisiken gerade noch durch die Vorteile geringerer Kapitalkosten kompensiert werden.

Die "Pecking Order"-Theorie unterstellt ebenfalls klare Präferenzen zugunsten bestimmter Finanzierungsformen. Der Terminus "pecking order", also zu Deutsch Hackordnung oder – etwas zurückhaltender übersetzt – Hierarchie wurde von MYERS eingeführt.[2] Um den Einfluss externer Kapitalgeber begrenzt zu halten, verlässt sich das Unternehmen weitestmöglich auf seine

[1] Vgl. BANCEL und MITTOO (2004), S. 119, und BROUNEN, DE JONG und KOEDIJK (2004), S. 99.
[2] Vgl. MYERS (1984), S. 581, der sich hierin im Wesentlichen auf seinen vorangegangenen, modellhaften Artikel zusammen mit Nicholas S. Majluf bezieht, vgl. MYERS und MAJLUF (1984).

Innenfinanzierungskraft. Falls neues Kapital von außen aufgenommen werden muss, wird Fremdkapital hybriden Finanzierungsvarianten und reinem Eigenkapital vorgezogen.[1]

Essenziell für die Theorie sind eine Trennung zwischen Kapitaleignern (Shareholdern) und Kapitalverwaltern (Managern) und grundsätzlich asymmetrisch verteilte Informationen zwischen Unternehmen und Kapitalmarkt.[2] Hierin zeigt sich bereits die Problematik hinsichtlich einer möglichen Anwendung der Theorie auf Familienunternehmen, da zumindest bei eigentümergeführten Unternehmen genau diese Trennung aufgehoben ist. Dennoch finden sich verschiedene Untersuchungen, die für eine Anwendbarkeit der "Pecking Order"-Theorie auch bei Familienunternehmen sprechen. BLANCO-MAZAGATOS, DE QUEVEDO-PUENTE und CASTRILLO argumentieren beispielsweise, dass auch und gerade bei Familienunternehmen der mögliche Verlust von Kontrolle und Einflussmöglichkeit ein wesentliches Entscheidungskriterium bei der Wahl der Finanzierungsinstrumente sein kann.[3] In ihrer empirischen Erhebung kommen die Autoren zu dem Ergebnis, dass Innen- bzw. Selbstfinanzierung bei den befragten Unternehmen die Finanzierungsentscheidungen dominiert, innerhalb der Außenfinanzierung überwiegt Fremdkapital gegenüber Eigenkapital.[4] Die Aufnahme neuen Eigenkapitals dürfte aber nur dann als "last resort" für Familienunternehmen gelten, wenn die Kapitalerhöhung über die Aufnahme neuer Gesellschafter erfolgt. Gerade vor dem Hintergrund der erwähnten Kontroll- und Einflussgesichtspunkte dürfte eine Kapitalerhöhung seitens der Altgesellschafter durchaus eine valide Alternative für Familienunternehmen darstellen. Voraussetzung dafür sind allerdings die notwendige Verfügbarkeit ausreichenden Kapitals auf Seiten

[1] Vgl. BREALEY, MYERS und ALLEN (2005), S. 526, und BÖRNER und GRICHNIK (2003), S. 681. Ähnlich, wenngleich mit anderslautender Argumentation, bei NARAYANAN (1988), S. 48.
[2] Vgl. BREALEY, MYERS und ALLEN (2005), S. 524 ff., und COPELAND und WESTON (1992), S. 501 ff.
[3] Vgl. BLANCO-MAZAGATOS, DE QUEVEDO-PUENTE und CASTRILLO (2007), S. 201. Zu einer ähnlichen Einschätzung gelangen auch ROMANO, TANEWSKI und SMYRNIOS (2000).
[4] Vgl. BLANCO-MAZAGATOS, DE QUEVEDO-PUENTE und CASTRILLO (2007), S. 211. Zu ähnlichen Ergebnissen gelangen auch MAHÉRAULT (2000) und BÖRNER und GRICHNIK (2003).

der Unternehmerfamilie sowie natürlich die grundsätzliche Bereitschaft, die Mittel auch weiterhin in das Unternehmen zu investieren.

2.4.3.1.4 Die Signalhypothese von Finanzierungsentscheidungen

Die Signalhypothese[1] von Finanzierungsentscheidungen geht zurück auf ROSS. Grundlage für seine Überlegungen waren die Ausführungen von LELAND und PYLE zu Informationsasymmetrien zwischen Unternehmensinsidern und externen Investoren und deren Auswirkung auf die Finanzierungskosten und Durchführung von Investitionsprojekten.[2]

ROSS stellt ein Modell vor, in dem von den Finanzierungsentscheidungen der Manager gewisse Signalwirkungen auf die Kapitalmärkte ausgehen. Insiderinformationen der Manager werden hierdurch dem Markt kommuniziert und der Marktwert des Unternehmens dadurch beeinflusst. Insofern wird das Irrelevanztheorem von MODIGLIANI und MILLER widerlegt.[3] Die Signalisierungstheorie geht davon aus, dass die Managervergütung direkt an die Wertentwicklung des Unternehmens gekoppelt ist. Manager von sehr gut aufgestellten Unternehmen mit positiven Zukunftsaussichten können aufgrund der ihnen vorliegenden Informationen mehr Schulden aufnehmen als andere, weil die potenziellen Kosten des finanziellen Ruins ("bankruptcy costs") vergleichsweise gering bzw. unwahrscheinlich sind. Die Aufnahme von Schulden kann also als ein Signal für das Vertrauen der Manager in ihre Unternehmen verstanden werden.[4]

Ähnlich wie schon im Fall der "Pecking Order"-Theorie hängt die Anwendbarkeit der Signalisierungstheorie auf Familienunternehmen wesentlich davon ab, ob es sich um ein eigentümergeführtes oder fremd gemanagtes Unternehmen handelt. Zwar ließe sich auch vermuten, dass auch ein geschäftsführender Gesellschafter mithilfe der Finanzierungspolitik gewisse Signale an Sta-

---

[1] Teilweise auch als Informationshypothese bezeichnet, vgl. FUEGLISTALLER und ZELLWEGER (2006a), S. 9.
[2] Vgl. LELAND und PYLE (1977).
[3] Vgl. ROSS (1977) und COPELAND und WESTON (1992), S. 501 ff.
[4] Vgl. BESSLER, KURTH und THIES (2003), S. 654.

keholder des Unternehmens (insbesondere Banken) zu senden beabsichtigt. Die Signalisierungstheorie stellt allerdings wesentlich auf korporative Unternehmen und öffentliche Kapitalmärkte ab, weswegen die Anwendung auf Familienunternehmen mindestens problematisch erscheint.

2.4.3.2 Erklärungsansätze von Finanzierungsregeln der unternehmerischen Praxis

Stärker als die zuvor erörterten theoretisch fundierten Leitlinien haben sich bei vielen Entscheidern pragmatische, um nicht zu sagen "Daumen"-Regeln für die Unternehmensfinanzierung durchgesetzt. Sie bieten gegenüber den finanzierungstheoretischen Ansätzen den Vorteil, dass sie häufig leichter angewendet werden können. Ihr Erklärungsgehalt für tatsächlich beobachtbare Finanzierungsentscheidungen in der Praxis dürfte daher vergleichsweise hoch sein, weswegen auf einige dieser pragmatischen Regeln im Folgenden näher eingegangen werden soll.

Zumeist wird hinsichtlich pragmatischer Finanzierungsregeln unterschieden zwischen

1. horizontalen Kapital-/Vermögensstrukturregeln,
2. vertikalen Kapitalstrukturregeln und
3. sonstigen kennzahlenbasierten Finanzierungsregeln.[1]

Die wahrscheinlich bekannteste unter den sogenannten horizontalen Kapital-/ Vermögensstrukturregeln ist die "goldene Finanzierungsregel", bisweilen auch als "goldene Bankregel" oder "klassische Finanzierungsregel" bezeichnet. Sie besagt zunächst nur, dass die Fristigkeit der finanziellen Mittel mit der ihrer Verwendung übereinstimmen soll (sogenannte Fristenkongruenz). Hierdurch soll die Zahlungsfähigkeit des Unternehmens zu jedem Zeitpunkt sichergestellt werden, indem durch Investitions- und Leistungsprozesse des

[1] Vgl. WÖHE und BILSTEIN (2002), S. 406 ff., sowie EHRINGER, EHRENHÖFER und ZSCHOCKELT (2004), S. 63 ff.

Unternehmens die Kapitalkosten (insbesondere Zinsen und Tilgung) fristgerecht generiert werden. Investitionen mit entsprechend langen wirtschaftlichen Nutzungsdauern sind hiernach mit langfristigen Mitteln, Investitionen in zeitnah liquidierbares Vermögen (z.B. Umlaufvermögen) hingegen mit kurzfristigen Finanzierungsinstrumenten zu realisieren.

Die "goldene Bilanzregel" erweitert die goldene Finanzierungsregel, sie wird sozusagen ein Stück weit konkreter, indem sie über die reine Fristenkongruenz hinaus die Anforderung stellt, dass das langfristig gebundene Anlagevermögen mit Eigenkapital, das Umlaufvermögen mit Fremdkapital (engste Fassung) finanziert werden sollten. In etwas weiter gefassten Auslegungen soll das Anlagevermögen sowie langfristig gebundenes Umlaufvermögen mit Eigen- und langfristig überlassenem Fremdkapital finanziert werden. Für alle horizontalen Finanzierungsregeln ist damit eine gesamthafte Betrachtung der Aktiv- und Passivseite der Bilanz charakteristisch, Finanzierungsentscheidungen können hiernach also nur abhängig von den ihnen zugrundeliegenden Investitionsentscheidungen getroffen werden. Die folgende Darstellung verdeutlicht die Zusammenhänge zwischen Aktiv- und Passivseite der Bilanz je nach Auffassung der goldenen Bilanzregel.

Darstellung 2.11: Fassungen der goldenen Bilanzregel

Quelle: eigene Darstellung in Anlehnung an WÖHE und BILSTEIN (2002), S. 408

Die "vertikale Kapitalstrukturregel" hingegen stellt einzig auf die Passivseite der Bilanz ab und gibt Orientierungsrichtwerte für bestimmte Kapitalstrukturverhältnisse vor. Weit verbreitet sind z.B. Zielwerte für Eigenkapitalquoten abhängig von der jeweiligen Branche, in der das Unternehmen tätig ist.

Weitere kennzahlenbasierte Finanzierungsregeln stellen ebenfalls auf bestimmte Verhältnismäßigkeiten ab, betrachten hierfür aber häufig, analog zu den horizontalen Finanzierungsregeln, die Vermögens- und Kapitalstruktur gemeinsam. Industrievergleiche, sogenannte "benchmarks", können dem Unternehmen Aufschluss darüber geben, an welchen Mindestwerten es sich orientieren kann. Weit verbreitet sind Liquiditätskennzahlen (Liquidität 1., 2. oder 3. Grades), die postulieren, dass das kurzfristige Fremdkapital möglichst jederzeit durch die im Unternehmen vorhandene Liquidität (freie Mittel, gegebenenfalls unter Hinzuziehung kurzfristig liquidierbarer Vermögensgegenstände) gedeckt sein sollte. Von Seiten der Banken werden inzwischen auch häufig Verhältnismäßigkeiten zwischen operativer Leistungsfähigkeit und Verschuldung des Unternehmens betrachtet, beispielsweise in Form von EBIT- oder EBITDA-Kennzahlen[1].

Der vergleichsweise einfachen Handhabung der dargestellten pragmatischen Finanzierungsregeln steht allerdings auch gewisse Kritik gegenüber. Insbesondere simplifizieren sie die leistungs- und finanzwirtschaftlichen Zusammenhänge im Unternehmen zu stark (die alleinige Forderung nach Fristenkongruenz trifft z.B. keinerlei Annahmen hinsichtlich der Rentabilität der Investitionen, aus denen mithilfe des Leistungsprozesses ja zusätzlich zu den Kapitalkosten auch die sonstigen Auszahlungen wie Material, Löhne, Steuern etc. bedient werden müssen). Außerdem könnten eine strenge Auslegung dieser Regeln und ein zu starres Orientieren an spezifischen Verhältnismäßigkeiten dazu führen, dass finanzwirtschaftliche Optimierung und Chancen auf Wertsteigerungen vergeben werden (z.B. in Form des sogenannten Leverage-Effektes, nachdem bei einer Gesamtkapitalrentabilität, die höher liegt als die Fremdkapitalkosten, durch die zusätzliche Finanzierung von Investitionen

[1] Die Abkürzung EBIT steht für "earnings before interest and taxes", EBITDA für "earnings before interest, taxes, depreciation and amortization".

mithilfe von Fremdkapital eine Erhöhung der Eigenkapitalrendite herbeigeführt werden kann).[1]

Ob und inwiefern solch pragmatische Finanzierungsregeln gerade bei Familienunternehmen Anwendung finden, kann unter Abgleich mit den empirischen Erkenntnissen aus Abschnitt 2.4.2 nicht abschließend geklärt werden, da die Regeln einzig und allein auf Fristigkeiten bzw. Eigen- und Fremdkapitalcharakter abstellen. Weitergehende Spezifikationen oder eine Differenzierung nach Innen- und Außenfinanzierung werden nicht getroffen. Weil die dargestellten Finanzierungsregeln aber aus der unternehmerischen Praxis heraus entstanden sind, liegt die Vermutung nahe, dass sich viele Familienunternehmen zumindest an ihnen orientieren.

2.4.3.3 Spezifische Ziele und Restriktionen der Finanzierung von Familienunternehmen

Wie in Abschnitt 2.4.3.1 zu sehen war, eignen sich die Erklärungsansätze der klassischen Finanzierungstheorie teilweise, um Besonderheiten in der Finanzierung von Familienunternehmen, wie in Abschnitt 2.4.2 dargelegt, zu erklären. Insbesondere die "Pecking Order"-Theorie scheint eine gewisse Aussagekraft für das Finanzierungsverhalten von Familienunternehmen aufzuweisen, wenngleich die der Theorie zugrundeliegenden Annahmen (insbesondere eine Trennung von Eigentum und Management sowie die Nutzung von öffentlichen Kapitalmärkten) nicht bei jedem Familienunternehmen Anwendung finden. Eher pragmatisch ausgestaltete Finanzierungsregeln, die in Abschnitt 2.4.3.2 dargestellt wurden, werden wahrscheinlich ebenfalls bei den Finanzierungsentscheidungen von Familienunternehmen zur Anwendung kommen. Dies kann allerdings vor dem Hintergrund der bisher gewonnenen empirischen Erkenntnisse nicht eindeutig geklärt werden.

Was sind aber darüber hinaus denkbare Erklärungsansätze für das Finanzierungsverhalten von Familienunternehmen? Welche Motive spielen bei der Finanzierungsentscheidung eine wesentliche Rolle? Was sind demgegenüber

[1] Vgl. WÖHE und BILSTEIN (2002), S. 411.

aber auch besondere Restriktionen, denen Familienunternehmen typischerweise hinsichtlich ihrer Finanzierung unterliegen? Verschiedene Untersuchungen und Literaturbeiträge haben sich mit diesen Fragen auseinandergesetzt. Im folgenden Abschnitt werden zunächst die wesentlichen Motive und Zielsetzungen für die Finanzierung von Familienunternehmen erörtert. Anschließend werden diesen gewisse Restriktionen gegenübergestellt, denen viele Familienunternehmen hinsichtlich ihrer Finanzierung typischerweise unterliegen. Es wird sich zeigen, dass diese Restriktionen sowohl exogener, d.h. durch die Umweltbedingungen des Unternehmens bestimmter, als auch endogener Natur, im Sinne von durch das Unternehmen bzw. die Gesellschafter determiniert, sein können.

2.4.3.3.1 Wesentliche Motive und Ziele der Finanzierungspolitik von Familienunternehmen

Verschiedene Autoren betonen das starke Unabhängigkeitsbestreben, das viele Familienunternehmen kennzeichnet und das sich auch und gerade in der Ausgestaltung ihrer Finanzierung widerspiegelt. So kommen beispielsweise WIMMER et al. zu dem Schluss, dass finanzielle Unabhängigkeit bei vielen Familienunternehmen als "[...] das alles überragende Ziel im Zentrum des unternehmerischen Strebens und Handelns steht."[1] Freiheit in der Steuerung des eigenen Unternehmens und Flexibilität bei wichtigen Entscheidungen stehen für viele Unternehmer im Vordergrund aller Überlegungen. Bezüglich der Finanzierung des Unternehmens äußert sich dies häufig in einer eindeutigen Präferenz zugunsten der Innen- bzw. Selbstfinanzierung.[2] WIMMER et al. sprechen von einer "familienunternehmenstypischen Thesaurierungspolitik".[3] Kontrollverluste sowie Mitsprache- und Informationsrechte Dritter sollen hierdurch so weit wie möglich eingeschränkt werden. Aus diesen Gründen scheuen viele Familienunternehmen Finanzierungsmaßnahmen, die mit einer Einflussnahme Dritter auf strategische und operative Entschei-

[1] WIMMER et al. (2005), S. 158. Ähnlich die Einschätzung bei GEISELER (1999), S. 174, und ZELLWEGER (2006), S. 108 f.
[2] Vgl. Abschnitt 2.4.2.
[3] WIMMER et al. (2005), S. 159.

dungen oder weitreichenden Publizitätspflichten verbunden wären, allen voran den Börsengang.[1] Aber auch das Maß an Verschuldung, die damit verbundene potenzielle Einflussnahme von Kreditgebern und die Bedeutung einer soliden bis komfortablen Eigenkapitalausstattung sind in vielen Familienunternehmen stark vom Unabhängigkeitsgedanken geprägt.[2]

Neben dem dominierenden Postulat nach Unabhängigkeit und Wahrung von Kontrolle und Einfluss auf das Unternehmen durch die Altgesellschafter bzw. die Familie steht gerade bei Familienunternehmen häufig eine auf Langfristigkeit und Nachhaltigkeit ausgerichtete Investitions- und Finanzierungspolitik im Vordergrund ("patient capital"). Die Existenzsicherung des Unternehmens und damit der Unternehmerfamilie auf Generationensicht ist vielfach ein ebenso wichtiges Ziel wie die Unabhängigkeitsmaxime. SIMON, WIMMER und GROTH sprechen von einer "Ko-Evolution" der beiden Systeme Unternehmen und Familie sowie einer generationenübergreifenden Existenzsicherung der Familie durch das Unternehmen, die wiederum erfordert, dass die Familie ihrerseits ihre Energie und nicht zuletzt auch Kapital in erforderlichem Umfang dem Unternehmen zur Verfügung stellt.[3] Aus diesem Grundverständnis für die wechselseitige Abhängigkeit der beiden Systeme Familie und Unternehmen erklären sich auch die mitunter äußerst komfortablen Eigenkapitalausstattungen vieler Familienunternehmen, die häufig über eine jahrelang andauernde, äußerst konservative Thesaurierungspolitik ermöglicht wurden.[4]

Neben Unabhängigkeit und Langfristigkeit spielen das mit der Finanzierung verbundene Risiko für das Unternehmen sowie die Kapitalkosten eine bedeutende Rolle.[5] Allerdings werden die Zusammenhänge von Risiko und Kapital-

[1] Vgl. ARNSFELD und HIEB (2004), S. 665.
[2] Vgl. MATTHEWS et al. (1994), S. 358 f.
[3] Vgl. SIMON, WIMMER und GROTH (2005), S. 231.
[4] Vgl. zur Diskussion um Eigenkapitalquoten bei Familienunternehmen auch Abschnitt 2.4.2 sowie FUEGLISTALLER und ZELLWEGER (2006a) und GALLO und VILASECA (1996), die zu dem Ergebnis kommen, dass Familienunternehmen tendenziell höhere Eigenkapitalquoten aufweisen als Nichtfamilienunternehmen.
[5] Vgl. REDLEFSEN und EIBEN (2006), S. 5.

kosten längst nicht immer entsprechend der klassischen Theorie betrachtet: Häufig werden die Zinsen auf das eingesetzte Fremdkapital als die eigentlichen Kapitalkosten erachtet. Kalkulatorische Kosten für das im Unternehmen gebundene Eigenkapital (qua Kapitaleinbringung und/oder Ergebnisthesaurierung), die der Theorie nach aufgrund des Haftungsrisikos höher ausfallen müssten als die Zinsen auf das Fremdkapital, sind für viele Unternehmer kein intuitiv einsichtiges Konzept.[1] Der Widerspruch zur klassischen Anschauung wird durch die steuerliche Abzugsfähigkeit von Zinsen als Betriebsausgaben noch verstärkt. Offenbar überwiegt hier das Sicherheits- respektive das Unabhängigkeitsargument, dem eine eigenkapitalorientierte, häufig auf Ergebnisthesaurierung beruhende Finanzierungspolitik besser entspricht.

Ausreichend verfügbare Liquidität wird ebenfalls häufig als eines der wesentlichen Finanzierungsziele von Familienunternehmen genannt. Viele Familienunternehmen zeichnen sich durch vergleichsweise hohe Liquiditätsbestände aus, welche die notwendige Liquiditätsschwelle für das operative Geschäft teilweise bei Weitem übersteigen.[2]

2.4.3.3.2 Typische Restriktionen in der Finanzierung von Familienunternehmen

Neben den vom Unternehmen bestimmten Leitmotiven und Zielsetzungen der Finanzierung gilt es aber auch Faktoren zu berücksichtigen, die das Unternehmen nicht unmittelbar beeinflussen kann. Hierzu zählen marktseitige Finanzierungsvoraussetzungen und -restriktionen, regulatorische Veränderungen und sonstige Einflüsse der Umwelt des Familienunternehmens, die sich auf dessen Finanzierung auswirken können.

[1] Vgl. FUEGLISTALLER und ZELLWEGER (2006a), S. 9. McCONAUGHY unternimmt nichtsdestotrotz den Versuch, auf Basis des "capital asset pricing model" eine adaptierte Version zur Quantifizierung von kalkulatorischen Eigenkapitalkosten für Familienunternehmen zu entwickeln. Er berücksichtigt dabei u.a. Illiquiditätsabschläge aufgrund der zumeist nicht gegebenen Fungibilität der Gesellschafteranteile sowie einen spezifischen "family effect", vgl. MCCONAUGHY (1999), S. 353-358.

[2] So schon bei DREUX (1990), S. 228. Die Bedeutung ausreichender Liquiditätsreserven wird ebenfalls bei BURGER-CALDERON et al. (2004), S. 16, und ACHLEITNER, SCHRAML und KLÖCKNER (2008), S. 19, betont.

Häufig wird gerade in Deutschland der fehlende Zugang vieler Unternehmen zum organisierten Kapitalmarkt beklagt. Der Finanzmarkt in Deutschland ist traditionell bankenorientiert, wohingegen die USA oder Großbritannien hochliquide, öffentliche Kapitalmärkte besitzen.[1] Insbesondere für KMU fehlte es lange Zeit an speziellen Börsensegmenten und geeigneten Zugangskanälen zum Kapitalmarkt und der Bereitschaft von Emissionsbanken, einen Börsengang für Unternehmen dieser Größenordnung durchzuführen.[2] Mit der Einführung des "Neuen Marktes" Ende der 1990er Jahre und wenig später dem speziellen Börsensegment SMAX (später SDAX, abgeleitet von "Small Cap Deutscher Aktienindex") haben sich die Voraussetzungen für Mittelstands- und Familienunternehmen allerdings grundsätzlich verbessert.[3] Aber auch wenn sich viele gute Gründe für ein Börsenengagement von Familienunternehmen anführen lassen,[4] so war doch bereits zu sehen, dass die Börse nur eine deutlich untergeordnete Rolle für die Finanzierung von Familienunternehmen in Deutschland spielt.[5] Falls überhaupt, bringen Familienunternehmen häufig nur Minderheitsanteile an die Börse, was sich wiederum in teilweise deutlichen Preisabschlägen bei der Emission und einer anschließenden negativen Outperformance gegenüber dem Gesamtmarkt äußern kann.[6]

Allgemein lässt sich feststellen, dass marktseitig bedingte Finanzierungsrestriktionen sich besonders deutlich bei kleineren Familienunternehmen zeigen. Die Liquidität privater und öffentlicher Kapitalmärkte, die in KMU investieren, ist nach wie vor eher gering.[7] Aber gerade kleinere und jüngere Unternehmen sind infolge verstärkter Wachstumsanstrengungen häufig auf zusätzliche finanzielle Ressourcen, die über die Eigenkapitalausstattung der Gründer

[1] Vgl. LA PORTA et al. (1997), S. 1131.
[2] Vgl. GERKE et al. (1995), S. 94.
[3] Vgl. FRANCIONI (2000), S. 152.
[4] JESCHKE und LORZ nennen hier die Verbesserung von Eigenkapital- und Liquiditätssituation sowie den Zugang zu alternativen Formen des Kapitalmarktes wie z.B. Optionsanleihen oder Genussscheinen, vgl. JESCHKE und LORZ (1997), S. 22.
[5] Vgl. die Studienergebnisse in Abschnitt 2.4.2.
[6] Vgl. die Ergebnisse bei KUKLINSKI, LOWINSKI und SCHIERECK (2003) oder JASKIEWICZ et al. (2005).
[7] Vgl. MAHÉRAULT (2000), S. 72.

hinausgehen, angewiesen. Fehlendes Kapital kann sich hier deutlich negativ auf die Wachstumsdynamik des Unternehmens auswirken.[1]

Basel II

Neben dem fehlenden Zugang zum organisierten Kapitalmarkt wirkt sich für viele Familienunternehmen eine zunehmend restriktivere Kreditvergabe der Banken aus.[2] Ein in diesem Zusammenhang viel diskutiertes Schlagwort ist "Basel II". Der Begriff bezeichnet ein vom Baseler Ausschuss für Bankenaufsicht entwickeltes Regelwerk, welches zur Sicherung einer angemessenen Eigenkapitalausstattung von Finanzinstituten, zu verbesserter Transparenz und hierdurch zu einem wirksameren Management internationaler Kreditrisiken führen soll. Aus Sicht der kreditnehmenden Unternehmen sind die wesentlichen Veränderungen, die mit Basel II verbunden sind, vor allem die bonitätsabhängige Vergabe und Preisadjustierung von Krediten (die seitens der Banken wiederum mit einem risikoadjustierten Eigenkapitalanteil zu hinterlegen sind) sowie das der Kreditentscheidung vorangehende sogenannte Rating der Unternehmen. Hierbei wird das kreditnachfragende Unternehmen entweder durch ein unabhängiges Ratinginstitut (wie z.B. Standard & Poor's, Moodys) oder aber durch ein bankinternes Ratingverfahren auf seine Bonität überprüft.[3] Neben einer rein quantitativen, auf Kennzahlen gestützten Analyse der Kapitaldienstfähigkeit des Unternehmens spielen hier auch qualitative Merkmale wie eine Beurteilung der Managementqualität, die Entwicklungsaussichten der jeweiligen Branche oder die Güte der technischen Ausstattung des Unternehmens mit hinein.[4]

[1] Vgl. die Ergebnisse bei GEISELER (1999), S. 239, oder KOKALJ, PAFFENHOLZ und MOOG (2003), S. 6, sowie ausführlich Abschnitt 2.5.5.2.

[2] Vgl. WINKELJOHANN (2006), S. 3.

[3] Die Inhalte von Basel II sind inzwischen in zahlreichen Beiträgen erläutert und auch die zu erwartenden Auswirkungen auf die Unternehmenslandschaft diskutiert worden. Vgl. anstelle von vielen vor allem die eigentlichen Konsultationspapiere der Bank für Internationalen Zahlungsverkehr zu Basel II, Bank for International Settlements (2008), sowie die Informationsseiten der Deutschen Bundesbank, Deutsche Bundesbank (2008).

[4] Vgl. BOEHM-BEZING (2000), S. 39.

Die flächendeckende Einführung von Bonitätsratings und neuen Transparenzmaßstäben weist insbesondere für mittelständische und Familienunternehmen in Deutschland eine besondere Brisanz auf, kennzeichnen sich doch viele dieser Unternehmen durch eine gewisse Aversion hinsichtlich informationeller Transparenz gegenüber Dritten sowie teilweise durch ein nur eingeschränkt funktionsfähiges Berichtswesen.[1] Viele Familienunternehmen fürchten daher eine konkrete Verteuerung ihrer Kredite, Zwang zu mehr Öffentlichkeit als gewünscht und eine Formalisierung ihrer Bankbeziehung.[2] Konnten viele Familienunternehmen zuvor auf eine informelle, auf gegenseitiges Vertrauen gestützte Beziehung zu ihrer Hausbank bzw. mehreren Kernbanken setzen und Kreditverträge teilweise per Handschlag schließen, so haben sie nun vielfach den Eindruck, dass sich die Beziehung zu ihrem Bankberater deutlich verändert. Die neu geforderte Transparenz bedeutet für viele Familienunternehmen "nicht weniger als eine Kulturrevolution"[3] und erfordert teilweise ganz neue Kommunikationsinhalte und -strategien.[4]

Welche konkreten Auswirkungen wird Basel II nun auf das Finanzierungsverhalten deutscher Familienunternehmen haben? Da die Regelungen offiziell erst seit Beginn des Jahres 2007 in Kraft getreten sind, ließe sich vermuten, dass es noch zu früh sei, konkrete Beobachtungen diesbezüglich abzuleiten. Allerdings haben nahezu alle Banken bereits mit Erscheinen der ersten Arbeitspapiere zu Basel II Ende der 1990er Jahre begonnen, ihre Kreditvergabepraxis an die sich abzeichnenden Veränderungen anzupassen. Insofern könnte man einen Systemwandel auf den inländischen Finanzierungsmärkten vermuten, alternative Kapitalanbieter wie z.B. Beteiligungsgesellschaften oder Mezzanine-Financiers könnten im Zuge von Basel II an Bedeutung gewinnen.[5] Allerdings weisen auch aktuelle Studien nicht unbedingt darauf hin, dass sich die Finanzierungsgewohnheiten von Familienunternehmen in

---

1 KOLBECK unterscheidet in diesem Zusammenhang zwischen Informationsfähigkeit und Informationsbereitschaft und führt Hinweise auf, dass es gerade Familienunternehmen häufig an beidem mangelt, vgl. KOLBECK (2004), S. 16 f.

2 Vgl. KOLBECK und WIMMER (2002), S. 11.

3 KOLBECK und WIMMER (2002), S. 13.

4 Vgl. hierzu ausführlich KOLBECK (2004).

5 Vgl. FINSTERER und GULDER (2001), S. 13.

Deutschland tiefgreifend gewandelt hätten. Nach einer aktuellen Erhebung des KfW-Stiftungslehrstuhls für Entrepreneurial Finance an der Technischen Universität München spielen privates Beteiligungskapital und Börsenkapital nach wie vor eine nur untergeordnete Rolle in der Finanzierung deutscher Familienunternehmen.[1] Die dominierende Bedeutung der Banken als wesentliche externe Kapitalgeber scheint unverändert. Insofern haben sich die Familienunternehmen in Deutschland offensichtlich auf die durch Basel II herbeigeführten Veränderungen in der Beziehung zu den Banken eingestellt. STARK sieht die Bedeutung der Banken für mittelständische Unternehmen in Deutschland eher noch gestärkt: Die flächendeckende Einführung von Ratings habe in vielen Fällen die Beziehung zwischen Bank und Unternehmen intensiviert und darüber hinaus auch für viele Unternehmen und Banken den (mittelbaren) Zugang zum Kapitalmarkt in Form von ABS-Transaktionen erleichtert.[2] Auch STADLER sieht die Rolle der Banken für die Unternehmensfinanzierung in Deutschland nach wie vor als zentral an, erkennt aber außerdem Chancen für einen europäischen Kapitalmarkt.[3]

Subprime- und Finanzmarktkrise

Allerdings stellt sich vor dem Hintergrund aktueller Entwicklungen auf den internationalen Finanzmärkten die Frage, ob die Liquiditätsversorgung der Banken überhaupt gesichert ist. Die sogenannte "Subprime-Krise", deren Ursprung auf dem US-amerikanischen Hypothekenmarkt zu finden ist,[4] hat bereits mehrere Finanzinstitute in Deutschland in existenzielle Schwierigkeiten gebracht, so z.B. die Industrie- und Kreditbank (IKB) sowie die sächsi-

[1] Vgl. ACHLEITNER, SCHRAML und KLÖCKNER (2008), S. 27, die damit die empirischen Ergebnisse aus Abschnitt 2.4.2 bestätigen. Nach einer Umfrage von PWC aus dem Jahr 2007 haben nur 5 von 89 befragten Familienunternehmen bis dato eigene Erfahrungen mit Private-Equity-Finanzierungen gesammelt, vgl. WINKELJOHANN und KRUTH (2007), S. 7.

[2] Vgl. STARK (2002), S. 44, sowie Abschnitt 2.4.1.2.2 zur Erläuterung von ABS-Transaktionen.

[3] Vgl. STADLER (2002), S. 122 f.

[4] Die Geschichte scheint sich in diesem Zusammenhang zu wiederholen: Schon Anfang der 1990er Jahre hat eine Bankenkrise in den USA dazu geführt, dass zahlreiche Kreditinstitute geschlossen und seitens der staatlichen Regulierung die Voraussetzungen für Kreditengagements verschärft wurden. Gerade amerikanische Familienunternehmen hatten unter den Folgen einer zunehmenden Kreditverknappung zu leiden, wie sich bei HARVEY und EVANS (1995) nachlesen lässt.

sche Landesbank (SachsenLB). Der entstandene Liquiditätsengpass könnte viele Banken zu einer weitaus restriktiveren Kreditvergabe bzw. einem Ausweiten der Zinsmargen veranlassen und damit zu einer effektiven Verteuerung der Kredite für Unternehmen führen. Gleichzeitig haben sich die allgemeinen gesamtwirtschaftlichen Indikatoren stark eingetrübt: Deutschland befindet sich erstmals seit fünf Jahren wieder in der Rezession, nachdem das BIP im zweiten und dritten Quartal 2008 zurückgegangen ist.[1] Die Organisation für wirtschaftliche Zusammenarbeit und Entwicklung (OECD) geht davon aus, dass sich diese Entwicklung 2009 fortsetzen und sich die Rezession in Deutschland noch verstärken wird.[2] Die Bundesregierung hat sich vor diesem Hintergrund Ende Oktober 2008 dazu entschlossen, staatliche Garantien und Eigenkapitalunterstützungen für notleidende Kreditinstitute in Höhe von rund 500 Mrd. EUR bereitzustellen. Schon zeichnen sich auch in anderen Branchen, allen voran der Automobilindustrie, ähnlich düstere Aussichten ab wie im Finanzsektor. Der Rüsselsheimer PKW-Hersteller OPEL befindet sich per November 2008 in einer finanziell stark beanspruchten Ausgangslage und hat bereits bei der Bundesregierung nach ähnlichen Unterstützungsleistungen angefragt, wie sie die Kreditinstitute nutzen können.[3] In welchem Umfang die Bundesregierung auch für weitere Branchen Unterstützungsmaßnahmen wird beschließen müssen, ist aktuell nicht abzusehen. Ungewiss ist auch, ob die Garantien und die Ad-hoc-Liquiditätsversorgung für die Finanzindustrie den Kreditkreislauf der Realwirtschaft aufrechterhalten können.

Die weiter oben ausführlich beschriebene konservative Finanzierungspolitik und insbesondere der hohe Stellenwert ausreichender Liquidität bei vielen Familienunternehmen geben allerdings Anlass zur Hoffnung, dass die Auswirkungen der Finanzmarktkrise bei diesen Unternehmen keine existenziellen Ausmaße annehmen werden. Tatsächlich, so ließ sich bis vor kurzem zumindest noch hoffen, scheinen viele mittelständische Unternehmen von der Krise weniger stark betroffen zu sein als befürchtet. Einer Umfrage der Wirtschafts-

[1] Vgl. Statistisches Bundesamt (2008).
[2] Vgl. Reuters (2008).
[3] Vgl. Adam Opel GmbH (2008).

prüfungsgesellschaft PricewaterhouseCoopers (PWC) vom März 2008 zufolge gaben 90% der befragten mittelständischen Unternehmen an, sich zu identischen Konditionen finanzieren zu können wie vor Beginn der Krise. Allerdings hielten die Unternehmen bei anhaltenden Turbulenzen auf den internationalen Finanzmärkten und weiteren "Hiobsbotschaften" der Kreditinstitute negative Folgen für die eigene Finanzierungssituation durchaus für möglich.[1] Und eben diese anhaltenden Turbulenzen sind in der Zwischenzeit eingetreten: Den rasanten Kursstürzen vieler Finanzwerte an den Aktienmärkten und den spektakulären Pleiten namhafter Banken wie Lehmann Brothers folgte die ebenso schnelle und drastische Abkühlung des Geldkreislaufes und der Volkswirtschaft insgesamt. Die Subprime-Krise hat sich zu einer Finanzmarkt- und zunehmend auch zu einer realwirtschaftlichen Krise ausgeweitet. Daher zeichnen aktuelle Studien und Umfragen von Ende des Jahres 2008 ein deutlich pessimistischeres Bild. So hat beispielsweise die Forschungsstelle Mittelständische Wirtschaft (FMW) der Philipps-Universität Marburg in ihrem Herbstgutachten 2008 festgestellt, dass die Zeiten des Aufschwungs aus Sicht des deutschen Mittelstands vorerst vorüber sind. Die von der FMW befragten Mittelstandsvertreter beurteilen die Geschäftslage seit Herbst 2007 kontinuierlich rückläufig, und auch der Ausblick 2009 wird zunehmend pessimistischer eingeschätzt.[2] Bemerkenswert ist, dass die Finanzierungsvoraussetzungen nach wie vor nicht als außerordentlich kritisch beurteilt werden, im Gegenteil: Als eines der wenigen abgefragten Kriterien wird die Finanzierungsproblematik im Vergleich mit vorangegangenen Erhebungen als weniger belastend empfunden.[3] Offenbar ist es derzeit noch zu früh, um abschließende, repräsentative Aussagen zu den Auswirkungen der Finanzmarktkrise auf die Finanzierungsvoraussetzungen deutscher Unternehmen zu treffen. Die Erhebungszeitpunkte der meisten verfügbaren Materialien liegen noch deutlich vor den jüngsten Entwicklungen seit Mitte/Ende Oktober 2008.

[1] Vgl. PricewaterhouseCoopers AG WPG (2008).
[2] Vgl. LINGENFELDER und STADLER (2008), S. 3.
[3] Vgl. LINGENFELDER und STADLER (2008), S. 13.

Wie eingangs angedeutet, gibt es neben den zuvor erörterten exogenen auch endogene Finanzierungsrestriktionen, also Einschränkungen in der Ausgestaltung der Finanzierung, die sich das Unternehmen selbst schafft. In der Tat scheinen diese endogenen Faktoren in vielen Fällen sogar entscheidender für die Finanzierungspolitik von Familienunternehmen zu sein als die exogenen Bedingungen. Denn gerade die in Abschnitt 2.4.3.3.1 angeführten Ziele und Motive in der Finanzierung von Familienunternehmen werden häufig so eng und teilweise dogmatisch aufgefasst, dass sie das Unternehmen in der Ausgestaltung seiner Finanzierung stark restringieren.

FUEGLISTALLER und ZELLWEGER beispielsweise sprechen von einem "Unabhängigkeitsteufelskreis", in dem sich viele Familienunternehmen befinden und in welchem sie dem Autonomiepostulat alle anderen unternehmerischen Zielsetzungen unterordnen. Hinsichtlich ihrer Finanzierung spiegelt sich dies in der nun schon vielfach betonten Dominanz der Innen- bzw. Selbstfinanzierung wieder. Dies wiederum führt dazu, dass wichtige Investitions- und Wachstumsoptionen teilweise nicht wahrgenommen werden, weil sie allein mit Eigenmitteln nicht finanziert werden könnten.[1] In einer anderen Untersuchung finden die Autoren außerdem heraus, dass der Unabhängigkeit als Unternehmensziel umso mehr Bedeutung zukommt, je höher der Gesellschaftsanteil der Familie und damit ihr Einfluss auf das Unternehmen sind.[2] Vielfach werden Finanzierungsentscheidungen primär danach gefällt, inwieweit diese den Familieneinfluss auf das Unternehmen verändern. Rationale Abwägungen, Analysen und Wirtschaftlichkeitsberechnungen finden häufig nicht statt.[3]

Allgemein spielen psychologische Aspekte häufig eine wesentliche Rolle bei der Finanzierungsentscheidung von Familienunternehmen. ACHLEITNER und POECH beschäftigen sich daher mit den "psychologischen Bruchstellen" zwischen Familienunternehmen und Finanzinvestoren. Es zeigt sich, dass

[1] Vgl. FUEGLISTALLER und ZELLWEGER (2006b), S. 16 f., und KOLBECK (2002), S. 301.
[2] Vgl. FUEGLISTALLER und ZELLWEGER (2006a), S. 8.
[3] Vgl. BLANCO-MAZAGATOS, DE QUEVEDO-PUENTE und CASTRILLO (2007), S. 200 f.

Familienunternehmen häufig über eine völlig andere Unternehmens- und Kommunikationskultur verfügen als insbesondere angloamerikanische Finanzinvestoren. Familienunternehmer vermissen häufig ein gewisses Maß an sozialer Kompetenz auf Seiten der Investoren, die wiederum ihrerseits über mangelnde Professionalität und Transparenz auf Seiten des Unternehmens klagen. Der Einstieg eines Finanzinvestors wird so erheblich erschwert, weil der Unternehmer ein entsprechendes Angebot häufig als Angriff auf die eigene Person und Entscheidungskompetenz wertet.[1]

Neben der direkten Einflussnahme Dritter auf das Unternehmen meiden Familienunternehmen häufig aus ihrer Sicht besonders teure und riskante Finanzierungsalternativen. Hierzu zählen auch hybride Lösungen wie Mezzanine-Kapital, deren Verbreitung unter Familienunternehmen nach wie vor dementsprechend gering ausfällt. Wenn eine externe Finanzierung vonnöten ist, so greifen Familienunternehmen überwiegend auf Bankkredite zurück.[2] Hierbei wird nach wie vor häufig einer einzelnen Hausbank das Vertrauen geschenkt. Langjährige, exklusive Beziehungen zur Hausbank zu Zwecken von Kreditfinanzierung, Zahlungsverkehr, Treasury und Vermögensgeschäft sind häufig vorzufinden. In vielen Fällen werden diese Beziehungen noch durch persönliche Verbindungen wie Bekanntschaften oder wechselseitige Beirats- bzw. Verwaltungsratsfunktionen gestärkt. Dies erschwert naturgegebenermaßen den Vergleich zwischen verschiedenen Angeboten und verhindert eine Optimierung der Finanzierungskonditionen hinsichtlich Zinsen, Fälligkeiten oder Höhe der Sicherheiten. In gewisser Weise wird durch die enge Zusammenarbeit mit einer oder wenigen Hausbanken also die eigens postulierte Unabhängigkeit geopfert. An deren Stelle tritt ein starkes Gefühl des Vertrauens und der Verlässlichkeit in der unbestritten wichtigen Beziehung zum bedeutendsten externen Financier.[3] Die herausragende Rolle der Hausbank

---

[1] Vgl. ACHLEITNER und POECH (2004), S. 2 f. Ähnlich auch die Einschätzung bei BETSCH, GROH und SCHMIDT (2000), S. 37, und WINKELJOHANN und KRUTH (2007), S. 14.

[2] Vgl. die Abschnitte 2.4.2 und 2.4.3.3.1.

[3] Allerdings dürften hier die neueren Entwicklungen im Rahmen von Basel II vielerorten die Beziehungen zur Hausbank – wie bereits weiter oben beschrieben – deutlich verändern.

für die Finanzierung von Familienunternehmen nimmt demzufolge nur langsam ab, wie verschiedene Studien belegen.[1]

Zusammenfassend lässt sich feststellen, dass exogene Finanzierungsrestriktionen für viele Familienunternehmen offenbar bestehen. Verknappungen des Finanzierungsangebots sowie regulatorische Veränderungen wie Basel II spielen hier eine wesentliche Rolle. Andererseits sind viele Familienunternehmen mit ihrer grundsätzlichen Finanzierungssituation alles andere als unzufrieden,[2] was die Vermutung nahelegt, dass die auffällige Konzentration auf Ergebnisthesaurierung und Bankkredite bei vielen Unternehmen primär selbstbestimmt ist. Leitende Motive der Unternehmensfinanzierung wie insbesondere die Wahrung der unternehmerischen Unabhängigkeit oder die Vermeidung von finanziellen Risiken beschränken das Familienunternehmen zwar in der Bandbreite seiner Finanzierungsstruktur und können wichtige investive Maßnahmen erschweren oder gar verhindern. Diese Einschränkungen nehmen viele Familienunternehmen aber offensichtlich bewusst hin, um ihre übergeordneten unternehmenspolitischen Ziele und Motive verfolgen zu können. "Wir wollen auf gar keinen Fall ein Abhängigkeitsverhältnis zu fremden Kapitalgebern." und "Wir wollen so wachsen, dass wir das mit der nötigen Eigenkapitalbasis machen können." zitieren WIMMER et al. in diesem Zusammenhang eine Familienunternehmerin.[3]

Nach Darstellung der Besonderheiten bei der Finanzierung von Familienunternehmen widmet sich der folgende Abschnitt dem Themenschwerpunkt Wachstum. Auch hierin geht es darum, sich zunächst allgemein dem Thema Wachstum zu nähern, um anschließend auf typische Wachstumsfragen von Familienunternehmen einzugehen.

[1] Vgl. die Ergebnisse bei BURGER-CALDERON et al. (2004), S. 14 f., REDLEFSEN und EIBEN (2006), S. 9, und aktuell ACHLEITNER, SCHRAML und KLÖCKNER (2008), S. 31.
[2] Vgl. REDLEFSEN und EIBEN (2006), S. 10.
[3] Vgl. WIMMER et al. (2005), S. 158 und 160.

2.5 Wachstum von Familienunternehmen – einige Beobachtungen

Die Entwicklung und der Erfolg eines Unternehmens können in vielerlei Hinsicht beobachtet und gemessen werden. Neben rein finanziellen Erfolgsgrößen wie dem Ergebnis oder der Rendite des eingesetzten Kapital sowie deren Veränderung im Zeitablauf ließe sich auch an alternative Merkmale denken wie beispielsweise die Zunahme von Innovationen und Patenten oder eine Erfassung der Entwicklung der Mitarbeiterzufriedenheit. Kaum eine unternehmenspolitische Zielsetzung hat aber auch nur annähernd dieselbe Prominenz erfahren wie das Wachstum des Unternehmens, primär am Umsatz oder (seltener) an Mitarbeiterzahlen oder dem Ergebnis gemessen. Wachstum scheint (bzw. schien bis vor kurzem) darüber hinaus das Gebot der Stunde zu sein, wenigstens wenn man sich die Entwicklung der Jahre 2004 bis 2007 vor Augen hält: Nach den auch gesamtwirtschaftlich betrachtet schwierigen Jahren 2002 und 2003 mit nur geringen volkswirtschaftlichen Zuwachsraten gewann das wirtschaftliche Umfeld auch in Deutschland ab 2004 wieder an Fahrt. Und selbst wenn sich aktuell die Vorzeichen eintrüben und Deutschland erneut auf eine Rezession zusteuert, so ist Wachstum nach wie vor doch eine zentrale Zielgröße für die strategische Ausrichtung vieler Unternehmen in zahlreichen Branchen.

Doch warum ist Wachstum so wichtig bzw. ist es das überhaupt? Was sind erforderliche Voraussetzungen für erfolgreiches Wachstum von Unternehmen? Und welche Rolle spielt Wachstum gerade für Familienunternehmen? Diesen und weiteren Fragen gehen die folgenden Abschnitte nach.

2.5.1 "Warum wachsen?" – Grundüberlegungen zum Thema Unternehmenswachstum

Will man sich dem Phänomen Unternehmenswachstum nähern, so ließe sich zunächst die Frage aufbringen, was Unternehmen zum Wachstum bewegt, was also das eigentliche Motiv, die treibende Kraft hinter allen Wachstumsanstrengungen der Unternehmung ist. Ist die Größenzunahme des Unternehmens schon für sich allein genommen eine relevante Zielgröße der unternehmerischen Betätigung? Oder ist Wachstum nicht vielmehr Ausdruck, d.h. eine von mehreren denkbaren Indikationen, für das erfolgreiche Umsetzen eigentlicher unternehmerischer Kernaufgaben (wie beispielsweise, innovative und konkurrenzfähige Produkte bzw. Leistungen herzustellen, deren Mehrwert erfolgreich an den Kunden zu kommunizieren und am Markt zu vertreiben)? Und wie setzt sich das Unternehmenswachstum um? Handelt es sich eher um eine Art Automatismus, mit (in den besten Fällen) im Zuge der gesamtwirtschaftlichen Entwicklung tendenziell steigender Nachfrage oder ist Wachstum eine Entwicklung, die das Unternehmen tatkräftig forcieren muss und der daher zu Recht in vielen Fällen ein zentraler Platz innerhalb der Unternehmensstrategie eingeräumt wird? Müssen Unternehmen heutzutage unter Umständen sogar zwangsläufig wachsen, nicht allein, um den Unternehmenswert zu steigern, sondern um schlichtweg dauerhaft konkurrenzfähig zu bleiben und so das Überleben des Unternehmens zu sichern?

Zumindest langfristig ist dies nach RALL der Fall: Unternehmen, die über einen längeren Zeitraum hinweg allerdings nicht wachsen, können in den meisten Fällen auch ihre eigentlichen Primärziele (z.B. die Steigerung des Unternehmenswertes oder auch schlichtweg die Überlebenssicherung des Unternehmens) nicht nachhaltig verwirklichen. Hierin liegt nach RALL die Notwendigkeit des Wachstums für viele Unternehmen begründet.[1]

2.5.1.1 Die Notwendigkeit zu wachsen

SCHWENKER, SCHNEIDER und KLEPPEL stimmen dem zu: In ihrer Studie zu 1.700 börsennotierten Unternehmen aus Europa, den USA und Japan identifizieren sie fünf wesentliche Wachstumstreiber, die zusammengenommen eine Art "Zwang zu wachsen" auslösen:

1. Das Gebot des Shareholder-Value: Nachhaltig steigende Cashflows sind in vielen Fällen nur durch Umsatzwachstum zu realisieren, weil

[1] Vgl. RALL (2002), S. 4.

Kostenmaßnahmen irgendwann an ihre Grenzen stoßen (u.a. aufgrund von Inflation).

2. Skaleneffekte: Skaleneffekte gewinnen an Bedeutung, um die Stückkosten niedrig zu halten (Transaktionskosten demgegenüber gehen seit einigen Jahren deutlich zurück).

3. Globalisierung: Da sich vor- und nachgelagerte Wertschöpfungsstufen zunehmend ins Ausland verlagern, bleibt vielen Unternehmen nichts anderes übrig, als diesen zu folgen. Hinzu kommen Faktorkostenvorteile von Produktionsstätten in Niedriglohnländern.

4. Sinkende Margen durch zunehmenden Wettbewerbsdruck: Intensiver Preis- und Margendruck in vielen Branchen erfordert Umsatzzuwächse zur Stabilisierung der Ertragslage.

5. Perspektiven für die Mitarbeiter: Mit dem Unternehmenswachstum einher gehen häufig attraktive Perspektiven für die Mitarbeiter (internationale Einsätze, abwechslungsreiche Tätigkeit, hohe Reputation) und damit ein wichtiger Bestandteil der Unternehmensentwicklung.[1]

Die genannten Einflussfaktoren sind sicher im Einzelfall für jedes Unternehmen unterschiedlich zu bewerten. Gleichwohl scheinen sie die Entwicklung vieler Branchen innerhalb der letzten Jahre treffend zu beschreiben, so dass die Notwendigkeit zu wachsen deutlich wird. Bei näherer Betrachtung fanden die Autoren zudem heraus, dass von den untersuchten Unternehmen im Betrachtungszeitraum (1991-2002) nur ein geringer Anteil wirklich erfolgreiches Wachstum nachweisen konnte. Überdurchschnittlich in Umsatz- und Ergebniszuwächsen (EBIT) entwickelten sich nur rund 30% der untersuchten Unternehmen. Nur ein gutes Viertel konnte sich im EBIT sogar stärker entwickeln als im Umsatz und erzielte daher wirklich profitables Wachstum, da Größen- und Verbundvorteile hier offensichtlich Nachteile aus Komplexitätszunahmen überwogen. Demgegenüber wies ein Drittel der Unternehmen

[1] Vgl. SCHWENKER, SCHNEIDER und KLEPPEL (2004), S. 6.

sogar rückläufige Entwicklungen in Umsatz und EBIT auf.[1] Es wird also deutlich, dass Unternehmen dem "Zwang zu wachsen" sehr unterschiedlich begegnen. Es gibt keinerlei Garantie für erfolgreiches Unternehmenswachstum, selbst in einem stimulierenden Marktumfeld nicht. Längst nicht jedes Unternehmen ist offensichtlich in der Lage, die externen Faktoren und treibenden Kräfte der Märkte für sich zu nutzen und erfolgreich umzusetzen. Zu der **Notwendigkeit** zu wachsen treten noch zwei weitere Eigenschaften, die im Zusammenhang mit dem Unternehmenswachstum von entscheidender Bedeutung sind. Diese sind die

- **Fähigkeit** zu wachsen und die
- **Bereitschaft** zu wachsen.[2]

Während also gewisse Kräfte dazu führen, dass das Unternehmen bisweilen wachsen "muss", fragt die Wachstumsfähigkeit eher danach, ob und inwiefern das Unternehmen wachsen "kann". Die Bereitschaft zu wachsen schließlich erfordert, dass das Unternehmen überhaupt wachsen "will". Natürlich kann jedes dieser Unterscheidungsmerkmale positiv wie negativ ausgeprägt sein. So befinden sich sehr wahrscheinlich nach wie vor einige Unternehmen in der relativ komfortablen Lage, dass sie nicht zwangsläufig wachsen müssen, weil sie beispielsweise in Nischenmärkten operieren und stabile Margen erzielen. Andere Unternehmen hingegen müssten möglicherweise dringend wachsen, weil nur dies das Überleben des Unternehmens in ihrer spezifischen Lage nachhaltig sichern kann. Wenn es hier aber an der Fähigkeit oder Bereitschaft zu wachsen (oder an beidem) mangelt, bieten sich dem Unternehmen keine ermutigenden Perspektiven. Die folgende Darstellung fasst diese grundsätzlichen Zusammenhänge in einem vereinfachten Untersuchungsmuster zusammen. Diese Klassifikation soll im weiteren Verlauf der Arbeit beibehalten werden und dabei helfen, Motive und Voraussetzungen für Wachstum differenziert beschreiben und beurteilen zu können.

[1] Vgl. SCHWENKER, SCHNEIDER und KLEPPEL (2004), S. 10.
[2] Vgl. SCHWENKER, SCHNEIDER und KLEPPEL (2004), S. 19.

Darstellung 2.12: Unterscheidungsmerkmale zum Unternehmenswachstum

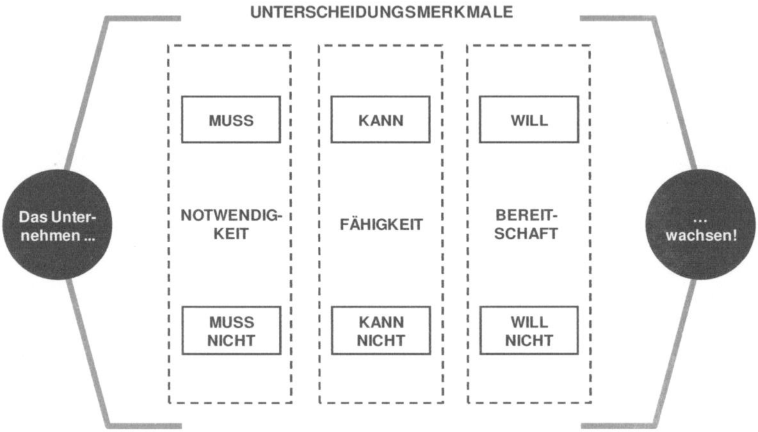

Quelle: eigene Darstellung

2.5.1.2 Die Fähigkeit zu wachsen

Zur Wachstumsfähigkeit eines Unternehmens zählen in erster Linie interne, insbesondere organisatorisch-strukturelle Faktoren. Natürlich muss auch ein entsprechend dynamisches Marktumfeld gegeben sein, in dem die Absatzmärkte das Wachstum des Unternehmens ermöglichen. Das allein reicht allerdings nicht aus, wie bereits unter 2.5.1.1 gezeigt. Überdies stellt der Markt eine allenfalls mittelbar beeinflussbare Größe für das einzelne Unternehmen dar.[1]

Zu den erforderlichen Fähigkeiten eines wachsenden Unternehmens zählen SCHWENKER und BÖTZEL in erster Linie eine konsistente Wachstumsstrategie.[2] Das Unternehmen und insbesondere seine Führung müssen eine

[1] So könnte sich das Unternehmen langfristig komplett neu ausrichten, wie in der Vergangenheit beispielsweise erfolgreich durch Nokia oder Mannesmann (heute Vodafone) bewiesen, die ihr ehemaliges Produkt- und Leistungsportfolio aufgegeben und damit völlig neue Absatzmärkte erschlossen haben.

[2] Vgl. SCHWENKER und BÖTZEL (2005b), S. 3, und SCHWENKER und BÖTZEL (2005c), S. 3. Die Entwicklung einer solchen Wachstumsstrategie erfordert wiederum eine gewisse Bereitschaft, sich mit dem Thema Wachstum auseinanderzusetzen. Gegebenenfalls geschieht dies aber auch primär aufgrund externer Entwicklungen. Insofern sind Notwendigkeit, Fähigkeit und Bereitschaft zu wachsen nicht in jedem Fall trennscharf auseinanderzuhalten.

klare Vorstellung davon haben, auf welchem Wege die eigenen Wachstumsziele verfolgt werden sollen. Hierzu lässt sich eine ganze Reihe wichtiger Unterscheidungen treffen, auf die aber im Detail noch in Abschnitt 2.5.3 einzugehen sein wird.

Neben einer klaren Wachstumsstrategie kennzeichnen sich wachstumsstarke Unternehmen häufig durch dezentrale Strukturen mit einem hohen Maß an Entscheidungsfreiheit und Verantwortung in den dezentralen Einheiten. Dies ermöglicht es dem Unternehmen, schnell und flexibel auf Veränderungen der regionalen oder divisionalen Märkte zu reagieren. Außerdem stimulieren dezentrale, flache Strukturen häufig einen gewissen Entrepreneurgeist und fördern die Innovationskultur. Eine hohe Innovationsfähigkeit betonen auch MEFFERT und KLEIN und ergänzen neben einer klaren Strategie eine internationale Ausrichtung der Absatzmärkte, die Kostenoptimierung der eigenen Wertschöpfung sowie eine professionelle Führung als wesentliche Faktoren, die wachstumsstarke Unternehmen auszeichnen.[1]

Letztlich stellen diese Fähigkeiten naturgemäß aber nur einen Auszug aus dem gesamten Katalog der erforderlichen Eigenschaften wachstumsstarker Unternehmen dar. Deutlich geworden aber ist, dass Unternehmen ihre Wachstumsaussichten durchaus beeinflussen können, indem sie gezielt die notwendigen organisatorisch-strukturellen Voraussetzungen dafür schaffen. Es geht darum, die Organisation auf das Wachstum des Unternehmens vorzubereiten. Das erfordert auch und insbesondere Flexibilität in der funktionalen Struktur (Aufbauorganisation) wie auch in den Kernprozessen des Unternehmens (Ablauforganisation). Wer hierbei starr an gewohnten Mustern festhält, der wird seine Wachstumsherausforderungen kaum bewältigen können.

2.5.1.3 Die Bereitschaft zu wachsen

Um aber die eigenen Wachstumsfähigkeiten entwickeln und so der Notwendigkeit zu wachsen besser entsprechen zu können, ist darüber hinaus auch

[1] Vgl. MEFFERT und KLEIN (2007), S. 25 ff.

eine entsprechende Einstellung des Unternehmens, seiner Belegschaft und insbesondere der Führungskräfte vonnöten. Es gilt, eine wachstumsfördernde Unternehmenskultur und echte Wachstumsbereitschaft zu entwickeln.

Dazu gehört, dass das Unternehmen, seine Gesellschafter, Mitarbeiter und Führungskräfte sich darüber im Klaren sind, in welchem Maße sie wachsen wollen und was dies für das Unternehmen an Konsequenzen mit sich bringt. Hierfür ist nicht nur eine Vision, sondern eine konkrete strategische Planung mit offensiven Vorgaben erforderlich. SCHWENKER und BÖTZEL fordern in diesem Zusammenhang vom Unternehmen:

> "Es muss seine Mitarbeiter aktivieren, anspruchsvolle Ziele engagiert zu verfolgen. Gefragt sind Ehrgeiz, Spaß am Wettbewerb, Commitment. Echte Bereitschaft, zu hohem Wachstum beizutragen, entsteht in einem kulturellen Umfeld, das Leistung als Wert versteht und zu hervorragender Personalführung verpflichtet. [...] Vertrauen ist dafür das wichtigste Element. Deshalb sind Organisationen, die konsequent auf Vertrauen setzen, wachstumsbereiter als kontrollorientierte Kulturen und Strukturen."[1]

Wachstumsbereitschaft zu schaffen, ist also in erster Linie eine Managementaufgabe. Hier ist die Unternehmensleitung besonders gefragt, eine entsprechende Leistungskultur innerhalb der Belegschaft zu vermitteln. Neben fachlichen Qualifikationen und Führungsqualitäten tritt hierdurch noch eine weitere Anforderung an das Management des Unternehmens hervor, namentlich die der Vorbildfunktion. Dies ist keine einfache Aufgabe, wie WIMMER et al. deutlich machen: Mitarbeitermotivation genießt heute einen viel größeren Stellenwert als noch vor einigen Jahren. So manch traditionelles Führungsverständnis, welches im Wesentlichen auf einer klaren Hierarchie und vertikalen Steuerungsmechanismen beruhte, steht nun auf dem Prüfstand.[2] In Zeiten, in denen die traditionellen Produktionsfaktoren Kapital

---

[1] Vgl. SCHWENKER und BÖTZEL (2005c), S. 5.
[2] Vgl. WIMMER et al. (2005), S. 54 ff.

und Sachanlagevermögen zunehmend durch Kompetenzen, Wissen und Netzwerke der Mitarbeiter ersetzt werden, gewinnt die Führung über Werte und Ziele, insbesondere für wachstumsbereite Unternehmen, an Bedeutung.[1] Der "Wille zum Wachstum" muss getragen werden von der gesamten Organisation, denn eine ambitionierte Entwicklung des Unternehmens kann nicht von oben verordnet werden.

Notwendigkeit, Fähigkeit und Bereitschaft zu wachsen umreißen also die Grundüberlegungen zum Themenschwerpunkt Unternehmenswachstum, wobei aber nicht übersehen werden darf, dass das Wachstum selbst c.p. keine originäre Zielsetzung für die unternehmerische Betätigung sein kann bzw. nicht sein darf. Zu leicht könnten dann die eigentlichen Primärziele des Unternehmens, seien es das eindeutige Bekenntnis zum Shareholder-Value, die Existenzsicherung der Gesellschafter und Arbeitnehmer, gesellschaftliche Ziele etc., in den Hintergrund rücken.

Es gilt also, Unternehmenswachstum zwar zu fördern und zu fordern (das bedeutet auch das Schaffen der notwendigen organisatorischen Voraussetzungen wie weiter oben gezeigt wurde), aber eben nicht nur um des Wachstums oder um der Größe des Unternehmens willen. Wachstum kann nur als Indikation für das erfolgreiche Bewältigen unternehmerischer Kernaufgaben und Anforderungen (z.B. eine tragfähige Strategie, Innovationsgeist, Kostendisziplin, Vertriebskompetenz) angesehen werden – Wachstum ist Resultante, nicht Determinante des Unternehmerdaseins.

Deane Kanaly, Chairman von Kanaly Trust Company, einem amerikanischen Vermögensverwalter für Familienunternehmer, sieht diese Zusammenhänge in einem ähnlichen Licht und äußert sich zum Thema Unternehmenswachstum wie folgt:

[1] Vgl. GANZ und TOMBEIL (2005), S. 35 ff.

> "Growth is not the only measure of success. [...] Growth is viewed as a panacea [Allheilmittel, FB] – more is better."[1]

Größe und Wachstum des Unternehmens können keinen Selbstzweck erfüllen. Übergeordnete Ziele, wie beispielsweise die Steigerung des Unternehmenswertes, die Schaffung von Arbeitsplätzen oder auch die Existenzsicherung der Eigentümerfamilie (im Fall von Familienunternehmen), müssen bei jedweder unternehmerischen Betätigung im Vordergrund stehen. Wachstum kann eine denkbare Lösung darstellen, um diesen Zielen nachzukommen, und gerade auf lange Sicht werden die meisten Unternehmen nicht umhin kommen, einen Wachstumspfad einzuschlagen, wenn sie ihre eigentlichen Primärziele erreichen wollen. Gleichwohl, und darin besteht eine gewisse Gefahr, kann Wachstum nicht in jedem Fall als ultimative Lösung für jedes betriebswirtschaftliche Problem angesehen werden.

Nachdem eine Grundskizze der für diese Arbeit relevanten Überlegungen zum Phänomen des Unternehmenswachstums erfolgt ist, soll sich im folgenden Abschnitt dem Thema Wachstum aus wissenschaftlicher Sicht genähert werden. Dazu erfolgt eine Darstellung der wesentlichen frühen Beiträge zur theoretischen Explikation des Phänomens Unternehmenswachstum.

2.5.2 Zur Theorie vom Wachstum der Unternehmung

Erstmals umfassend beschrieben wurden Bedeutung und Phänomenologie des Wachstums der Unternehmung bei PENROSE in der ersten Auflage ihrer "Theory of The Growth of The Firm" aus dem Jahre 1959. Bis dato hatte sich die ökonomische Theorie noch nicht dezidiert mit dem Thema Wachstum der Einzelunternehmung auseinandergesetzt; Wachstum wurde von der wirtschaftswissenschaftlichen Forschung primär als ein makroökonomisches Phänomen wahrgenommen. Nur wenig später erschien auch einer der ersten deutschsprachigen Artikel zum Wachstumsphänomen der Unternehmung von WITTMANN.

[1] SORENSON (2000), S. 135.

2.5.2.1 Motive und Hintergründe des Unternehmenswachstums

Zunächst wirft PENROSE die Frage nach den fundamentalen treibenden Kräften hinter dem Unternehmenswachstum auf. "Warum wachsen?" lautet auch hier die zentrale Fragestellung bei der Suche nach den Motiven. Sie führt das Unternehmenswachstum unmittelbar auf psychologische Motive des handelnden und entscheidenden Individuums, im klassischen Fall des Unternehmers, zurück. Zunehmende Gewinne des Unternehmens wirken sich hiernach unmittelbar finanziell positiv auf das Vermögen des Unternehmers aus. Eine Zunahme im Einkommen oder Vermögen weist für das handelnde Individuum außerdem nicht nur rein monetäre oder dingliche Vorteile auf, sondern ist darüber hinaus mit einer gewissen psychologischen Wohlfahrt (Wertgefühl) des Einzelnen verbunden.[1] Nun sind aber zunehmende Profite einer Unternehmung nicht unmittelbar gleichzusetzen mit einem Wohlfahrtszugewinn auf der Ebene des Individuums. Bei eigentümergeführten Unternehmen (der klassische Fall des Familienunternehmens) erscheint die Verbindung zwischen Zuwächsen auf Unternehmensebene und daraus folgender finanzieller und psychologischer Wohlfahrt des Unternehmers noch nachvollziehbar. Das Unternehmen stellt zumeist die primäre bzw. sogar singuläre Einkommensquelle für den Unternehmer dar. Die Sphäre des Unternehmens ist in dieser Hinsicht nicht zu trennen von der Sphäre des Unternehmers, höhere Gewinne der Firma fallen direkt dem Eigentümer zu. Er könnte sich aber auch entscheiden, die Gewinne zu einem bestimmten Anteil im Unternehmen zu belassen. Diese dienen damit als Basis für Investitionen und somit für künftige Gewinne. Zum anderen sorgt eine solche Thesaurierung dafür, dass das prosperierende Unternehmen auf den Unternehmer "abfärbt", er also gewisse soziale Aufwertung (Prestige, Anerkennung) erfährt.[2] Nicht zuletzt wird eine zunehmende Unternehmensgröße auch für ein gewisses Sicherheitsgefühl des Unternehmers sorgen, der sich selbst und seine Familie versorgt wissen möchte.

[1] Vgl. PENROSE (1995), S. 27 ff., und WITTMANN (1961), S. 499 ff.
[2] Vgl. PENROSE (1995), S. 28.

Im Fall des managergeführten Unternehmens erscheinen die Zusammenhänge zwischen Wachstum des Unternehmens und individuellen Motiven des Fremdmanagers nicht unbedingt auf den ersten Blick offensichtlich. Letztlich sind die Motive des Managers nach Einschätzung von WITTMANN denen des Unternehmers aber nicht unähnlich, in den besten Fällen sind sie möglicherweise sogar nahezu identisch. Auch der angestellte Geschäftsführer strebt üblicherweise nach einem möglichst hohen Einkommen, welches häufig durch verschiedene Schlüssel an den Unternehmenserfolg gekoppelt ist. Auf diese Weise können eine gewisse Interessensynchronisierung zwischen Eigentümer und Manager ermöglicht und Agency-Kosten gering gehalten werden.[1] Hinzu kommen auch beim Manager Sicherheitsmotive (sichere Anstellung, Versorgung der eigenen Familie), Ansehen und Reputationsaspekte sowie die Absicht, ein "guter Chef zu sein" und altruistisch zu wirken,[2] in gewisser Weise also "Stewardship"-Motive[3].

Die der Unternehmensentwicklung und seinem Wachstum zugrundeliegenden Motive sind nach Auffassung von PENROSE und WITTMANN letztlich also persönliche Motive der Manager bzw. der Eigentümer, die auf eine Mehrung von Gewinnen und psychologischen Wohlfahrtseffekten zielen. Natürlich darf bei diesen Überlegungen nicht vernachlässigt werden, dass eine Steigerung des Gewinns nicht allein umsatzseitig begründet sein muss, schließlich ließe sich diese auch über Kostensenkungen erreichen. Allerdings nicht auf Dauer, denn Kostenmaßnahmen sind allein schon dadurch begrenzt, dass die zugrundeliegenden Faktorpreise (Rohstoffe, Grund- und Boden, Personal) mittel- bis langfristig immer steigen. Insofern sieht sich das Unternehmen auch hier dem "Zwang zu wachsen" ausgesetzt, wenn es auf Dauer Ergebnissteigerungen auf der Ebene der Unternehmung und damit Wohlfahrtszugewinne auf der Ebene des handelnden Individuums erreichen will.[4] Anderer-

[1] Vgl. zur Erläuterung von Agency-Phänomenen und hieraus resultierenden Kosten Abschnitt 2.3.3.2.
[2] Vgl. WITTMANN (1961), S. 502.
[3] Vgl. Abschnitt 2.3.3.3. Es soll nicht unerwähnt bleiben, dass sich Motive sozialer Verpflichtung natürlich ebenso gut beim Eigentümer-Unternehmer finden lassen können.
[4] Vgl. PENROSE (1995), S. 26 ff.

seits wohnen einer zu starken Orientierung am Umsatzwachstum Gefahren für die Profitabilität und Existenz des Unternehmens inne. Wenn die wesentlichen Steuerungsmechanismen innerhalb des Unternehmens auf den Umsatz abstellen, so gibt es für die handelnden und verantwortlichen Personen so gut wie keinen Anreiz, auf Margen und Ergebnisbeiträge zu achten. Umsatzsteigerungen können regelrecht "erkauft" werden, indem beispielsweise branchenunübliche Preiszugeständnisse an den Kunden gemacht werden. Umsatz und insbesondere Absatz um jeden Preis führen dann das Unternehmen in die "Umsatzfalle" und damit zwar zu kurzfristigem Erfolg, der sich aber mittelfristig in Form von nachlassender Profitabilität und Substanz negativ auf das Unternehmen auswirken kann.[1] Grundsätzlich sollte das Unternehmen sogar in der Lage sein, sein operatives Ergebnis stärker zu steigern als seine Umsätze, da es mit zunehmender Größe potenzielle Skalen- und Verbundeffekte erzielen kann. Nur profitables Wachstum sichert auf Dauer die Existenz des Unternehmens und trägt zur nachhaltigen Steigerung des Unternehmenswertes bei. Eine einseitig auf Umsatzsteigerung oder auf Kostensenkung ausgerichtete Unternehmensführung wird dies nicht erreichen können.

Darstellung 2.13: Umsatz-, Gewinn- und Wertentwicklung des Unternehmens

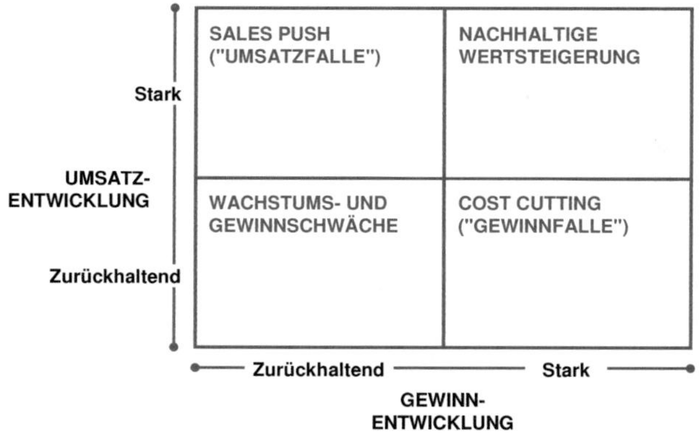

Quelle: eigene Darstellung in Anlehnung an NEUMANN et al. (2003), S. 26

[1] Vgl. NEUMANN et al. (2003), S. 25 f.

Es lässt sich also festhalten, dass nach Auffassung von PENROSE und WITTMANN die dem Wachstum von Unternehmen zugrundeliegenden Motive auf der Ebene der handelnden Individuen, der Personen hinter dem Unternehmen zu suchen sind. Gewinnzunahmen auf der Ebene des Unternehmens wirken sich hiernach, direkt oder indirekt im Falle des eigentümer- bzw. managergeführten Unternehmens, zum einen finanziell, zum anderen psychologisch auf die individuell erfahrene Wohlfahrt aus. Wenn aber der Gewinn des Unternehmens die hiernach ausschlaggebende Größe ist, so stellt sich die Frage, warum die Umsatzkennziffer demgegenüber so viel mehr Prominenz sowohl in der internen Wahrnehmung des Unternehmens wie auch in der Außendarstellung seiner Wachstumserfolge erfahren hat. WITTMANN argumentiert, dass sich der Umsatz wesentlich leichter erfassen lässt als der Gewinn und zur Abbildung der Gesamtkapazität des Unternehmens besser geeignet ist. Allein die periodengerechte Abbildung des Gewinns bringt bisweilen gewisse buchhalterische Anforderungen mit sich. Hinzu kommt, dass sich Marktanteile leichter mithilfe von Umsatzrelationen quantifizieren lassen. Letztlich, so WITTMANN, gingen viele Unternehmer wohl auch von der Vorstellung aus, "[...] mit einem möglichst großen Umsatz auch einen möglichst großen Gewinn zu erzielen."[1] Dass dies bisweilen eine gefährliche Vereinfachung der Zusammenhänge sein kann, wurde weiter oben gezeigt.

2.5.2.2 Art und Weise des Unternehmenswachstums

Neben der Frage nach dem "Warum" stellt sich auch die Frage nach dem "Wie", also auf welche Art und Weise Unternehmen typischerweise wachsen. Nach dem explanatorischen Gehalt der Motive und Wurzeln des Unternehmenswachstums geht es hierbei eher um eine deskriptive Erfassung der Wachstumsdynamik von Unternehmen.

WITTMANN klassifiziert Unternehmenswachstum zunächst danach, ob bestehende Kapazitäten ausgebaut oder neue hinzugekauft werden, also nach

[1] WITTMANN (1961), S. 501.

internen und externen Wachstumsansätzen. Er unterscheidet weiterhin zwischen horizontalem und vertikalem Wachstum, also danach, ob das Unternehmen sich in seiner bestehenden Wertschöpfungsstufe ausdehnt oder aber, ob vor- bzw. nachgelagerte Stufen hinzukommen. Schließlich stellt sich die Frage nach der dem Wachstum zugrundeliegenden Technologie: Zum einen können die bestehende Technologie beibehalten und bestehende Ressourcen und Kapazitäten multipliziert werden (also beispielsweise durch Erweiterung des Maschinenparks). Alternativ könnten auch neue Fertigungsmethoden zum Einsatz kommen, die aufgrund größerer Effizienz die alten Technologien ablösen.[1]

In jedem Fall ergibt sich das Wachstum des Unternehmens aus dem wertschöpfenden Einsatz von Ressourcen, zum einen also physischer Faktoreinsätze (Anlagen, Rohstoffe, Immobilien etc.) und zum anderen gestalterischer Arbeitskraft seitens der Arbeiter und Angestellten.[2] Diese Ressourcen weisen die zentrale Eigenschaft der Unteilbarkeit auf. Zwar können sie, beispielsweise im Fall von Rohmaterialien oder Hilfs- und Betriebsstoffen, in teilweise minutiösen Mengen beschafft werden. Jede Ressource weist aber spezifische Einheiten auf, die nicht geteilt werden können. Diese Unteilbarkeit von Ressourcen ist nach PENROSE auch die Ursache, weswegen kein stabiler Zustand denkbar ist, in welchem das Unternehmen keinen weiteren Anreiz zu wachsen hat. Der Grund hierfür liegt darin, dass die Ressourcen niemals zu 100% ausgelastet werden können, da bei jeder inkrementellen Veränderung des Outputvolumens zwar eine bestimmte Ressource besser ausgelastet wird, eine andere aber sehr wahrscheinlich sprungfix erweitert werden muss. Dies zeigt sich sehr deutlich beim Einsatz von Arbeitskraft, wo kaum ein Zustand erreicht werden kann, in dem mit bestehender Kapazität sowohl die aktuelle Ausbringungsmenge optimal (im Sinne von zu 100% ausgelastet) produziert und gleichzeitig noch Mengenzu- oder Mengenabnahmen aufgrund von

[1] Vgl. WITTMANN (1961), S. 505.

[2] Insofern handelt es sich bei den Überlegungen von PENROSE und WITTMANN quasi um frühe Beiträge zur Ressourcentheorie (vgl. Abschnitt 2.3.3.1), wenngleich die Ressource hierbei eher technisch betrachtet und nicht zwischen einzigartigen und nichteinzigartigen Ressourcen unterschieden wird.

Nachfrageschwankungen abgefedert werden können.[1] Der maximale Auslastungsgrad kann also im Grunde nicht erreicht werden, das kontinuierliche Streben danach führt aber zu immer neuen Wachstumsschüben.

Hinzu kommt, dass Ressourcen teilweise sehr unterschiedliche Eigenschaften aufweisen. Auch hier ist zwar denkbar, dass Normierungen und Standardisierungen bei Einsatzmaterialien dazu führen, dass die Teile nahezu identisch sind. Deutlicher wird die Heterogenität von Ressourcen abermals am Beispiel des Angestellten. In kleineren Unternehmen ist beispielsweise kein Vollzeit-Vertriebsmitarbeiter oder Qualitätsmanager vonnöten. Gleichwohl hat das Unternehmen kaum eine Wahl, als einen solchen einzustellen und ihn anschließend bestmöglich auszulasten.[2] Gegebenenfalls müssen auch alternative Aufgaben übernommen werden, die nicht unmittelbar etwas mit der eigentlichen Qualifikation des Fachangestellten zu tun haben. Eine zunehmende Spezialisierung und damit ein qualifikationsgerechterer Einsatz der Arbeitskraft sind dann erst wieder ab einer gewissen Größe des Unternehmens und des Fertigungsvolumens denkbar. Das schafft Freiräume für Innovation und Wandel, wie PRAHALAD bemerkt. Nur in einem wachsenden Unternehmen können die bestehenden Ressourcen und damit die Kompetenzbasis so eingesetzt und genutzt werden, dass eine kontinuierliche Verbesserung des Unternehmens erreicht werden kann.[3] Überdies entstehen im Rahmen von Forschung und Entwicklung permanent neue Einsatzmöglichkeiten für bestehende und neue Ressourcen, so dass der Wertschöpfungsspielraum auch hierdurch nochmals erweitert wird.[4] Es zeigt sich also, dass der Ressourceneinsatz in Unternehmen nicht nur eine quantitative Dimension (und damit u.a. das Problem der Unteilbarkeit), sondern auch eine qualitativ-strukturelle Dimension mit sich bringt (und damit die Herausforderung, heterogene Ressourcen optimal in den Produktionsprozess einzubinden).

[1] Vgl. PENROSE (1995), S. 68 ff.

[2] Natürlich ist es heute denkbar, hier auf Teilzeitlösungen oder Leiharbeitskräfte zurückzugreifen. Ab einem gewissen Anteil an spezifischer Beschäftigung muss dies aber nicht zwangsläufig eine ökonomisch sinnvolle Lösung darstellen. Auch ist fraglich, inwieweit hier die Arbeitsmärkte hinreichend liquide sind.

[3] Vgl. PRAHALAD (1997), S. 107.

[4] Vgl. PENROSE (1995), S. 71 ff.

Jedem Wachstum sind Grenzen gesetzt: Zwar ist in monopolistischen Märkten ein dauerhaftes Wachstum des marktdominierenden Unternehmens entsprechend der Nachfrageentwicklung (also beispielsweise im Zuge des Bevölkerungswachstums) theoretisch denkbar. In den meisten realen Fällen jedoch wird ein Unternehmen mit abnehmenden Wachstumsraten umzugehen haben und mit einer gewissen Größe an seine Grenze gelangen. Immer wieder wird es dabei nötig sein, dass das Unternehmen seine angestammten Kernprodukte und Hauptmärkte überdenkt. Erweiterungen des Produktionsprogramms und das Vordringen in neue Märkte können dort, wo sich auf bisherigem Pfade nur noch eingeschränkte Wachstumsperspektiven erkennen lassen, für das notwendige Wachstumspotenzial sorgen. Allerdings wird jeder dieser Entwicklungsschritte gut durchdacht sein müssen und erste Investitionen in neue Produkte und Märkte dürften für gewöhnlich nur vorsichtig getätigt werden. Management- und Organisationsressourcen werden so gebunden, und die Investitionsfrequenz geht zurück. Daher bringen Phasen der Neuausrichtung des Unternehmens nicht selten geringere Wachstumsraten der Unternehmung mit sich.[1]

Die Systematik des Unternehmenswachstums beruht also nach PENROSE und WITTMANN insbesondere auf inkrementellen Veränderungen und Auslastungsgraden der produktiven Ressourcen und ist gekennzeichnet durch abnehmende Grenzerträge (Verlangsamung des Wachstums bei zunehmender Größe des Unternehmens). Wenn sich das Unternehmen in diesem Zusammenhang die Frage stellt, auf welche Weise es auch künftig Wachstum erreichen kann, dann stellt es die Frage nach seiner spezifischen Wachstumsstrategie. Der begrifflichen Bedeutung und den typischen Inhalten von Wachstumsstrategien geht daher der folgende Abschnitt nach.

2.5.3 Wachstumsstrategien

Was lässt sich unter dem Begriff einer Wachstumsstrategie verstehen? PRAHALAD spricht von einer "strategischen Architektur", die ein Unterneh-

[1] Vgl. WITTMANN (1961), S. 514 f.

men benötigt, um eine konkrete Vorstellung davon zu haben, wie es sich aus seiner gegenwärtigen Position heraus in die Zukunft entwickeln soll. Dafür reicht es nicht aus, eine bloße Perspektive zu besitzen, es bedarf vielmehr auch der Fähigkeit, diese Perspektive in Form von konkreten Maßnahmen realisierbar zu machen. Daher wählt PRAHALAD die begriffliche Analogie zum Architekten, der ebenfalls mehr benötigt als eine vage Vorstellung und vielmehr auf einem Konzept aufbaut, anhand dessen er konkrete Aufgaben für die Umsetzung seines Vorhabens formuliert.[1]

Wie kann eine solche strategische Architektur aussehen bzw. was sind ihre wesentlichen Inhalte? Um sich dieser Frage strukturiert zu nähern, werden im Folgenden verschiedene grundsätzliche sowie produkt- und marktseitige Aspekte von Wachstumsstrategien beschrieben. Außerdem werden organisationale und prozessuale Fragestellungen adressiert, indem beispielsweise zwischen organischen (Wachstum durch Ausbau und Entwicklung eigener Ressourcen) und anorganischen Strategien (Wachstum durch Zukauf oder Aufnahme von fremden Ressourcen) unterschieden wird. Hierdurch soll deutlich werden, dass Wachstumsstrategien immer inhaltliche ("Was soll erreicht werden?") wie auch organisatorisch-prozessuale Aspekte ("Wie soll es erreicht werden?") beinhalten und abdecken müssen.[2]

Einschränkend sei an dieser Stelle auf zweierlei hingewiesen:

1. Der Begriff "Wachstumsstrategie" greift im Grunde genommen zu kurz bzw. ist irreführend, da, wie in Abschnitt 2.5.1 deutlich gemacht werden sollte, die Strategie des Unternehms sich stets an dessen Primärzielen ausrichten muss. Das Wachstum des Unternehmens selbst ist aber eher eine Art phänomenologischer Ausdruck einer erfolgreichen

[1] Vgl. PRAHALAD (1997), S. 110 ff., und PRAHALAD und HAMEL (2006), S. 287.

[2] Vgl. hierzu auch das Verständnis von Wachstumsstrategien nach HUTZSCHENREUTER: Hiernach bestimmen Wachstumsstrategien darüber, wie neu zu akquirierende Ressourcen (in diesem Sinne auch auf organischem Wege möglich) für die Befriedigung von Kundenbedürfnissen mit spezifischen Produkten und auf spezifischen Märkten eingesetzt werden sollen, vgl. HUTZSCHENREUTER (2006), S. 48.

Umsetzung von Primärzielen, also mehr Resultante als Determinante der Unternehmensstrategie.

2. Unternehmensstrategien und Strategieprozesse können in mannigfaltiger Form ausgestaltet sein. Je nach Zielsetzung, Branchenzugehörigkeit, Unternehmensgröße etc. sind hier zahllose Muster denkbar. Insofern kann die im Folgenden vorgestellte Struktur nur Vorschlagscharakter besitzen. Es kommt hierbei auch nicht so sehr darauf an, einen möglichst umfassenden Ansatz oder eine Blaupause einer Unternehmensstrategie zu entwickeln, sondern vielmehr darauf, auf die wesentlichen Fragestellungen hinzuweisen, denen Unternehmen bei der Ausformulierung ihrer Strategie regelmäßig gegenüberstehen.

2.5.3.1 Grundsatzstrategien

Jede Beschäftigung mit der Zukunft eines Unternehmens macht es erforderlich, sich auch mit der Gegenwart und der Unternehmenshistorie auseinanderzusetzen. Zu Beginn aller strategischen Überlegungen stellen sich die Unternehmensverantwortlichen daher häufig sehr grundsätzliche Fragen nach besonderen Stärken und Schwächen des Unternehmens, nach der jeweiligen Branchendynamik, der eigenen Kostenstruktur, dem technologischen Profil etc. [1] Schnell kann ein solcher Raum der "strategischen Grundsatzmöglichkeiten" unübersichtlich werden, weswegen es sich anbietet, hier eine gewisse Systematik, eine Art Cluster zu verwenden. Ein gerade im deutschen Mittelstand häufig verwendetes strategisches Cluster unterscheidet zwischen den Dimensionen "Volumen" und "Innovation", anhand derer vier verschiedene grundsätzliche strategische Positionierungen erarbeitet werden können.[2] Die folgende Darstellung verdeutlicht diesen Zusammenhang. Viele kleinere, junge Unternehmen befinden sich in der Rolle des klassischen **Spezialisierers**, indem sie ihr Leistungsangebot primär an den Be-

[1] Vgl. NAGEL und WIMMER (2008), S. 128 ff., für eine ausführliche Darstellung grundlegender, strategischer Ausgangsanalysen, die ein Unternehmen durchlaufen kann.

[2] Vgl. MEFFERT und KLEIN (2007), S. 38 f. Die Clusterung entlang der Dimensionen Volumen und Innovation entwickelten die Autoren auf Basis einer Untersuchung von rund 700 deutschen, mittelständischen Unternehmen.

dürfnissen eines oder weniger Kunden ausrichten. Häufig operieren sie in Nischen und erfüllen hochspezifische Anforderungen an ein bestimmtes Teilprodukt, welches ihre Kunden für die Weiterverarbeitung zum eigentlichen Endprodukt benötigen. Die Volumenzahlen reichen hierbei oftmals noch nicht aus, um Standardisierungen herbeizuführen oder Skaleneffekte größeren Umfangs zu realisieren.

Darstellung 2.14: Grundsatzstrategien entlang der Dimensionen Volumen- und Innovationsfokus

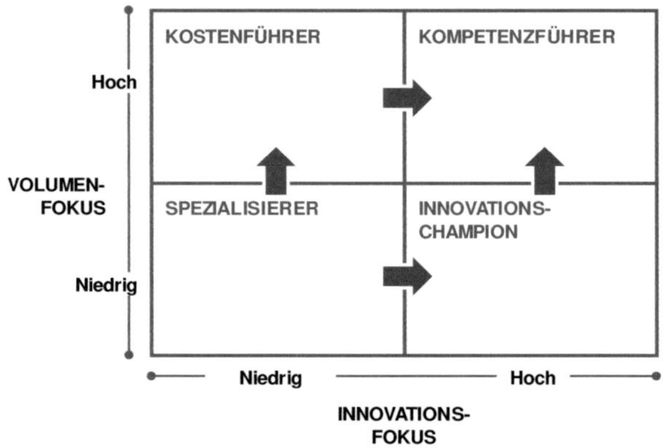

Quelle: eigene Darstellung in Anlehnung an MEFFERT und KLEIN (2007), S. 39

Die Pfeile in obiger Darstellung zeigen an, in welche Richtung sich spezialisierte Unternehmen in späteren Stadien häufig entwickeln. Zum einen können sie sich durch konsequente Straffung des Sortiments, Komplexitätsreduzierung sowie Ausweitung des Kundenkreises Volumenpotenziale erschließen und damit den Weg zum **Kostenführer** einschlagen. Alternativ können sie insbesondere auf ihre Stärken im Bereich der Forschung setzen, ein Profil als **Innovationschampion** entwickeln und so Margenvorteile generieren. **Kompetenzführer** sind eine Art "Alleskönner", indem sie Kostenvorteile aus hohen Produktionsstückzahlen mit einem klaren Innovationsfokus verbinden. Sie stellen in der schematischen Anschauung der vier Grundsatzstrategien so etwas wie das ultimative Ziel der strategischen Entwicklung dar. Allerdings ist der Weg zum Kompetenzführer langwierig, und längst nicht jedem Unternehmen glückt die Kombination von Volumen- und Innovationsfokus. Nicht selten benötigen Firmen mehrere Jahre für einen Wechsel zwischen zwei Strategietypen; der Weg vom Spezialisierer zum Kompetenzführer kann teilweise Jahrzehnte dauern.[1]

Nur wenn das Unternehmen sich selbst kritisch und vorurteilsfrei beurteilt und seine Stärken und Schwächen realistisch einschätzt, kann eine zutreffende Zuordnung zu einem der vier Grundsatzstrategietypen gelingen. Nur wenn es außerdem in der Lage ist, seine eigenen Zukunftsaussichten sowie die des Marktes zutreffend einzuschätzen, wird es für sich den richtigen Wachstumspfad entlang der Dimensionen Volumen- und Innovationsfokus finden können. Eine hierbei naheliegende und gleichzeitig zentrale Frage ist, mit welchen Produkten das Unternehmen künftig auf welchen Märkten agieren will. Mit den beiden Dimensionen "Produkt" und "Markt", welche die grundsätzliche Richtung der Wachstumsstrategie weiter konkretisieren, beschäftigt sich der folgende Abschnitt.

2.5.3.2 Produkt- und Marktaspekte

Es liegt auf der Hand, dass die Produkte bzw. die Leistungen eines Unternehmens ein wesentlicher Bestandteil jeder Wachstumsstrategie sein müssen, denn nur mit erfolgreich am Markt angebotenen Leistungen kann das Unternehmen seinen Wertbeitrag für den Kunden realisieren. Die brillanteste Idee oder Technologie hilft nur wenig, wenn sie nicht "marktreif" ist, d.h., einen bestimmten Nutzen für den Kunden erzeugt, und damit am Markt angeboten und nachgefragt werden kann.

Grundsätzlich kann ein Unternehmen nach ANSOFF seine Wachstumsstrategie auf einem bestehenden Produkt- bzw. Leistungsportfolio aufbauen oder sich neuen, komplementären oder diversifizierten Produktsegmenten zuwenden. Unabhängig davon, dass auch bereits am Markt angebotene Produkte

[1] Vgl. beispielsweise die Entwicklung des im Rahmen der vorliegenden Arbeit ebenfalls behandelten Münsterländer Fahrzeugherstellers Schmitz Cargobull AG bei MEFFERT und KLEIN (2007), S. 64 ff., sowie im Anhang den Abschnitt AI-1.

im Zeitverlauf eine Veränderung erfahren müssen, damit sie die sich ständig weiterentwickelnden Bedürfnisse der Kunden befriedigen können, kann eine Diversifizierung der Produktpalette auch den Eintritt in einen neuen Markt mit sich bringen. Daher wird hinsichtlich der Produkt- und Marktbestandteile einer Wachstumsstrategie unterschieden zwischen:

- **Marktdurchdringungsstrategien** – Wachstum mithilfe bestehender Produkte auf bestehenden Märkten,
- **Marktentwicklungsstrategien** – Wachstum durch Einbringung bestehender Produkte in neue Märkte,
- **Produktentwicklungsstrategien** – Wachstum mit neuen Produkten auf bestehenden Märkten und
- **Diversifikationsstrategien** – Wachstum mit neuen Produkte auf neuen Märkten.[1]

Natürlich kann eine solche Klassifikation kaum überschneidungsfrei durchgehalten werden. Letztlich bleibt es Ansichtssache, ob beispielsweise die Penetration des Heimatmarktes durch verstärkte Marketingmaßnahmen noch eine Marktdurchdringungs- oder bereits eine Marktentwicklungsstrategie darstellt, weil die neu hinzuzugewinnenden Kundengruppen durchaus auch als neuer Markt betrachtet werden könnten. Andererseits erscheint die vorgeschlagene Systematisierung umfassend und durchaus praktikabel, um Wachstumsstrategien nach Produkt- und Marktkriterien einordnen zu können. Bekannt geworden ist diese Systematisierung als ANSOFF-Matrix, benannt nach Harry Igor Ansoff, der bereits 1965 die grundsätzliche Kategorisierung von Unternehmensstrategien nach Produkt- und Marktkriterien eingeführt hat.

Die folgende Darstellung zeigt die klassische ANSOFF-Matrix:

[1] Vgl. ANSOFF (1965), S. 108 ff., und in ähnlicher Systematik, wenngleich mit leicht abweichender Terminologie, HUTZSCHENREUTER (2006), S. 50 ff.

Darstellung 2.15: Ansoff-Matrix zu Wachstumsstrategien nach Produkten und Märkten

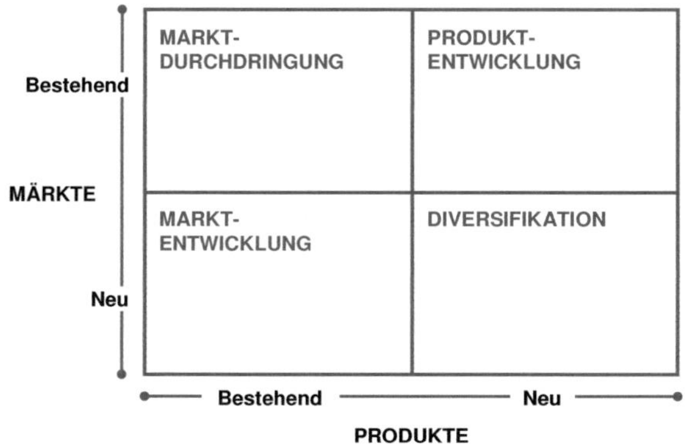

Quelle: eigene Darstellung in Anlehnung an ANSOFF (1965), S. 109

Neben der Frage, mit welchen Produkten welche Märkte bedient werden sollen, kann gerade bei der Erschließung von neuen Märkten der Zeitpunkt des Markteintritts entscheidend sein. In neuen regionalen oder technologischen Märkten zu den ersten Anbietern zu gehören, kann einen entscheidenden Wettbewerbsvorteil darstellen. Absatz- und Zulieferkanäle bieten hierbei häufig noch zahlreiche Gestaltungsoptionen, die Preisbereitschaft der Nachfrage ist vielfach noch sehr hoch, und als Pionier des Marktes steht häufig der Unternehmensname später einmal stellvertretend für eine ganze Branche. Interessanterweise muss dies nicht zwangsläufig ausschließlich für den "first mover" gelten, auch als "fast follower" lassen sich teilweise noch beachtliche Effekte erzielen.[1] Prinzipiell sind aber mit einem Markteintritt, seien es neue geographische Märkte oder neue Produkte, stets gewisse Risiken verbunden, weil keine oder nur sehr wenige Erfahrungswerte für den betreffenden Markt vorliegen. Die Kundenbedürfnisse könnten gänzlich andere sein als ursprünglich angenommen. Politische oder gesellschaftliche Einflüsse könnten das

[1] Dies ließe sich möglicherweise am besten an den Internetunternehmen Amazon und Google illustrieren, deren Namen regelrechte Patenschaften für den Markt für Online-Handel mit Büchern, CDs, DVDs etc. bzw. Suchfunktionen für das Internet übernommen haben, obwohl andere Anbieter teilweise früher am Markt präsent waren. Vgl. allgemein zu Vor- und Nachteilen von "First mover"-Strategien in der Internetökonomie HEINDL (2004).

Nachfrageverhalten verändern. Und schließlich könnte es auch an eigenen Kompetenzen mangeln, um ein neues Produkt in einem neuen Markt erfolgreich einzuführen. Hinzu kommt, dass jede Diversifikation das Unternehmen zwar unabhängiger vom Stammprodukt oder seinem regionalen Kernmarkt macht, auf der anderen Seite aber die Komplexität der Unternehmung und damit die Managementanforderungen erhöht. HUNGENBERG empfiehlt daher, dass die Entscheidung für neue Geschäftsfelder der Maxime einer gemeinsamen strategischen Logik folgen sollte. Eine solche gemeinsame Logik könnte z.B. darin bestehen, sich auf kapitalintensive, technologiegetriebene Produkte und Märkte mit oligopolistischer Marktstruktur zu konzentrieren. Zu vermeiden wären kurzlebige und konsumnahe Angebote, die auf sehr wettbewerbsintensiven Märkten konkurrieren. Selbst in einem auf den ersten Blick heterogenen Produktportfolio lassen sich so Gemeinsamkeiten auf der Ebene der strategischen und operativen Managementanforderung erzielen.[1] Auch ließen sich "Sicherheitsnetze" bei Diversifikationsansätzen einziehen, wie beispielsweise Markteintritte über den Kauf von Lizenzen, Kooperationen oder die Aufnahme von Handelsware.[2]

Es lässt sich also festhalten, dass das Unternehmen in der Ausgestaltung seiner Wachstumsstrategie unter Markt- und Produktgesichtspunkten eine Reihe von Entscheidungen treffen muss. Mit welchen Produkten soll das Wachstum erzielt werden, auf welchen Märkten? Was sind hierfür die erforderlichen Anforderungen, sowohl an die Produktausgestaltung und das Wertangebot wie auch an die eigenen Kompetenzen? Je nach Spezifikation innerhalb der Produkt- und Marktmatrix können die Antworten hierauf sehr unterschiedlich ausfallen.

2.5.3.3 Organisationale und zeitliche Aspekte

Hat das Unternehmen eine Entscheidung getroffen, mit welchen Produkten es auf welchen Märkten konkurrieren will, so schließen sich organisationale

[1] Vgl. HUNGENBERG (2002), S. 35.
[2] Vgl. NAGEL und WIMMER (2008), S. 217.

Fragen des Wachstums sowie die zeitliche Einordnung verschiedener Wachstumsvorhaben an.

Unter organisationalen Fragen soll insbesondere verstanden werden, ob das Wachstum aus eigener Kraft (organisches Wachstum) oder mithilfe von Beteiligungen, Akquisitionen, Fusionen oder ähnlichen anorganischen Maßnahmen realisiert werden soll. Das Unternehmenswachstum primär mit eigenen Ressourcen voranzutreiben, stellt aus organisatorischer Sicht wahrscheinlich den einfacheren und weniger risikoreichen Weg dar. Dies gilt insbesondere bei Marktentwicklungs- und Diversifikationsstrategien, die häufig ganz neue Komplexitätsspielräume und damit inhärente Risiken für das Unternehmen mit sich bringen. Wird hierbei auf externe Ressourcen zurückgegriffen, also beispielsweise der Markteintritt durch eine Akquisition hergestellt, so schafft sich das Unternehmen neben der Markt- und Produktdimension eine dritte Variable, nämlich die der unbekannten und daher risikoreichen fremden Ressourcen und Kompetenzen. Allerdings bergen gerade Markteintrittsstrategien aus eigener Kraft ebenfalls eine Reihe von Barrieren wie beispielsweise hohe Anlaufinvestitionen und potenzielle Abwehrreaktionen der etablierten Konkurrenten (insbesondere Preissenkungen und verstärkte Marketingaktivitäten).[1] Entscheidet sich das Unternehmen für anorganische Wachstumsmaßnahmen, so kann dies entweder in Form einer eher losen Anbindung an die bestehende Struktur oder durch Integration des neuen Unternehmens in die Firmengruppe erfolgen. Im ersten Fall wird unter Umständen auf Synergiepotenziale verzichtet, die in der Reduktion von Überkapazitäten oder redundanten Abläufen liegen könnten. Im zweiten Fall besteht ein grundsätzliches Integrationsrisiko in der Aufbau- und Ablauforganisation zwischen bestehender Firmengruppe und neu aufgenommenem Unternehmen. Allerdings kann anorganisches Wachstum im Regelfall erheblich schneller realisiert werden als organische Alternativen, deren zugrundeliegenden Investitionen und der Aufbau bzw. die Entwicklung eigener Ressourcen sehr viel Zeit erfordern. Dies kann im Einzelfall die organische Wachstumsoption sogar teurer ma-

[1] Vgl. PORTER (1992), S. 423 ff.

chen als eine Akquisition. Kompromisse bestehen in Form von strategischen Allianzen, die, je nach vertraglicher Ausgestaltung, dazu geeignet sein können, die Wachstumsaussichten bei beiden Partnern zu erhöhen und gleichzeitig die Risiken beherrschbar zu machen.[1]

Grundsätzlich muss allerdings festgehalten werden, dass es sich bei der Wahl zwischen organischen bzw. internen auf der einen und anorganischen bzw. externen Wachstumsoptionen auf der anderen Seite keineswegs um eine exklusive Entscheidung von überdauerndem Charakter handeln muss. Die Entscheidung für eine interne oder externe Option muss bei jedem Investitionsvorhaben aufs Neue sehr sorgfältig geprüft werden, und viele erfolgreiche Wachstumsstrategien sind Kombinationsstrategien, wie RALL anmerkt.[2] Hierin klingt an, dass sich bei der Entwicklung einer nach Produkten und Märkten diversifizierten Wachstumsstrategie auch immer die Frage nach dem zeitlichen Horizont stellt. Wenn die Wege zwischen grundsätzlichen Strategietypen, wie in Abschnitt 2.5.3.1 dargelegt, teilweise mehrere Jahre umfassen können, so kann es sinnvoll erscheinen, diesen Gesamtzeitraum in produkt- und marktspezifische Teilstrategien zu "zerlegen". Schließlich folgen diese zum Teil höchst unterschiedlichen Gesetzmäßigkeiten und versetzten Konjunkturzyklen. Die Chancen auf günstige Zukäufe können für den einen Geschäftsbereich des Unternehmens aktuell gegeben sein, für den nächsten schon nicht mehr.

VIGUERIE, SMIT und BAGHAI führen organisationale und zeitliche Aspekte von Wachstumsstrategien zusammen. Sie unterscheiden hinsichtlich der organisationalen Dimension zwischen allgemeinem Marktwachstum ("portfolio momentum"), Marktanteilswachstum ("share gain") und Wachstum durch Zukäufe ("mergers & acquisitions – M&A"), trennen also organisches Wachstum noch danach, ob es im Zuge der allgemeinen Marktentwicklung verläuft

[1] Vgl. SCHWENKER, SCHNEIDER und KLEPPEL (2004), S. 13.
[2] Vgl. RALL (2002), S. 16.

oder ob Marktanteile hinzugewonnen werden.[1] Hinsichtlich der zeitlichen Dimension schlagen die Autoren drei strategische "Horizonte" vor, in denen das Unternehmen denken sollte. Horizont 1 umfasst dabei die Optionen für das bestehende Kerngeschäft des Unternehmens. Horizont 2 reicht etwas weiter und bezieht Optionen für neu entstehende Geschäftsbereiche mit ein, die sich allerdings bereits in einem gewissen Planungsstadium befinden. Horizont 3 schließlich reicht am weitesten in die Zukunft und betrifft strategische Optionen, die das Unternehmen erst noch erschließen muss. Maßnahmen, die sich auf den dritten Horizont beziehen, sind insoweit immer ein Stück weit ungerichtet (z.B. Investitionen in die Erforschung von potenziellen Zukunftstechnologien, deren Anwendungszweck zum heutigen Zeitpunkt noch nicht vollständig absehbar ist).

Innerhalb der sich so ergebenden neun Felder sind grobe strategische Handlungsempfehlungen der Autoren an das Management von Unternehmen wiedergegeben. Abhängig davon, in welchem organisationalen Zusammenhang und vor dem Hintergrund welcher zeitlichen Perspektive die Wachstumsstrategie betrachtet wird, stellen sich also höchst unterschiedliche Herausforderungen. Zusammen mit der ANSOFF'schen Unterscheidung nach Produkt- und Marktstrategien multipliziert sich so der Raum der Möglichkeiten. Je höher das Maß an Konkretion, von der Festlegung des Strategietyps und der Absicht, das Unternehmen in eine bestimmte Richtung weiterzuentwickeln, bis hin zur Determinierung organisationaler Maßnahmen, desto größer wird die Variantenvielfalt der Wachstumsstrategie.

Die folgende Darstellung verdeutlicht die Überlegungen:

[1] Für VIGUERIE, SMIT und BAGHAI ist die Unterscheidung zwischen Marktwachstum und Marktanteilswachstum zentral, wenngleich sie anmerken, dass das Wachstumsmoment aus Marktanteilsgewinnen (ohne M&A) empirisch betrachtet nur eine untergeordnete Rolle spielt, vgl. VIGUERIE, SMIT und BAGHAI (2008), S. 43. Aus organisationaler Sicht allerdings erscheint primär die Unterscheidung zwischen anorganischen und organischen Maßnahmen relevant, weswegen der Differenzierung zwischen Markt- und Marktanteilswachstum an dieser Stelle kein größerer Stellenwert zukommt.

Darstellung 2.16: Organisationale und zeitliche Dimensionen von Wachstumsstrategien

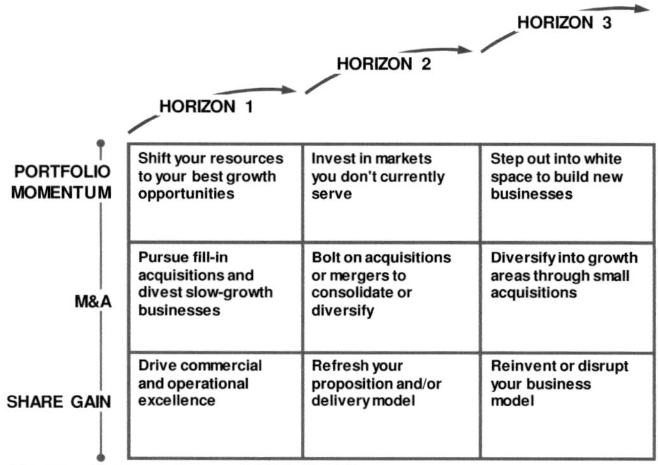

Quelle: VIGUERIE, SMIT und BAGHAI (2008), S. 113

VIGUERIE, SMIT und BAGHAI sprechen hier von zunehmender "Granularität" in der Auseinandersetzung mit dem Wachstumsthema. Um diesen Zusammenhang nochmals zu verdeutlichen, fasst der folgende Abschnitt die drei zuvor behandelten Ebenen – Grundsatzstrategien, Produkt- und Marktaspekte sowie die organisationale und zeitliche Dimension – zusammen.

2.5.3.4 Zusammenfassung

Zusammengefasst ließe sich die Strategieentwicklung entlang der drei zuvor erörterten Ebenen wie folgt visualisieren. Der unten dargestellte, typisierte Verlauf einer Strategieentwicklung beginnt also zunächst mit der grundsätzlichen Einordnung des Unternehmens in einen der vier genannten Strategietypen. Die strategische Perspektive, die langfristig angestrebte Entwicklung des Unternehmens, umfasst häufig einen mehrjährigen Zeitraum. Viele Unternehmen wählen hierzu beispielsweise eine Periode von fünf bis sieben, teilweise auch zehn Jahren, überprüfen und aktualisieren ihre strategische Planung aber zumeist in regelmäßigen, kürzeren Abständen.

Darstellung 2.17: schematische Darstellung der Strategieentwicklung

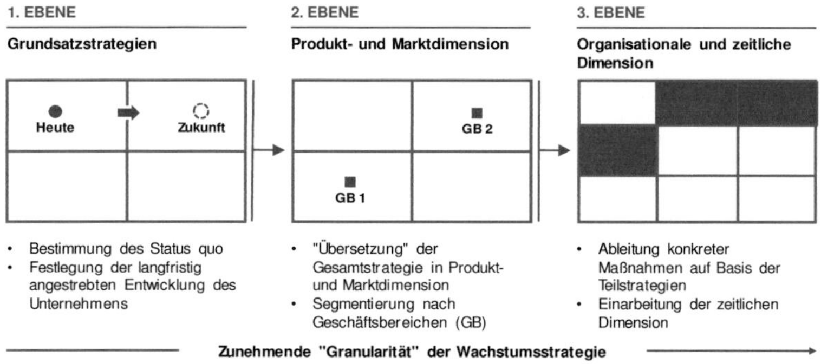

Quelle: eigene Darstellung

Aus der übergeordneten strategischen Entwicklungsvorgabe auf Unternehmensebene folgen die Überlegungen entlang der Dimensionen "Produkte" und "Märkte". Häufig strukturieren sich Unternehmen auf dieser Ebene nach Geschäftsbereichen, Business Units oder ähnlichen Segmenten. Das zunehmende Maß an Konkretion gemäß der ANSOFF'schen Klassifizierung macht die Gesamtunternehmensstrategie plastisch und leichter handhabbar. Auf Ebene der Teilstrategien nach Geschäftsbereichen können dann organisationale Aspekte und die zeitliche Komponente behandelt werden. Hieraus folgen häufig bereits recht konkrete Maßnahmen bzw. Agendapunkte wie beispielsweise das Aufsetzen eines M&A-Projektes für den beabsichtigen Zukauf eines Unternehmens zur Stärkung eines bestimmten Geschäftsbereiches. Die Unternehmensstrategie wird damit zunehmend operationalisierbar.

Wie schon einschränkend in Abschnitt 2.5.3 erwähnt, kann die vorangegangene Schilderung keinen Anspruch auf Repräsentativität erheben. Es lassen sich verschiedenste alternative schematische Darstellungen eines Strategieentwicklungsprozesses vertreten.[1] Ziel der Ausführungen war es, eine Vorstellung davon zu bekommen, mit welchen Inhalten sich Wachstumsstrategien regelmäßig auseinandersetzen und welche wesentlichen Elemente Strategieprozesse in Unternehmen kennzeichnen. Es geht letztlich darum, dass

[1] Vgl. anstelle von vielen WAGNER (2007), S. 45 ff.

sich das Unternehmen regelmäßig und intensiv mit seiner eigenen Zukunft auseinandersetzt. Ein Strategieprozess hat damit immer auch eine Orientierungsfunktion zu erfüllen, er kann dem Unternehmen dazu verhelfen, sich selbst handlungsfähig zu halten.

Es ist dieses Grundverständnis von Strategieentwicklung, welches auch NAGEL und WIMMER vertreten, wenn sie erklären:

> "Das Ergebnis eines gelungenen Strategieentwicklungsprozesses besteht folglich sowohl in der Neudefinition des eigenen Existenzgrundes als Unternehmen (Weswegen gibt es uns? Welche Kundenprobleme lösen wir?) als auch der angestrebten Ziele (Ertrags- und Wachstumsziele) letztlich auch in der Festlegung der wichtigsten Schritte dorthin (Produktpolitik, Kooperationen, Markenpolitik, neue Geschäftsfelder etc.). In diesem Sinne erzeugen solche Prozesse die zentralen geschäftspolitischen Entscheidungsprämissen, die ein Unternehmen braucht, um bei allen Unwägbarkeiten des Alltags eine sinnstiftende Fokussierung aufrechterhalten zu können."[1]

2.5.4 Wachstum und Wachstumsstrategien bei Familienunternehmen

Nach der Beschäftigung mit den theoretischen Grundlagen von Wachstum und Wachstumsstrategien von Unternehmen im Allgemeinen wird sich dieses Kapitel näher mit dem Wachstum von Familienunternehmen im Speziellen sowie häufig auftretenden Besonderheiten in deren Wachstumsstrategien auseinandersetzen. Es stellen sich die Fragen, ob Wachstum für Familienunternehmen dieselbe Bedeutung hat wie für andere, insbesondere börsennotierte Gesellschaften, und ob Familienunternehmen regelmäßig besondere Herausforderungen hinsichtlich ihres Wachstums zu meistern haben. Weiterhin wird zu zeigen sein, mit welchen strategischen Ansätzen Familienunternehmen dem Thema Wachstum begegnen, und ob sich typische Erfolgsfak-

[1] NAGEL und WIMMER (2008), S. 23.

toren und Maßnahmen identifizieren lassen, mit deren Hilfe Familienunternehmen einen erfolgreichen Wachstumspfad beschreiten können.

2.5.4.1 Unternehmenswachstum als strategische Zielsetzung von Familienunternehmen

Es wurde bereits angesprochen, dass das Wachstum zu den zentralen Ziel- und Steuerungsgrößen vieler Unternehmen zählt und vielleicht inzwischen die am meisten beachtete gängige Erfolgsgröße zur Messung der Unternehmensperformance darstellt. Wie verhält es sich diesbezüglich mit Familienunternehmen? Auf den ersten Blick scheinen Familienunternehmen hier keine Sonderrolle einzunehmen. Untersuchungen und Umfragen belegen, dass auch bei Familienunternehmen die Themen Wachstum und Expansion hohe Priorität genießen. Vier von fünf Familienunternehmen richten ihre Geschäftsstrategie im kurz- und mittelfristigen Zeitraum auf Wachstum aus.[1] Dies tun sie teilweise auch mit großem Erfolg, wie die Untersuchungen des IfM zeigen: Insbesondere große Familienunternehmen haben in den letzten Jahren höhere Wachstumsraten erzielen können als viele börsennotierte Gesellschaften.[2] Andererseits zeigt sich gerade bei kleineren Familienunternehmen teils eine besorgniserregende Wachstumsschwäche: Während Unternehmen mit einem Jahresumsatz von mehr als 50 Mio. EUR zwischen 2003 und 2005 ihre Gesamtumsätze um 8% steigern konnten, entwickelten sich die Umsätze kleinerer Unternehmen im selben Zeitraum sogar leicht rückläufig, wie folgende Darstellung verdeutlicht. Zwar handelt es sich weder bei den KMU noch bei den Unternehmen mit mehr als 50 Mio. EUR Jahresumsatz ausschließlich um Familienunternehmen im qualitativen Sinne. Hinzu kommt, dass die Daten dahingehend statistisch verzerrt sein könnten, dass kleinere Unternehmen im Lauf der Zeit die 50-Millionen-Euro-Grenze überschritten haben. Doch geben die Werte zumindest einen Hinweis darauf, dass das Thema Wachstum von Familienunternehmen von einer gewissen Ambivalenz gekennzeichnet ist.

[1] Vgl. WINKELJOHANN (2008), S. 19.
[2] Vgl. WALLAU et al. (2007), S. 51 ff., sowie Abschnitt 2.2.1.

Darstellung 2.18: Umsatzentwicklung zwischen 2003 und 2005 bei KMU und Großunternehmen in Deutschland[1] [Mrd. EUR]

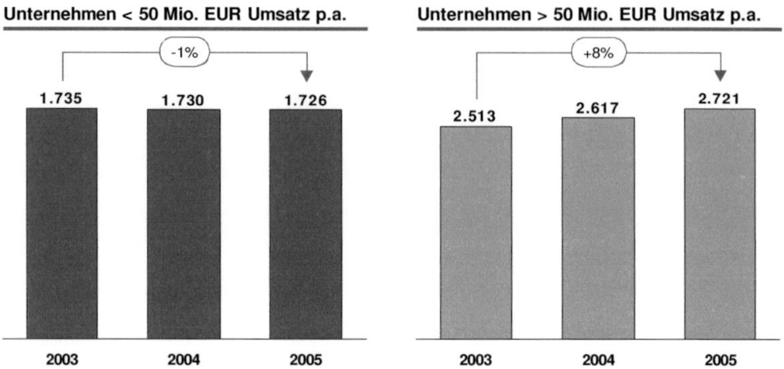

Quelle: eigene Darstellung in Anlehnung an WALLAU et al. (2007), S. 17

Grundsätzlich muss einschränkend hinzugefügt werden, dass die Daten gerade vor dem Hintergrund der Ende 2008/Anfang 2009 aktuellen Ereignisse an den weltweiten Finanzmärkten sowie der infolgedessen stark eingetrübten gesamtwirtschaftlichen Aussichten die nötige Aktualität vermissen lassen. Jüngste Untersuchungen geben zwar einen Hinweis darauf, dass das Thema Wachstum gegen Ende des Jahres 2008 auch für mittelständische und durch Familien geprägte Unternehmen an Bedeutung verloren hat.[2] Genaue aggregierte Angaben zur Wachstumsdynamik von Familienunternehmen in den Jahren 2006 bis 2008 liegen allerdings (noch) nicht vor.

Insgesamt aber hat es nach den oben dargestellten Verhältnissen den Anschein, als ob Familienunternehmen tatsächlich besondere Wachstumsherausforderungen zu meistern hätten und ihnen dies, hält man sich die auseinanderfallenden empirischen Wachstumsraten vor Augen, mit unterschiedlichem Erfolg gelingt. SCHWASS betont, dass auch und gerade für Familienunternehmen Wachstum ein zentraler Bestandteil der Unternehmensstrategie sein muss. Wachstum ist nach seiner Ansicht als ein messbares, positives

[1] Großunternehmen sind nach der Definition des IfM solche mit einem Umsatz von mehr als 50 Mio. EUR.

[2] Vgl. HOFFMANN, KAYSER und WALLAU (2008), S. 24 f.

Signal zu werten, dass das Familienunternehmen in der Lage ist, erfolgreich auf sich verändernde Umwelt- und Nachfragebedingungen zu reagieren. Allerdings stellt auch er fest, dass Familienunternehmen ihre Wachstumsherausforderungen höchst unterschiedlich meistern und klassifiziert vor diesem Hintergrund nach

- kurzlebigen (ephemeren) Familienunternehmen,
- bewahrenden Familienunternehmen und
- unternehmerischen Familienunternehmen.[1]

Während ephemere Familienunternehmen üblicherweise nur eine Generation über bestehen, können bewahrende Unternehmenstypen durchaus mehrere Generationen überdauern (sogenannte Mehrgenerationenfamilienunternehmen). Eine ihnen innewohnende äußerst konservative Kultur führt aber dazu, dass sie häufig ein nur geringes Wachstum oder sogar eine stagnierende Entwicklung aufweisen. Als typische Beispiele werden Agrarbetriebe oder Winzereien genannt. Vor dem Hintergrund steigender Faktorkosten sind diese Unternehmen heutzutage kaum nachhaltig überlebensfähig. Unternehmerische Familienunternehmen hingegen zeichnen sich den beiden erstgenannten Unternehmenstypen gegenüber durch eine völlig andere Kultur und eine vorhandene Zukunftsvision aus. Sie schaffen es erfolgreich, sich mit der steigenden Komplexität und den teils paradoxen Handlungsanforderungen eines über mehrere Generationen hin bestehenden und sich entwickelnden Unternehmens auseinanderzusetzen.[2] Sie richten sich konsequent auf die Zukunft und damit die Existenzsicherung von Unternehmen und Familie aus.[3]

Unternehmenswachstum nimmt zwar auch bei vielen von Familien beeinflussten Unternehmen einen gewissen Stellenwert ein, doch weichen Motive und die grundsätzliche Haltung zum Thema Wachstum nicht selten von denen

[1] Vgl. SCHWASS (2005), S. 56 ff.
[2] Vgl. zum Management von Paradoxien in Mehrgenerationenfamilienunternehmen auch SIMON, WIMMER und GROTH (2005), S. 27 ff.
[3] Zu denkbaren Maßnahmen für erfolgreiches Unternehmenswachstum vgl. Abschnitt 2.5.4.3.

anderer Unternehmensformen, insbesondere von denen kapitalmarktorientierter Unternehmen, ab.[1] Wachstum besitzt für viele Familienunternehmen keinen intrinsischen Wert, sondern ist vielmehr Mittel zum Zweck. Weitaus mehr Bedeutung erfahren, ähnlich wie schon im Fall von Finanzierungsentscheidungen,[2] die Wahrung der unternehmerischen Unabhängigkeit und Freiheit, das dauerhafte Überleben von Unternehmen und Familie und, in Konsequenz dessen, die Vermeidung existenzieller Risiken. Auch die Fokussierung auf eine kurzfristige Steigerung des Unternehmenswertes, das bekannt gewordene Konzept vom Shareholder-Value nach RAPPAPORT,[3] weist für Familienunternehmen häufig nicht denselben Stellenwert auf wie insbesondere für ausschließlich kapitalmarktorientierte Unternehmen oder solche, die sich im Besitz von Finanzinvestoren befinden. Langfristige Investitionszeiträume und die Anerkennung alternierender Partikularinteressen der verschiedenen Stakeholder, die miteinander überein gebracht werden müssen, um die Stabilität des Unternehmens zu gewährleisten, kennzeichnen viele Familienunternehmen und differenzieren sie damit von der häufig auf kurzfristige Erfolge und stetig steigende Wachstumsaussichten ausgerichteten Anschauung der öffentlichen Kapitalmärkte.[4] Dieser unterschiedliche strategische Ansatz lässt sich durch Untersuchungen dokumentieren: DAILY und DOLLINGER finden Belege dafür, dass Familienunternehmen[5] häufig profitablere Wachstumsstrategien verfolgen als Nichtfamilienunternehmen. Bei letzteren zeigen sich Symptome des sogenannten "empire building"-Phänomens, einer im Wesentlichen auf Größe ausgerichteten Unternehmensstrategie, in vielen Fällen begünstigt durch eine an Wachstum gekoppelte Bezahlung des Fremdmanagements.[6] Familienunternehmen weisen dem-

[1] Vgl. hierzu illustrativ den Tenor bei FRÖNDHOFF (2006).
[2] Vgl. Abschnitt 2.4.3.3.1.
[3] Vgl. zum Grundgedanken des Shareholder-Value-Konzeptes RAPPAPORT (1998).
[4] Vgl. BÖTZEL und MOJE (2003), S. 4, und ZELLWEGER (2007), S. 3 f. In ähnlicher Form äußert sich Melitta-Gesellschafter Thomas Bentz, vgl. KOLBECK und NICOLAI (2002), S. 188. Zur Kritik am Shareholder-Value-Gedanken vgl. WIMMER (2002) und KENNEDY (2001).
[5] In der betreffenden Untersuchung werden ausschließlich eigentümergeführte Unternehmen als Familienunternehmen klassifiziert und solchen Unternehmen, die von einem Fremdmanagement geführt werden, gegenübergestellt.
[6] Vgl. DAILY und DOLLINGER (1992), S. 132 ff.

gegenüber üblicherweise weniger formalisierte Aufbau- und Ablauforganisationen und weniger komplexe Overhead-Strukturen auf, was sich positiv auf die Profitabilität des Wachstumskurses auswirkt. Es zeigt sich allerdings auch, dass gerade eigentümergeführte Familienunternehmen häufig mit dem Problem zu kämpfen haben, dass der Gründer und Eigentümer zu lang an einer scheinbar bewährten Strategie festhält, kaum Kontrolle und Entscheidungsrechte an Mitarbeiter delegiert und somit dem Unternehmen Wachstumsmöglichkeiten entgehen.[1]

Es wird also deutlich, dass Wachstum für viele Familienunternehmen zwar ein relevantes Thema und einen Teil der Unternehmensstrategie darstellt. Die Gründe und Motive, derentwegen sich das Unternehmen mit seinem eigenen Wachstum auseinandersetzt, können sich aber erheblich von denen alternativer, insbesondere kapitalmarktorientierter Unternehmen unterscheiden. Überdies scheinen Familienunternehmen hinsichtlich ihres Wachstums mit besonderen Herausforderungen konfrontiert zu sein, mit denen sich der folgende Abschnitt beschäftigt.

2.5.4.2 Herausforderungen für das Wachstum von Familienunternehmen

WARD setzt sich mit spezifischen Herausforderungen auseinander, denen wachsende Familienunternehmen häufig gegenüber stehen. Er identifiziert sechs wesentliche Faktoren, die das Wachstum von Familienunternehmen beschränken können:

1. Die fortgeschrittene Reifephase des Unternehmens
2. Begrenzte finanzielle Ressourcen
3. Führungsschwäche und Nachfolgeprobleme
4. Widerstand gegenüber Veränderungen

[1] Vgl. zu Wachstumsherausforderungen von Familienunternehmen den folgenden Abschnitt 2.5.4.2.

5. Geschwisterkonflikte

6. Divergente Bedürfnisse und Werte innerhalb der Familie[1]

Auf jeden der genannten Punkte wird im Folgenden näher eingegangen, wobei die Punkte 1 und 4 sowie 5 und 6 zusammengefasst werden.

2.5.4.2.1 Strategische Starrheit und Resistenz gegenüber Veränderungen

Viele Familienunternehmen, die sich über Jahre hinweg erfolgreich entwickelt haben, weisen in späteren Phasen ihrer Entwicklung Anzeichen von Stagnation oder eingeschränkter Dynamik auf. Damit folgen sie einerseits dem typischen Lebenszyklus von Unternehmen mit sich abschwächenden Wachstumsraten bei zunehmender Größe.[2] Zum anderen – und insofern überschneiden sich die Punkte 1 und 4 – halten viele Familienunternehmen an tradierten Erfolgsmustern und Patentrezepten fest und bleiben insofern der Vergangenheit verhaftet. Gerade bei eigentümergeführten Unternehmen, insbesondere bei solchen, deren Gründer auch noch im hohen Lebensalter maßgeblichen Einfluss auf Entscheidungen und Entwicklungen des Unternehmens nimmt, finden sich nicht selten große Widerstände gegen Veränderungen. Neue Anforderungen an das Unternehmen seitens der Umwelt werden häufig ignoriert und damit Wachstumschancen vergeben.[3] Gerade diejenigen Unternehmen unterliegen häufig der Versuchung, die bewährte unternehmerische Praxis weitgehend unreflektiert in die Zukunft fortzuschreiben, die sich in der Vergangenheit sehr erfolgreich entwickelt haben – strategische Starrheit und Inflexibilität sind nicht selten die Folge. Das, was seinerzeit gut und richtig war, wird nach Einschätzung dieser Unternehmen auch morgen noch zum Erfolg führen. Mit aber stetig zunehmender Geschwindigkeit der Umweltveränderungen weisen Patentrezepte und tradierte Erfolgsmuster

---

[1] Vgl. WARD (1997), S. 325 ff.

[2] Hinweise auf abnehmende Wachstumsraten bei Familienunternehmen im fortgeschrittenen Stadium des Lebenszyklus, insbesondere im Zusammenhang mit dem Generationenwechsel, finden sich auch bei MCCONAUGHY und PHILIPPS (1999) und, allgemeiner, bei GREINER (1997).

[3] Vgl. DAILY und DOLLINGER (1992), S. 133.

heute nur noch sehr begrenzte Halbwertszeiten auf, Erfahrungen und Traditionen müssen daher in regelmäßigen Abständen unemotional und unvoreingenommen hinterfragt werden.[1]

2.5.4.2.2 Begrenzte finanzielle Ressourcen

Zur Gefahr zunehmender strategischer Starrheit mit fortschreitendem Entwicklungsstadium kommen besondere finanzielle Anforderungen an Familienunternehmen, beispielsweise aufgrund eines zunehmend größeren Gesellschafterkreises und entsprechenden Belastungen durch Ausschüttungen sowie aufgrund von anfallenden Erbschaftssteuern. Bedenkt man, dass die Eigentümerfamilien zumeist bedeutende Anteile ihres Vermögens im Unternehmen investiert haben und über dementsprechend knappe Reserven verfügen, kann die Steuerpflicht im Erbschaftsfall eine bedeutende Liquiditätsbedrohung für das Unternehmen darstellen.

Der Zusammenhang zwischen finanziellen Voraussetzungen und Wachstumsmöglichkeiten von Familienunternehmen ist das Kernthema dieser Arbeit. Im Einzelnen soll hierauf im Abschnitt 2.5.5 eingegangen und das Thema an dieser Stelle nicht weiter vertieft werden.

2.5.4.2.3 Führungsschwäche und Nachfolgeprobleme

Auch die dem Typus Familienunternehmen inhärente Nachfolgefrage, seitens der Literatur vielfach beschrieben,[2] kann das Wachstum des Unternehmens behindern. Gerade die Nachfolger von sehr erfolgreichen Gründern haben häufig große Zweifel an ihrer eigenen unternehmerischen Kompetenz. In die Fußstapfen des Vorgängers (zumeist des Vaters) zu treten, kann eine immense Bürde darstellen. Eine starke Risikoaversion und die mangelnde Fähigkeit, die Organisation durch eigene Entscheidungen zu lenken, ist häufig die Folge. Hierdurch können dem Unternehmen Wachstumschancen entgehen. Es stellt sich die Frage nach der erforderlichen Kompetenz und Eignung

[1] Vgl. BÖTZEL und MOJE (2003), S. 6, MEFFERT und KLEIN (2007), S. 67.
[2] Vgl. Abschnitt 2.1.

des (designierten) Nachfolgers, um das Wachstum des Unternehmens auch nach Abtreten des Gründers zu gewährleisten.

Bisweilen ist aber auch die Verantwortung zu groß und hemmt den Nachfolger in seinen Entscheidungen. Gerade bei Unternehmen in der dritten oder vierten Generation übernimmt der geschäftsführende Gesellschafter die unternehmerische Verantwortung für einen bisweilen sehr umfangreichen Gesellschafterkreis. Der Nachfolger kann nicht schalten und walten, wie ihm beliebt. Die Wachstumsoptionen innewohnenden Risiken werden in diesem Fall anders beurteilt, als wenn sich das Unternehmen ausschließlich im eigenen Besitz befände:

> "If it were all my business and all my money, I'd take the risk. But it's not."[1]

Aus diesen Gründen haben Familienunternehmen im Rahmen der Übergabe des Unternehmens an die Postgründergeneration häufig mit erheblichen Schwierigkeiten zu kämpfen. Zwar ist die Pionierphase des Unternehmens, die häufig durch erhebliche Wachstumsdynamik gekennzeichnet ist, nicht zwangsläufig gleichzusetzen mit der Gründergeneration. Doch drohen verschiedene "Vitalitätsabflüsse" wie z.B. besondere Marktkenntnisse und Kundenbeziehungen des Unternehmensgründers, die mit der Nachfolgefrage zur Disposition stehen.[2] Vor diesem Hintergrund ist letztlich auch das bekannte Sprichwort vom Lebenszyklus des Familienunternehmens entstanden, "Der Vater erstellt's, der Sohn erhält's, beim Enkel zerfällt's." Allerdings, das muss betont werden, ist dies alles andere als eine Gesetzmäßigkeit, im Gegenteil: WEBER beispielsweise untersucht Performance-Einflüsse der Postgründer-Generation in Familienunternehmen aus Deutschland und Österreich und konstatiert den Nachfolgern insgesamt "einen sehr positiven Einfluss". Zwar ist deren Strategie in der Tat häufig auf Kontinuität ausgerichtet; hierin zeigen sich gewisse konservative Tendenzen, was möglicherweise das Wachstum

[1] WARD (1997), S. 326.
[2] Vgl. KLEIN (2004a), S. 287 ff.

des Unternehmens einschränkt. Doch führt dies offenbar zu keinen wirtschaftlichen Einbußen, sondern im Gegenteil zu einer gesunden Entwicklung des Unternehmens, auch und gerade in denjenigen Fällen, in denen der Gründer eine besonders starke Unternehmerpersönlichkeit repräsentierte.[1]

2.5.4.2.4 Geschwisterkonflikte, Gerechtigkeitsdebatten und auseinanderfallende Familieninteressen

Eng verbunden mit der allgemeinen Nachfolgethematik und den sich in diesem Zusammenhang stellenden Anforderungen an Kompetenz und Qualifikation des Nachfolgers bzw. der Nachfolger ist die Frage nach der Beziehung zwischen Geschwistern, denen die Leitung des Unternehmens gemeinsam übertragen wurde. Gemeinschaftliche Führungsaufgaben erfordern ein ganz besonders hohes Maß an Einsatz und Energie von den Geschwistern. Sie können die Basis für große Erfolge sein, wenn sich die Kompetenzen, Neigungen und Interessen der Geschwister ergänzen und die emotionale Beziehung zueinander derart ist, dass sie das gegenseitige Vertrauen und die Leistungsfähigkeit des "Teams" stärkt. Sie können aber auch umgekehrt ungemein kraftraubend und beschwerlich sein, wenn die Geschwisterbeziehung von Misstrauen, empfundener Ungerechtigkeit und Rivalität geprägt ist.[2] Letztlich ist es äußerst schwierig, wenn nicht gar unmöglich, zwei oder mehrere Geschwister, die aus dem Familienkontext womöglich eine gleiche und damit häufig als gerecht empfundene Behandlung durch ihre Eltern gewohnt sind, im Unternehmenskontext ebenso gerecht zu behandeln.[3] Daneben können Pflichtanteilsansprüche bei Vererbung bzw. der Auskauf von Geschwistern die Liquidität des Unternehmens enorm belasten. Konflikte können ebenso hinsichtlich der Gewinnverwendung, insbesondere der Höhe der Ausschüttungen, der Unternehmensstrategie oder bei vermeintlichen Ansprü-

---

[1] Vgl. WEBER (2005), S. 166 f. In ähnlicher Form finden SONFIELD und LUSSIER nur wenige signifikante Unterschiede in der Unternehmensführung von US-amerikanischen Familienunternehmen, vgl. SONFIELD und LUSSIER (2004), S. 198 ff.

[2] Vgl. WARD (1997), S. 327.

[3] Vgl. zur Unterscheidung zwischen Gleichheit und Gerechtigkeit im familiären, unternehmerischen und juristischen Kontext SIMON (2003).

chen auf aktive Beschäftigung im Unternehmen entstehen[1] und dies nicht nur zwischen Geschwistern, sondern auch zwischen den sonstigen Familiengesellschaftern. Aufgrund stark divergierender Interessen zwischen Familienmitgliedern oder Familienstämmen kann es zu einer regelrechten Fragmentierung des Unternehmens kommen. Eine kohärente Wachstumsstrategie ist dann kaum noch denkbar, das Unternehmen zerfällt in separate Einheiten, die sich im Wesentlichen selbst steuern. Nicht selten führt das zu ausufernden Overhead-Strukturen und Belastungen durch unnötig hohe administrative Kosten.[2]

Es gibt also, so war zu sehen, eine ganze Reihe von spezifischen Herausforderungen für Familienunternehmen mit Wachstumsambitionen. Zwar wirken diese mit unterschiedlicher Intensität auf das einzelne Unternehmen. Dennoch leuchtet ein, dass sich Familienunternehmen grundsätzlich auf diese Herausforderungen vorbereiten sollten, nicht nur, um ihre Wachstumsstrategie verfolgen zu können, sondern um dem Unternehmen schlicht eine solide Basis für seine Zukunft zu geben. Denkbare Maßnahmen und Lösungsansätze für erfolgreiches Wachstum von Familienunternehmen sollen im folgenden Abschnitt diskutiert werden.

2.5.4.3 Lösungsansätze für erfolgreiches Wachstum von Familienunternehmen

Was zeichnet nun wachstumsstarke Familienunternehmen aus? Wie können Unternehmen ihr eigenes Wachstum stimulieren und latenten Hemmnissen und Risiken wirksam begegnen? Wie kann ein Familienunternehmen zu einem unternehmerischen Unternehmen werden und somit Kurzlebigkeit und Stagnation von sich abwenden? Natürlich kann an dieser Stelle nur ein Auszug von Maßnahmen und Erfolgsfaktoren auf Basis der bestehenden Literatur erarbeitet werden. Eine vollumfängliche Liste mit konkreten Maßnahmen oder eine Art "toolbox" für erfolgreiches Wachstum kann diese Arbeit nicht leisten, dafür müsste ein eigenständiger Rahmen gewählt werden. Außerdem

[1] Vgl. Winkeljohann (2006), S. 31.
[2] Vgl. Yeung (2000), S. 59.

wird sich der vorliegende Abschnitt auf strategisch-strukturelle Lösungsansätze konzentrieren, operative Maßnahmen werden nicht beschrieben.

2.5.4.3.1 Fördern einer aktiven Kultur des strategischen Austauschs

Um der Gefahr strategischer Starrheit und zunehmender Veränderungsresistenz wirksam zu begegnen, schlägt WARD vor, dass sich das Familienunternehmen eine aktive Kultur des strategischen Austauschs schaffen sollte.[1] Die im Unternehmen und insbesondere in der Person des Unternehmers gebündelte Erfahrung, die ausschlaggebend ist für die eigene Einschätzung der Zukunft, muss regelmäßig überprüft und aktualisiert werden. Ein systematischer Strategieentwicklungs- und -erneuerungsprozess ist zu entwerfen, innerhalb dessen sich das Unternehmen wesentliche strategische Fragen immer wieder neu stellen muss. BÖTZEL und MOJE schlagen hierzu einen Katalog von fünf übergeordneten Fragen vor:

1. Welches Selbstverständnis will das Familienunternehmen entwickeln? Sieht es sich selbst primär als Unternehmer, als Entwickler oder als Investor?

2. Über welche spezifischen Stärken verfügt das Unternehmen (Know-how, Netzwerke, Finanzkraft), und welchen spezifischen Beitrag leisten Familie und Management?

3. Welche Werthebel sollen genutzt werden, und wie will sich das Unternehmen strategisch positionieren (Wachstum, Qualitäts-/Kostenführerschaft, Innovation)?

4. Welches Verhältnis von Rendite und Risiko wird angestrebt?

[1] Vgl. WARD (1997), S. 330 f.

5. Über welches strategische Investitionspotenzial (Kapital, Finanzierungskraft) verfügt das Unternehmen, um neue Geschäfte auszubauen oder andere Unternehmen zu übernehmen?[1]

Mit solchen oder ähnlichen Fragen muss sich das Unternehmen im Rahmen seines Strategieprozesses konfrontieren. Der Prozess selbst kann dabei nach NAGEL und WIMMER eher implizit oder explizit (als gesonderter Prozess) ablaufen und sowohl von der Organisation selbst oder im Wesentlichen von "außen", z.B. als Vorgabe durch das Management oder durch hinzugezogene Experten, betrieben werden.[2] Für jede Spielart der Strategieentwicklung lassen sich Vor- und Nachteile finden. Allerdings werden explizite und im Wesentlichen durch die Organisation selbst entwickelte Strategien häufig wesentlich stärker durch das Unternehmen und die Belegschaft mitgetragen.[3] Darüber hinaus sollte der Strategieprozess gestützt werden durch die Einbindung unabhängiger Dritter, beispielsweise in Form eines Beirates, der die vom Management vorgeschlagene Strategie begutachten, kritisch hinterfragen und letztlich verabschieden muss. Eine neutrale, dem Unternehmensinteresse verpflichtete Einschätzung und Bewertung durch einen Dritten ist sicher für jedes Unternehmen eine Bereicherung und kann die Qualität und Solidität der Unternehmensstrategie deutlich verbessern. Gleichwohl gilt es zu beachten, dass gerade dies bei Familienunternehmen häufig einen äußerst sensiblen Punkt berührt: Sich in seiner Hoheit über die strategische Entscheidungsfindung bewusst auch unbequemen Fragen auszusetzen, verlangt vom Unternehmer sehr viel Weitsicht.

2.5.4.3.2 Stärken des Innovationspotenzials

Neben einer Kultur des strategischen Austauschs gilt es, das Innovationspotenzial des Unternehmens zu sichern und auszubauen. MEFFERT und KLEIN betonen, dass Innovationen zu den wichtigsten Faktoren zählen, um

[1] Vgl. BÖTZEL und MOJE (2003), S. 7.
[2] Vgl. NAGEL und WIMMER (2003), S. 142.
[3] Vgl. PRAHALAD (1997), S. 114.

profitables Wachstum von Unternehmen zu ermöglichen.[1] In ihrer Studie finden sie heraus, dass Unternehmen mit einem hohen Anteil an Ausgaben für Forschung und Entwicklung (F&E) durchschnittlich kräftiger und profitabler wachsen als der Durchschnitt der Mitbewerber. Gerade am Standort Deutschland mit den im internationalen Vergleich hohen Faktorkosten gilt es, sich bei F&E Wettbewerbsvorteile zu sichern. Viele Familienunternehmen haben aufgrund ihrer engen Beziehung zu ihren Kunden die nötigen Voraussetzungen hierfür. Durch eine hohe Sensibilität für die Bedürfnisse des Marktes lassen sich künftige Nachfragepotenziale und Trends schneller erkennen und in Form von gezielten F&E-Investitionen antizipieren. Dafür benötigt das Unternehmen zum einen ein angemessenes F&E-Budget, welches großzügig genug ausgestattet ist, damit auch experimentelle Forschung betrieben oder auch groben Ideen nachgegangen werden kann.[2] Daneben bedarf es aber auch ehrgeiziger Vorgaben durch die Unternehmensleitung, eines tragfähigen Netzwerks von Partnern (z.B. Universitäten, Forschungsinstitute) und Foren zum Austausch der F&E-Mitarbeiter mit anderen Bereichen, insbesondere dem Vertrieb.[3] PORTER betont, dass bei allen Forschungstätigkeiten der Kunde und der spezifische Mehrwert, den das Unternehmen dem Kunden bieten will, im Vordergrund stehen müssen. Ein echter Vorsprung gegenüber der Konkurrenz kann in der heutigen globalisierten Wirtschaft nur noch durch Innovation entstehen. Jede Innovation aber muss sich messen lassen an dem besonderen Nutzen und Mehrwert für die Kunden des Unternehmens.[4]

2.5.4.3.3 Herausbilden einer maßvollen Diversifizierung

HILZENBECHER empfiehlt eine "maßvolle" Diversifizierung als wirksame wachstumsfördernde Portfoliostrategie für das Unternehmen. Gerade vor dem Hintergrund des in vielen Familienunternehmen stark verankerten Sicherheitsdenkens sind Diversifizierungsansätze in der unternehmerischen

[1] Vgl. MEFFERT und KLEIN (2007), S. 26. Ähnliche Bedeutung misst dem Innovationspotenzial HAEFNER zu, vgl. HAEFNER (2001), S. 43 ff.
[2] Vgl. WARD (1997), S. 331.
[3] Vgl. MEFFERT und KLEIN (2007), S. 86.
[4] Vgl. PORTER (2006), S. 270 ff.

Praxis häufig anzutreffen. Diversifizierung kann aber auch übertrieben werden, wenn zu viele und zu heterogene Produkte oder Leistungen angeboten werden. Dies kann leicht zu enormer Komplexität führen und ist darüber hinaus nur schwer mit der Auffassung begrenzter wertvoller Ressourcen bzw. dem Ansatz der Kernkompetenzen vereinbar.[1] Darüber hinaus widerspricht ein reines "Mehr" an Geschäftsbereichen den Grundzügen der Portfoliotheorie, nach der nur bestimmte Portfolios effizient im Sinne ihres Risiko-/Rendite-Verhältnisses sind.[2] Erfolgreiche Wachstumsstrategien für Familienunternehmen basieren also auf einer überschaubaren Anzahl von Geschäftsbereichen, deren Kombination insgesamt risikoreduzierend wirkt, von denen sich aber jeder einzelne auf die spezifischen Stärken und Ressourcen des Unternehmens stützt. Eine solch "maßvolle" Diversifizierung des Unternehmens zeigt nach HILZENBECHER auch in der empirischen Überprüfung die besseren Erfolge als stark fokussierte oder stark diversifizierte Strategien.[3]

2.5.4.3.4 Schaffen der notwendigen Voraussetzungen für eine erfolgreiche Nachfolge

SCHWASS wendet sich der Nachfolgeproblematik als Wachstumshemmnis vieler Familienunternehmen zu. Wie in Abschnitt 2.5.4.2.3 geschildert, kann die mangelnde Eignung und Vorbereitung des Nachfolgers, sei sie nun faktisch gegeben und objektiv nachvollziehbar oder primär seitens des Nachfolgers als solche empfunden, die Entwicklung des Unternehmens im Zuge seines Generationenwechsels behindern. Eine kluge und wirksame Wachstumsstrategie von Familienunternehmen muss nach Auffassung von SCHWASS daher auf der Grundannahme beruhen, dass diejenigen Familienmitglieder, die sich aktiv in das Unternehmen einbringen, zunächst einmal persönlich wachsen und sich entwickeln müssen. Dem Wachstum des Unternehmens gehen zwei weitere Entwicklungsschritte voraus, zum einen das

[1] Vgl. Abschnitt 2.3.3.1.

[2] Vgl. zur Portfoliotheorie den grundlegenden Beitrag von MARKOWITZ (1952) sowie erläuternd COPELAND und WESTON (1992), S. 171 ff.

[3] Vgl. HILZENBECHER (2006), S. 99 f.

Wachstum als Individuum und zum anderen das Wachstum und die Entwicklung der eigenen Rolle (des Führungsnachfolgers) im Unternehmen.[1]

Individuelles Wachstum

Das individuelle Wachstum fängt häufig bereits in einer Phase an, in der das Familienmitglied noch nicht aktiv im Unternehmen beschäftigt ist. Es beginnt mit einer Heranführung an das Unternehmen, seine Ziele und Werte, nicht selten bereits im Teenageralter. Der potenzielle Führungsnachfolger lernt das Unternehmen von außen kennen, spricht mit älteren Familienmitgliedern und Mitarbeitern, absolviert gegebenenfalls ein Praktikum und entwickelt so nach und nach ein Verständnis für Aufgaben, Strategie, Werte und Ziele des Familienunternehmens. In einer zweiten Phase sammelt er oder sie erste Berufserfahrungen, zumeist außerhalb des eigenen Unternehmens, und stärkt so zum einen sein Selbstbewusstsein und erlangt zum anderen ein hohes Maß an Selbstständigkeit und Kompetenz. In einer dritten Phase des individuellen Wachstums kehrt das Familienmitglied in das eigene Unternehmen zurück und kann für dieses nun – ausgestattet mit eigenen Erfahrungen – einen eigenen, wertvollen Beitrag leisten.

Wachstum der eigenen Rolle in Unternehmen

Die eigene Rolle im Unternehmen herauszubilden und zu entwickeln, hat vor allem etwas mit einer eigenen Vision für das Unternehmen zu tun. Es geht darum, der Organisation seinen "eigenen Stempel aufzudrücken", selbst wenn sich die eigene Anschauung mit der des Vorgängers überschneidet oder sogar deckt. In gewissem Maße muss damit auch die Organisation in der Lage sein, ihre eigene Vergangenheit zu vergessen. Hinzu kommt ein neues, eigenes Führungsverständnis des Nachfolgers, und trotzdem geht es bei all dem stets darum, eine gewisse Kontinuität und Stabilität zu wahren, damit interne und externe Stakeholder nicht das Vertrauen in das Unternehmen verlieren.

[1] Vgl. SCHWASS (2005), S. 86 ff. In ähnlicher Weise schildert HAHN eine idealtypische Entwicklung des Nachfolgers in Familienunternehmen, vgl. HAHN (2006), S. 559.

Wachstum des Unternehmens

Das Wachstum des Unternehmens folgt nach SCHWASS als logische Konsequenz der beiden zuvor genannten Wachstumsdimensionen. Erst durch die Entwicklung der eigenen Person und das Herausbilden seiner Rolle als Führungspersönlichkeit im Unternehmen kann der Nachfolger das notwendige Vertrauen der Familie (und weiterer Stakeholder) gewinnen, welches die Basis für ein erfolgreiches Wachstum des Unternehmens legt.

2.5.4.3.5 Finden der richtigen Balance zwischen den vier "C"

Mit den in den vorangegangenen Unterkapiteln aufgeführten Voraussetzungen für erfolgreiches Wachstum sind nicht nur allgemeine Managementaufgaben benannt, sondern gerade für Familienunternehmen verbergen sich dahinter teils existenzielle Herausforderungen (z.B. die Sicherung der Nachfolge). Das Besondere an der Situation des Familienunternehmens ist, dass sich einerseits Familiengesellschafter, Fremdmanagement und Mitarbeiter der Tradition, dem Altbewährten verpflichtet fühlen, andererseits das Unternehmen auf die Zukunft vorbereiten müssen, und damit im besten Falle nicht nur für die kommende, sondern auch für weitere nachfolgende Generationen. In ihrer Arbeit "Managing for the long run: lessons in competitive advantage from great family businesses" beschäftigen sich MILLER und LE BRETON-MILLER mit eben dieser zentralen charakteristischen Herausforderung für Familienunternehmen. Wie schaffen es die besten dieser Unternehmen, sich über Generationen hinweg immer wieder einem Wandel und einer Anpassung an die veränderten wirtschaftlichen Rahmenbedingungen zu unterziehen und gleichzeitig ihre Tradition und ihre Identität zu bewahren? Die Antwort liefern die Autoren mit ihrem Konzept der vier "C" – "continuity", "community", "connection" und "command". [1] Erfolgreiche, langlebige Familienunternehmen zeichnen sich ihrer Auffassung nach dadurch aus, dass Attribute wie Kontinuität und Tradition, die Gemeinschaft mit den Mitarbeitern, starke Beziehungen zur Unternehmensumwelt (v.a. Kunden und Zulieferer) und kurze, effiziente

[1] Vgl. MILLER und LE BRETON-MILLER (2005), S. 31 ff.

Entscheidungswege deutlich ausgeprägt sind. Dabei darf allerdings nicht übersehen werden, dass bei einer zu starken Gewichtung eines der vier Attribute oder Werte (bei oftmals gleichzeitiger Vernachlässigung eines anderen) dem Unternehmen große Gefahren drohen. So könnte beispielsweise eine zu starke Betonung des Community-Gedankens zu einer mentalen Gleichschaltung zwischen den Mitarbeitern führen und neue Ideen schon im Keim ersticken.[1] Im Grunde genommen plädieren MILLER und LE BRETON-MILLER also für eine Art "balanced scorecard", mit der die genannten vier Attribute auf die strategische Agenda des Unternehmers gesetzt und regelmäßig auf ihre angemessene Gewichtung hin überprüft werden. Damit liefern die Autoren so etwas wie einen übergeordneten, wenngleich für das jeweilige Unternehmen erst noch zu operationalisierenden, strategisch-kulturellen "Merkzettel".

Bis hierhin wurden primär strategisch-strukturelle Voraussetzungen beschrieben, welche eine gesunde Entwicklung des Familienunternehmens und Wachstum fördern können. Wie aber steht es um die Zusammenhänge zwischen finanzwirtschaftlichen Voraussetzungen und Wachstum des Familienunternehmens? Dieser Frage soll im folgenden Abschnitt nachgegangen werden.

2.5.5 Finanzwirtschaftliche Voraussetzungen für das Wachstum von Familienunternehmen

In Abschnitt 2.4.2 wurden Besonderheiten der Finanzierung von Familienunternehmen beschrieben, in den Abschnitten 2.4.3.1, 2.4.3.2 und insbesondere 2.4.3.3 wurde versucht, Erklärungsansätze für diese besonderen Finanzierungsmuster aufzuzeigen. Die hohe Bedeutung, die viele Familienunternehmen der Ergebnisthesaurierung beimessen, wurde insbesondere mit einem häufig vorzufindenden Streben nach Wahrung der Unabhängigkeit des Unternehmens begründet. Endogene und exogene Faktoren, welche die Finanzierung von Familienunternehmen beeinflussen, wurden erörtert. Verschie-

[1] Vgl. MILLER und LE BRETON-MILLER (2005), S. 184.

dentlich wurde auch bereits auf die Wechselwirkung zwischen finanziellen Voraussetzungen und dem Wachstum von Familienunternehmen hingedeutet. Im vorliegenden Abschnitt soll dieser zentrale Aspekt intensiver beleuchtet werden. Hierzu wird zunächst auf typische Finanzierungsmuster abhängig vom Entwicklungs- und Wachstumsstadium des Unternehmens eingegangen. Anschließend soll der Frage nachgegangen werden, in welcher Hinsicht Wechselwirkungen zwischen der Finanzierung und dem Wachstum von Familienunternehmen typischerweise bestehen.

2.5.5.1 Finanzierung des Familienunternehmens in Abhängigkeit von dessen Entwicklungs- und Wachstumsphasen

Wie schon von WARD bemerkt, unterliegen Familienunternehmen, wie andere Unternehmen auch, typischen Entwicklungszyklen (sogenannten "business life-cycles") und damit Phasen stärkeren und schwächeren Wachstums.[1] Ähnlich einem Produktlebenszyklus durchlaufen auch Unternehmen eine Phase der Entstehung oder Gründung, des Wachstums, der zunehmenden Marktreife und der sich infolgedessen häufig einstellenden Sättigung. Hierbei haben Familienunternehmen allerdings nicht nur mit allgemein abnehmenden Wachstumsraten bei zunehmender Größe des Unternehmens zu kämpfen. Bei Familienunternehmen kommt häufig noch hinzu, dass das Unternehmen beim Übergang von der Wachstums- in die Reifephase mit zunehmender strategischer Starrheit und Veränderungsresistenz zu kämpfen hat. Bisweilen überschneiden sich der Wechsel von Wachstums- und Reifephasen auch mit dem Wechsel an der Spitze des Unternehmens. Hierbei können nachfolgeinduzierte Beschränkungen des Unternehmenswachstums zutage treten wie beispielsweise Führungsschwäche und mangelnde Risikobereitschaft.[2]

Die nachfolgende Darstellung veranschaulicht den typisierten Lebenszyklus eines Familienunternehmens. Der schattierte Bereich deutet dabei auf den Zeitraum zunehmender Reife und Konsolidierung des Unternehmens hin, der

[1] Vgl. WARD (1997), S. 325, und Abschnitt 2.5.4.2.1.
[2] Vgl. Abschnitt 2.5.4.2.3.

unter wachstumsstrategischen Gesichtspunkten eine besondere Bedeutung für viele Familienunternehmen aufweist:

Darstellung 2.19: typisierter Wachstums- und Lebenszyklus eines Familienunternehmens

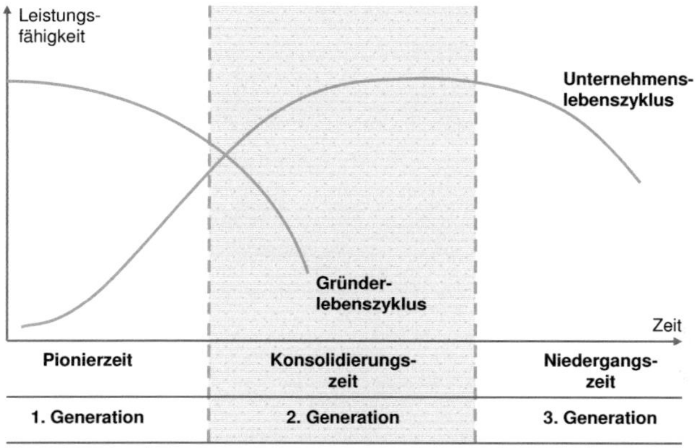

Quelle: eigene Darstellung in Anlehnung an REIMERS (2003), S. 18

Um der Gefahr von Stagnation und Rückentwicklung des Familienunternehmens entgegenzuwirken, sind nicht selten tiefgreifende strategische Weichenstellungen oder ganze Neuausrichtungen erforderlich.[1] Dies bringt in aller Regel erhöhten Kapitalbedarf mit sich, beispielsweise, um die internationale Expansion des Unternehmens voranzutreiben. Kann in der Konsolidierungszeit aber nicht auf finanzielle Mittel in erforderlichem Umfang zurückgegriffen werden, um eine geeignete Anschlussfinanzierung für das weitere Wachstum sicherzustellen, drohen Stillstand und Niedergang des Unternehmens. Häufig reichen hierfür die bestehenden Finanzierungsquellen aber nicht aus. Wenn das Unternehmen nicht über die notwendige eigene Ertragskraft verfügt, um anstehende Investitionen aus seinem operativen Cashflow zu tätigen, muss es zwangsläufig über Kapitalmaßnahmen neue Liquidität aufnehmen.[2] Die folgende Darstellung stellt typische Kapitalgeber abhängig

[1] Vgl. EHRINGER, HACKL und KÖNIG (2007), S. 210.

[2] Desinvestitionen aus Anlage- oder Umlaufvermögen zur Liquiditätsgenerierung werden hierbei nicht betrachtet.

von den Finanzierungs- und Wachstumsphasen eines Unternehmens dar. Der schattierte Bereich versucht hierbei, die zeitliche Analogie zum Lebenszyklus eines Familienunternehmens zu illustrieren (vgl. Darstellung 2.19):

Darstellung 2.20: Kapitalgeber für verschiedene Finanzierungs- und Wachstumsphasen eines Unternehmens (Auszug)

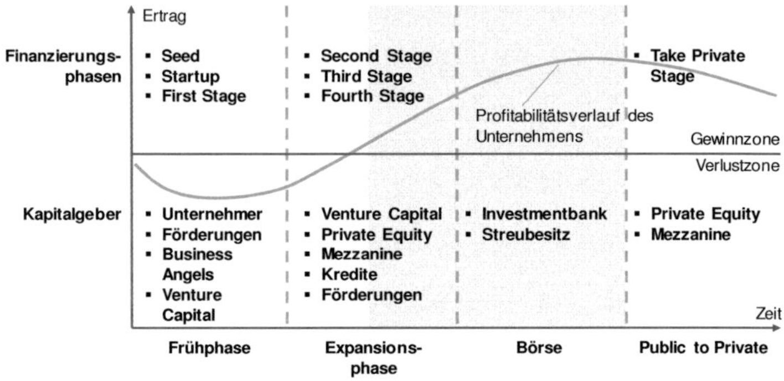

Quelle: eigene Darstellung in Anlehnung an STADLER (2002), S. 117

Wie anhand der Darstellung zu sehen ist, variieren die Kapitalgeber im Zeitverlauf. Während in der frühen Phase des Unternehmenszyklus Eigenkapital- und eigenkapitalnahe Finanzierungen überwiegen, können diese später, mit zunehmender Größe des Unternehmens, um Fremdkapitalinstrumente und hybride Finanzierungen erweitert werden.[1]

REIMERS betont die zentrale Bedeutung von institutionalisierten Eigenkapitalgebern, insbesondere Private-Equity-Gesellschaften, die diesen hinsichtlich der Finanzierung von Familienunternehmen in Konsolidierungsphasen zukommen könnte. 80% der in einer Studie befragten Private-Equity-Anbieter bevorzugen die Konsolidierungsphase bzw. reife Familienunternehmen für ihre Investments[2] und bieten sich damit gezielt für Anschlussfinanzierungen des weiteren Unternehmenswachstums in dessen Reifephase an. Dies deckt

[1] Vgl. ADAMS III et al. (2004), S. 117, und BERGER und UDELL (1998), S. 623.
[2] Vgl. REIMERS (2004), S. 9. Eine ähnliche Einschätzung findet sich bei RAMS und REMMEN (1999),
S. 81.

sich weitgehend mit den Einschätzungen der in einer Studie von PWC befragten Familienunternehmer, nach denen Private-Equity-Finanzierungen vor allem bei Wachstumsmaßnahmen von Nutzen sein können. Weniger häufig werden Nachfolgelösungen oder Restrukturierungen als mögliche Einsatzgebiete von Private Equity genannt.[1]

Aber auch andere Finanzierungskanäle kommen für Wachstumsvorhaben von reiferen Familienunternehmen in Frage. FRANCIONI beispielsweise hebt die Bedeutung der Börse für die Sicherung der Wachstumsfähigkeit von Mittelstands- und Familienunternehmen hervor: Hierdurch kann nicht nur die unmittelbare Finanzkraft des Unternehmens gestärkt und die Kapitalstruktur optimiert werden. Durch die öffentliche Notierung und den Zugang zum organisierten Eigenkapitalmarkt kann außerdem die Kreditwürdigkeit des Unternehmens positiv beeinflusst werden (sogenannte mittelbare Finanzierungsfunktion).[2] STADLER sieht neben Private Equity und der Möglichkeit eines Börsengangs vor allem mezzanine Finanzierungsinstrumente als denkbare Quelle für die weitere Wachstumsfinanzierung des Familienunternehmens.[3]

All diesen potenziellen Kapitalangeboten stehen aber zentrale Restriktionen gegenüber, die auf die Beziehung zwischen Unternehmen und Financiers einwirken und damit die Wachstumsfinanzierung von Familienunternehmen zu einer diffizilen Angelegenheit machen können. Diese wurden bereits ausführlich im Abschnitt 2.4.3.3.2 diskutiert. Es sei aber an dieser Stelle nochmals in Erinnerung gerufen, dass sich Familienunternehmen häufig aufgrund ihrer eigenen Motive und Zielsetzungen, die sie mit der Finanzierung zu gewährleisten beabsichtigen, selbst gewisse Schranken auferlegen (beispielsweise, indem sie Kapitalbeteiligungen Dritter aufgrund von Unabhängigkeitsbestrebungen grundsätzlich ausschließen). Zum anderen verfügen viele Familienunternehmen, insbesondere aufgrund mangelnder Größe, nur über sehr begrenzte Zugangsmöglichkeiten zum privaten und öffentlichen Kapi-

[1] Vgl. WINKELJOHANN und KRUTH (2007), S. 11.
[2] Vgl. FRANCIONI (2000), S. 153, und HENNERKES und BOEHM-BEZING (2002), S. 129.
[3] Vgl. STADLER (2002), S. 116 f.

talmarkt oder leiden unter zunehmend restriktiverer Kreditvergabe der Banken. Längst nicht jeder der zuvor genannten potenziellen Kapitalgeber kommt damit faktisch für das "wachstumswillige" Familienunternehmen in Betracht. Reichen Innenfinanzierungskraft des Unternehmens und sonstige bestehende Finanzierungskanäle (z.B. durch die Hausbank) nicht aus, so wird auch die Wachstumsbereitschaft des Unternehmens allein nicht genügen, um es auf Expansionskurs halten zu können – die Wachstumsfähigkeit wäre nicht gegeben. Insofern kann also tatsächlich von einer besonderen Beziehung zwischen Wachstum und Finanzierung von Familienunternehmen dergestalt ausgegangen werden, als dass viele Familienunternehmen unter (endogenen wie exogenen) Finanzierungsrestriktionen operieren, die das Wachstum des Unternehmens beschränken können.

2.5.5.2 Wachstumsbeschränkungen aufgrund restriktiver Finanzierungsvoraussetzungen bei Familienunternehmen?

Bei verschiedenen Autoren finden sich ähnlich lautende Einschätzungen: GEISELER kommt zu dem Schluss, dass gerade bei kleineren Familienunternehmen Finanzierungsrestriktionen ursächlich für bestehende Wachstumshemmnisse sind. Dabei stellt die Finanzierung sowohl fremd- wie auch eigenkapitalseitig einen Engpass dar. Während allerdings nur 6% der größeren Familienunternehmen (mehr als 500 Mitarbeiter) über Probleme bei der Eigenkapitalbeschaffung klagen, sind es bei den kleineren Vertretern bereits mehr als ein Viertel, die infolgedessen auch erschwerte Voraussetzungen bei der Beschaffung von Fremdkapital besitzen.[1] Insofern findet sich auch hier ein Hinweis auf den Zusammenhang zwischen Unternehmensgröße und Finanzierungsspielraum. Außerdem beobachtet GEISELER, dass das Ausmaß der empfundenen Finanzierungsrestriktionen mit dem geplanten Wachstum zunimmt. Das bedeutet konsequenterweise, dass restriktive Finanzierungsvoraussetzungen umso deutlicher wahrgenommen werden, je ambitionierter die Wachstumsziele des Unternehmens sind. Wenn man so will, wird dem Unternehmen hierdurch die Diskrepanz zwischen seiner eigenen

[1] Vgl. GEISELER (1999), S. 238 f.

Wachstumsbereitschaft und seiner (eingeschränkten) Wachstumsfähigkeit besonders deutlich.

KOKALJ, PAFFENHOLZ und MOOG sprechen von "Determinanten des Wachstums",[1] unter denen die Finanzierung des Familienunternehmens, genauer, die Verfügbarkeit externer Finanzierungsmittel eine besondere Position einnimmt. Wachstumsstarke Unternehmen weisen einen hohen Finanzbedarf und außerdem qualitative Finanzierungsanforderungen auf, wie z.B. die Langfristigkeit der Finanzierung aufgrund von F&E-Investitionen. Geeignete Kapitalgeber sehen die Autoren insbesondere in Private-Equity- und Venture-Capital-Investoren.

MAHÉRAULT findet signifikante Zusammenhänge zwischen restriktiven Finanzierungsvoraussetzungen und infolgedessen eingeschränkter Investitionstätigkeit bei kleineren Familienunternehmen. Er differenziert, analog zur Darstellung in Abschnitt 2.4.3.3.2, zwischen endogenen ("internal obstacles") und exogenen ("financial markets") Restriktionen. Im Ergebnis zeigt sich, dass kleine Familienunternehmen bestimmte Investitions- und Wachstumsoptionen nicht wahrnehmen können, weil ihnen die Finanzierungsspielräume fehlen. Eine ausgeprägte Unabhängigkeitsmaxime ist dabei häufig charakterisierend für die Finanzierungsstrategie von Familienunternehmen, stellt aber auch mitunter das eigentliche Hindernis für die weitere Finanzierung und das weitere Wachstum dar.

> "In one case out of two, [family, FB] controlled companies prefer to stop growing rather than to dilute the equity structure. Consequently, the lack of capital that small family businesses suffer may be partly their own doing."[2]

MAHÉRAULT argumentiert, dass die Börse und insbesondere spezielle Marktsegmente für KMU der richtige Ausweg aus den restriktiven finanziellen Voraussetzungen für kleine Familienunternehmen wären.

[1] KOKALJ, PAFFENHOLZ und MOOG (2003), S. 6.
[2] MAHÉRAULT (2000), S. 72.

Für spanische Familienunternehmen zeigen BLANCO-MAZAGATOS, DE QUEVEDO-PUENTE und CASTRILLO, dass Familienkontrolle über das Unternehmen sehr häufig als das wesentliche Ziel der unternehmerischen Tätigkeit angesehen wird. Externes (Eigen-)Kapital kommt daher aufgrund der damit einhergehenden Verwässerung des Familieneinflusses für die meisten der untersuchten Unternehmen grundsätzlich nicht in Frage, die Finanzierung erfolgt im Wesentlichen durch Ergebnisthesaurierung, durch die Familie bzw. über Schuldenaufnahme. Diese restriktiven Finanzierungsbedingungen erschweren das Wachstum und die Entwicklung des Unternehmens und gefährden, so die Autoren, letztlich auch sein Überleben.[1]

GALLO und VILASECA finden in ihrer Untersuchung Belege für einen geringeren durchschnittlichen Verschuldungsgrad von Familienunternehmen gegenüber Nichtfamilienunternehmen.[2] Dieser geringe Verschuldungsgrad stellt für viele Familienunternehmen ein Wachstumshemmnis dar, da die meisten dieser Unternehmen durch im Wesentlichen fremdfinanzierte Investitionen profitabel wachsen könnten. Es lässt sich der Schluss ziehen, dass:

> "[...] the lack of additional funds in family businesses is typically given as the main explanation for a lack of aggressive growth. [...] the debt level of the family business may be increased significantly until levels that are usually considered to be reasonable are reached. Thus it is appropriate, to encourage family businesses [...] to develop debt-financed growth [...] strategies."[3]

Die Finanzierungsmotive vieler Familienunternehmen, insbesondere das Streben nach Unabhängigkeit und die Vermeidung größerer Risiken, begrenzen also nicht nur die Finanzierung über neues Eigenkapital von Dritten, sondern setzen auch der Schuldenaufnahme enge Grenzen.

---

[1] Vgl. BLANCO-MAZAGATOS, DE QUEVEDO-PUENTE und CASTRILLO (2007), S. 200.

[2] Familienunternehmen wurden in dieser Untersuchung als solche Unternehmen definiert, deren Anteile sich zu mindestens 50% im Besitz einer Familie befinden und in deren Geschäftsführung mindestens ein Familienmitglied tätig ist.

[3] GALLO und VILASECA (1996), S. 399 f.

Auch WARD identifiziert den begrenzten Zugang zu Kapital als eine der wesentlichen Wachstumshürden für Familienunternehmen[1] und empfiehlt eine aktive Finanzierung und aggressivere Verschuldungsgrade sowie weniger kapitalintensive Strategien (z.B. durch Outsourcing-Lösungen).[2]

Allerdings ist dies nur die eine Sicht der Dinge: Bei BURGER-CALDERON et al. findet sich die Selbsteinschätzung von Familienunternehmern, dass Finanzierungsrestriktionen (exogen wie endogen) das Wachstum ihrer Unternehmen nicht eingeschränkt hätten.[3] Im Rahmen von 24 Tiefeninterviews konnten die Autoren zwar ebenfalls herausarbeiten, dass sich viele Familienunternehmen durch eine markante Unabhängigkeitsmaxime charakterisieren lassen, die in den meisten Fällen eine aktive Finanzierung bzw. eine Finanzierungsstrategie unter Hinzunahme externer Financiers (mit Ausnahme von Banken) verhindert. Dabei scheinen nach eigener Aussage aber verpasste Wachstumschancen, insbesondere durch Zukäufe, keine große Rolle zu spielen, da diese in der Regel eher an den Preisvorstellungen der Verkäufer als an der Finanzierung scheitern würden. Hans-Peter Wild, geschäftsführender Gesellschafter der Heidelberger Wild-Werke, sagt hierzu:

> "Bisher haben wir noch jede Akquisition finanzieren können."[4]

Insofern lässt sich kein einheitlicher Schluss ziehen, ob und inwiefern tatsächlich von Wachstumsbeschränkungen bei Familienunternehmen aufgrund ihrer besonderen, restriktiven Finanzierungsvoraussetzungen gesprochen werden kann. Es gibt einige Hinweise darauf, dass insbesondere kleinere Familienunternehmen häufig nur geringe Wachstumsraten erzielen und dass der fehlende Zugang zu Kapital sich allzu oft als wesentliche Wachstumsbarriere erweist. Allerdings scheint es sich hierbei um ein strukturelles Phänomen zu handeln, welches kleine Unternehmen allgemein eher betrifft als größere und daher nicht zwingend an dem Typus Familienunternehmen festgemacht wer-

[1] Dies wurde bereits in Abschnitt 2.5.4.2.2 angedeutet. Vgl. WARD (1997), S. 325 f.
[2] Vgl. WARD (1997), S. 332 f.
[3] Vgl. BURGER-CALDERON et al. (2004), S. 17.
[4] STRICK, BLANK und HÜLSBÖMER (2004), S. 14. Der Beitrag bezieht sich auf dieselbe Studie wie bei BURGER-CALDERON et al. (2004).

den kann. Die Wachstumsraten größerer Familienunternehmen in den letzten Jahren stützen diese Annahme. Insbesondere die eigene Einschätzung der Familienunternehmer legt die Vermutung nahe, dass etwaige Finanzierungsrestriktionen das Wachstum dieser Unternehmen nicht behindert haben. Zwar wird auch hier deutlich, dass finanzpolitische Zielsetzungen wie die Wahrung der unternehmerischen Unabhängigkeit, Existenzsicherung von Unternehmen und Familie und die Vermeidung von größeren Risiken die Auswahl der Finanzierungsinstrumente einschränken können. Ein Nachteil für das Wachstum des Unternehmens erwächst daraus aber nach Einschätzung der Unternehmer nicht.

2.6 Zwischenfazit

Familienunternehmen, so war zu sehen, sind von ganz wesentlicher Bedeutung für die deutsche Volkswirtschaft. Je nach Breite der Definition zählen in Deutschland bis zu 95% aller Betriebe zu den Familienunternehmen.[1] Ihre Entwicklung in den letzten Jahren war uneinheitlich: Während große Familienunternehmen überwiegend sehr positive Zuwachsraten in Umsatz und Beschäftigung verzeichnen konnten, war die Entwicklung kleinerer Unternehmen insgesamt nicht zufriedenstellend. Viele der kleineren Familienunternehmen, statistisch abgegrenzt anhand von Umsätzen von weniger als 50 Mio. EUR p.a., sind in den letzten Jahren nur geringfügig gewachsen, stagnierten oder haben sich sogar rückläufig entwickelt.[2]

Die meisten Unternehmen, die unter dem Einfluss einer oder mehrerer Familien stehen, kennzeichnen sich durch eine konservative Finanzierungspolitik. Die Unabhängigkeit des Unternehmens von Dritten, seien es Anteilseigner oder Kreditgeber, genießt in vielen Fällen höchste Priorität.[3] Die Familie zielt darauf, sich ihren Einfluss auf das Unternehmen auch in Zukunft zu wahren und die wesentlichen strategischen Entscheidungen möglichst selbstständig fällen zu können. Das Motiv dieser charakterisierenden Finanzierungspolitik

[1] Vgl. Abschnitt 2.2.1.
[2] Vgl. Abschnitt 2.5.4.1.
[3] Vgl. Abschnitt 2.4.3.3.1.

liegt insbesondere darin begründet, dass Familie und Unternehmen in hohem Maße voneinander abhängig sind. Die Existenz des Unternehmens zu sichern, heißt in den meisten Fällen, auch die der Familie zu sichern. Das Unternehmen zu gefährden, bedroht auch die Überlebensfähigkeit der Familie. Diese enge Kopplung der Familie an ihr Unternehmen führt in den besten Fällen dazu, dass dem Unternehmen enorme Ressourcen zur Verfügung stehen. Familienmitglieder, die sich für das Unternehmen engagieren und sich mit ihm identifizieren, sind von unschätzbarem Wert. Demgegenüber stehen aber auch Fälle, in denen die Familie selbst zum Risiko für das Unternehmen wird, sei es durch Liquiditätsansprüche oder familieninterne Konflikte, die auf das Unternehmen übertragen werden. Die Familie ist also, paradoxerweise, sowohl potenzielle Ressource als auch potenzielles Risiko für das Unternehmen und damit letztlich auch für sich selbst.[1]

Dieses hohe Maß an Interdependenz zwischen der Familie und dem Unternehmen führt häufig auch zu einem sehr gewissenhaften Umgang mit unternehmerischen Risiken. Investitionen und Expansionspläne, die existenzielle Ausmaße für das Unternehmen entwickeln, werden meist sehr sorgfältig abgewogen und häufig nur dann umgesetzt, wenn die ihnen innewohnenden Risiken klar eingeschätzt und gehandhabt werden können. Dies führt auch zu einem ambivalenten Umgang mit dem Thema Unternehmenswachstum: Einerseits ist Wachstum bei vielen Familienunternehmen eine der wesentlichen strategischen Zielsetzungen. Andererseits erfüllen Wachstum und Größe des Unternehmens keinen Selbstzweck, und jede Wachstumsmaßnahme wird vor dem Hintergrund geprüft, wie sie sich auf die Unabhängigkeit und die Existenzsicherung des Unternehmens und der Familie auswirkt. Im Zweifelsfall wird ein Familienunternehmen auf Wachstumsoptionen dann verzichten, wenn sie unter dem spezifischen Blickwinkel und der jeweiligen Einschätzung des Unternehmens dessen Unabhängigkeit und Sicherheit nicht gewährleisten können oder sogar gefährden.[2]

---

[1] Vgl. die Abschnitte 2.3.1 und 2.3.2.
[2] Vgl. Abschnitt 2.5.4.1

Daneben sehen sich viele Familienunternehmen mit nicht unerheblichen Herausforderungen hinsichtlich ihres Wachstums konfrontiert. Hierzu zählen eine gewisse strategische Starrheit und Veränderungsresistenz, Führungs- und Nachfolgedefizite und nicht zuletzt auch besondere finanzielle Herausforderungen.[1] Exogene wie endogene Finanzierungsrestriktionen, ein fehlendes Angebot an Finanzierungsoptionen ebenso wie der kategorische Ausschluss bestimmter Kapitalmaßnahmen, verengen den finanziellen Spielraum vieler Familienunternehmen und erschweren so deren Wachstum. Andererseits scheinen viele dieser Unternehmen dies nicht als Defizit wahrzunehmen: Häufig ist die Einschätzung zu hören, dass der eigene Finanzierungsspielraum für erfolgreiches Wachstum ausreichend ist und dass alle als sinnvoll erachteten Wachstumsoptionen auch finanziert werden können. Insofern kann zwar von besonderen finanziellen Voraussetzungen und darüber hinaus auch von Finanzierungsrestriktionen bei Familienunternehmen gesprochen werden. Ob diese jedoch tatsächlich maßgeblich deren Wachstumsstrategien beeinflussen und ihr Wachstum einschränken bzw. in welcher Weise das geschieht, kann zunächst nicht geklärt werden.[2]

Es existiert eine Reihe von Theorien und Literaturgrundlagen, die sich mit dem Phänomen Familienunternehmen beschäftigen. Es war zu sehen, dass insbesondere ressourcentheoretische Erklärungsansätze, die Principal-Agent-Theorie oder auch "Stewardship"-Ansätze herangezogen werden, um sich dem Phänomen Familienunternehmen auf die eine oder andere Weise zu nähern.[1] Es existiert aber keine in sich geschlossene Theorie zur Besonderheit von Familienunternehmen. Daher mangelt es auch an integrierten Erklärungsansätzen, die sich mit dem vermutlich besonderen Zusammenhang von Finanzierung und Wachstum von Familienunternehmen auseinandersetzen. Hier setzt das Untersuchungsziel der vorliegenden Arbeit an, indem diese versucht, geeignete Hypothesen zu formulieren, die diesen besonderen Zusammenhang erklären können.

[1] Vgl. Abschnitt 2.5.4.2.
[2] Vgl. Abschnitt 2.5.5.2.

3 Ergebnisse und Rückschlüsse aus den Fallstudien

Im Folgenden werden wesentliche Erkenntnisse zu den Themen Unternehmensfinanzierung, finanzwirtschaftliche Voraussetzungen und Besonderheiten, Wachstum und Strategie sowie besondere Wechselwirkungen zwischen Finanzierung und Wachstum der Fallunternehmen präsentiert. Die Darstellung folgt dabei einer thematischen Struktur, d.h., es wird nicht jeder Fall in vollem Umfang einzeln dargelegt, sondern zu den jeweiligen thematischen Bereichen werden Belege aus den Interviews sowie geeignete Sekundärdaten hinzugezogen.[2] Die einzelnen Fallstudien sind vollständig im Anhang zu dieser Arbeit angefügt.[3] Die Ergebnisse und Rückschlüsse aus den Fallstudien werden mit den theoretischen und empirischen Erkenntnissen aus Abschnitt 2 verglichen. Übereinstimmungen sind dabei ebenso herauszuarbeiten wie Widersprüche. Durch die Reflexion der eigenen Forschungsempirie mit dem bisherigen Wissensstand soll so ein möglichst differenziertes und umfassendes Bild der Forschungsthematik entstehen.

3.1 Themenschwerpunkt Finanzierung

3.1.1 Finanzierung und finanzwirtschaftliche Besonderheiten der Fallunternehmen

In diesem Abschnitt werden zunächst Aspekte der Finanzierung sowie finanzwirtschaftliche Besonderheiten aus den Fallstudien dargestellt. Die im Einzelnen behandelten Inhalte adressieren dabei die folgenden thematischen Bereiche:

- Finanzierungsziele und Finanzierungspolitik
- Die Rolle der Gesellschafter und die Versorgung mit Eigenkapital
- Die Rolle der Banken und die Versorgung mit Fremdkapital

---

1 Vgl. Abschnitt 2.3.3.

2 Die Vorgehensweise folgt dabei dem Gedanken strukturierender Inhaltsanalyse, vgl. MAYRING (1991), S. 213.

3 Vgl. im Anhang die Abschnitte AI-1 bis AI-8.

- Sonstige Finanzierungsinstrumente und finanzwirtschaftliche Besonderheiten

Jeder der vier aufgeführten Themenblöcke wird im Folgenden in einem separaten Abschnitt behandelt.

3.1.1.1 Finanzierungsziele und Finanzierungspolitik

Auf den ersten Blick finden sich bei den Fallunternehmen die typischen Finanzierungsmuster von Familienunternehmen und die charakteristischen Leitlinien der Finanzierungspolitik, auf die bereits in den Abschnitten 2.4.2 (Typische Finanzierungsmuster von Familienunternehmen) sowie 2.4.3.3.1 (Wesentliche Motive und Ziele der Finanzierungspolitik von Familienunternehmen) hingewiesen wurde. Die der Finanzierung des Unternehmens zugrundeliegenden Motive und Zielsetzungen kennzeichnen sich zumeist durch

- eine eher konservative Finanzierungspolitik und eine starke Bilanz (Präferenz zugunsten der Innen- bzw. Selbstfinanzierung und eine komfortable Eigenkapitalausstattung) sowie
- das Streben nach finanzieller und damit unternehmerischer Unabhängigkeit von der Einflussnahme Dritter (z.B. familienfremde Gesellschafter, Banken).

Diese Elemente zeugen nach Auffassung von Jon Baumhauer, Vorsitzender des Vorstands der E. Merck KG (Familiengesellschaft der Merck KGaA), von "einem familientypischen Denken", welches auch die Finanzierungsstrategie von Merck leitet.[1] Der Unabhängigkeits- und Sicherheitsgedanke, der im Verlauf der Arbeit bereits mehrfach hervorgehoben wurde, findet sich offenbar auch in den Finanzierungsentscheidungen der Fallunternehmen wieder. Dies gilt insbesondere für traditionsreiche Unternehmen wie Merck, die Buch-AG oder Schmitz Cargobull. Bisweilen geht der Sicherheitsgedanke sogar

[1] Vgl. im Anhang den Abschnitt AI-7.3.

wirtschaftlichen Erwägungen vor, wie Ulrich Schümer, Vorstandsvorsitzender der Schmitz Cargobull AG, hervorhebt:

> "Bei einem Finanzinvestor würden Sie wohl keine Eigenkapitalausstattung von rund 45% finden. Da ticken Familienunternehmen halt etwas anders, da geht Sicherheit klar vor der Verzinsung des eingesetzten Kapitals. [...] hier gehen Sicherheit und langfristige Eigenfinanzierung des Unternehmens vor einer Optimierung der Kapitalverzinsung."[1]

Allerdings, dies muss betont werden, verfolgen die befragten Unternehmer mit einer eher konservativen Finanzierungspolitik neben der Wahrung der eigenen Unabhängigkeit und der Vermeidung existenzieller Risiken noch weitere Ziele. Man wolle mit einer soliden Eigenkapitalausstattung auch "[...] gut gerüstet sein für das weitere Wachstum des Unternehmens [...]", so die Beurteilung durch Jon Baumhauer. Hierin zeigt sich bereits ein erster Aspekt zur besonderen Wechselwirkung zwischen den Finanzierungs- und Wachstumsstrategien der Fallunternehmen, auf die im Einzelnen noch in Abschnitt 3.3 einzugehen sein wird.

Außerdem finden sich in den Antworten der Unternehmer zu den Leitlinien der Finanzierungspolitik auch weitere, pragmatisch-rationale Kriterien für ihre Finanzierungsentscheidungen. So spielt z.B. für viele die Fristenkongruenz zwischen Investitions- und Finanzierungszeiträumen eine wichtige Rolle. Hierdurch wollen die Unternehmen strukturell bedingte finanzielle Engpässe vermeiden und ihre Liquidität dauerhaft sicherstellen. Im Fall der Werkzeug-AG beispielsweise zeigte sich vor einigen Jahren, auf welche Weise eine kurzfristige Finanzierung von Immobilien die Liquidität des Unternehmens stark belasten kann. Inzwischen konnten durch ein Umschuldungsprogramm die Fristigkeiten zwischen Aktiv- und Passivseite harmonisiert werden.[2]

[1] Vgl. im Anhang den Abschnitt AI-1.3.
[2] Vgl. im Anhang den Abschnitt AI-4.3.

Schließlich achten die meisten Fallunternehmen auch stark auf die eigentlichen Konditionen der Finanzierung, insbesondere auf die Kapitalkosten (Zinsen, Gebühren etc.), sowie den Umfang an zu leistenden Sicherheiten. Gerade diesbezüglich hätten viele Kreditinstitute nach Auffassung von Karl Haeusgen von der HAWE Hydraulik "etwas überzogene Vorstellungen", [1] wodurch wiederum die Innenfinanzierungskraft des Unternehmens sowie der Zugang zu alternativen Finanzierungskanälen an Bedeutung gewinnen.

3.1.1.2 Die Rolle der Gesellschafter und die Versorgung mit Eigenkapital

Entsprechend der zuvor aufgezeigten Finanzierungsziele lassen sich bei nahezu allen Fallunternehmen hohe Thesaurierungsquoten der Jahresüberschüsse bzw. stark zurückhaltende Ausschüttungsbeschlüsse finden. Zum Teil wird diese Präferenz zugunsten der Innenfinanzierung des Unternehmens durch ein formelles Regelwerk gestützt. So sind zwar beispielsweise bei Schmitz Cargobull oder bei Merck Mindestausschüttungen vorgesehen; diese resultieren aber aufgrund ihrer speziellen Ausgestaltung zumeist in nur geringen Dividendenzahlungen an die Gesellschafter. Die Schmitz Cargobull AG beispielsweise hat eine Dividendenquote von 40% des Jahresergebnisses der Holdinggesellschaft – nicht etwa des konsolidierten Konzernergebnisses.[2] Bei anderen Unternehmen hingegen gilt eher ein ungeschriebenes Gesetz, nach dem die Familie ihr Vermögen in den Dienst der Firma stellt und diesem daher der Großteil der Jahresüberschüsse zukommt. Gemeinsam haben die meisten Unternehmen, dass die Bezüge aus dem Unternehmen nicht für den Lebensunterhalt der Familiengesellschafter vorgesehen sind. Die meisten Anteilseigner gehen einer normalen beruflichen Tätigkeit inner- oder außerhalb des eigenen Unternehmens nach. Die Dividendenerträge aus ihrem Anteilsbesitz sollen vielmehr private Investitionen wie den Kauf eines Hauses oder die Ausbildung der Kinder ermöglichen bzw. unterstützen. "Andererseits", so der Vorstandsvorsitzende der Buch-AG im Gespräch,

[1] Vgl. im Anhang den Abschnitt AI-3.3.
[2] Vgl. im Anhang den Abschnitt AI-1.3.

> "muss das Unternehmen schon in der Lage sein, der Familie einen gewissen Auskömmlichkeitsgrad zu gewährleisten. Zwei Elternteile mit drei Kindern sollten zumindest sparsam davon leben können, selbst wenn sie es nicht müssen."[1]

Hier zeigt sich deutlich die enge Kopplung von Unternehmen und Familie: Zwar steht die Familie nach Auffassung der befragten Unternehmer mit ihren Ansprüchen klar denen des Unternehmens hintan, wodurch sie dem Unternehmen zu einer soliden finanziellen Grundlage verhelfen kann. Im Notfall aber gilt es, das Überleben der Familie durch das Unternehmen zu sichern. In solchen Fällen müssen zumindest Teile des Gesellschafterkreises auch in der Lage sein, vorübergehend von den Bezügen aus dem Unternehmen (über-)leben zu können. Dass hierdurch kein übermäßig luxuriöser Lebensstil finanziert werden soll, erscheint vor dem Hintergrund der grundsätzlichen Einstellung der Unternehmer zu Firma und Familie selbstverständlich.

Ein wenig anders sind die Dinge naturgemäß bei den teilweise börsennotierten Familienunternehmen gelagert. Die Biotest AG beispielsweise hat neben den mit Stimmrechten versehenen Stammaktien auch Vorzugsaktien an der Börse emittiert. Stimmrechtlose Vorzugsaktien sind üblicherweise mit höheren Dividendenansprüchen versehen, um den Aktionär für das mangelnde Entscheidungsrecht zu entschädigen. Die Biotest AG hat daher gewisse Mindestdividenden auf ihre Vorzugsaktien zu erfüllen und unterliegt naturgemäß ohnehin einem gewissen Erwartungsdruck seitens des Kapitalmarktes. Da in diesem Fall die Familie nur über eine knappe Stimmrechtsmehrheit an dem Unternehmen verfügt, kann sie sich (wenn sie es denn beabsichtigte) dem Einfluss der freien Aktionäre auch nur in geringerem Maße entziehen als die Merck KGaA oder die edel AG, die jeweils nur ungefähr 30 bis 35% ihrer Stimmrechtsanteile am Kapitalmarkt begeben haben.

Andere Unternehmen wie die Progroup AG haben noch niemals eine Dividende gezahlt und stellen insofern ein extremes Gegenbeispiel zu den teil-

[1] Vgl. im Anhang den Abschnitt AI-8.3.

weise börsennotierten Gesellschaften dar. Die Jahresergebnisse werden zu 100% thesauriert und damit der Firma für künftige Investitionen zur Verfügung gestellt.[1]

Der hohe Stellenwert der Innenfinanzierung und das finanzpolitische Ziel einer starken Bilanz führen bei den meisten untersuchten Unternehmen erwartungsgemäß zu einer hohen Eigenkapitalquote. 40% Eigenkapitalanteile an der Kapitalstruktur sind vielerorts zu finden, die Merck KGaA weist per Ende 2008 sogar eine Quote von mehr als 60% auf, wie sich der folgenden Darstellung wesentlicher Schulden- und Eigenkapitalpositionen der Merck KGaA per Jahresende 2006 bis 2008 entnehmen lässt:

Darstellung 3.1: wesentliche Schulden- und Eigenkapitalpositionen der Merck KGaA 2006 bis 2008 [Mio. EUR]

per 31. Dezember	2006	2007	2008	in %
Kurzfristige Verbindlichkeiten	2.065	2.571	2.378	15,2%
davon aus Lieferungen/Leistungen	608	647	844	5,4%
davon kurzfr. Finanzschulden	498	300	266	1,7%
davon übrige kurzfr. Verbindlichk.	552	981	694	4,4%
Langfristige Verbindlichkeiten	2.230	3.664	3.703	23,7%
davon Pensionsrückstellungen	1.282	1.186	1.144	7,3%
davon langfr. Finanzschulden	614	1.047	1.080	6,9%
Eigenkapital	3.807	8.688	9.563	61,1%
davon Gesellschaftskapital	497	565	565	3,6%
davon Rücklagen	3.257	8.061	8.940	57,1%
Schulden und Eigenkapital	**8.103**	**14.922**	**15.645**	**100,0%**

Quelle: Geschäftsberichte der Merck KGaA 2007 und 2008

Demgegenüber machen langfristige Finanzschulden bei der Merck KGaA am Jahresende 2008 gerade einmal 7% an der Bilanzsumme aus. Dieser Wert ist umso bemerkenswerter, wenn man sich vor Augen hält, dass Merck die Akquisition des Schweizer Biopharmazeutika-Unternehmens Serono in Höhe von rund 10 Mrd. EUR erst 2007 abschließen konnte.[2] Allerdings wurden

[1] Vgl. im Anhang den Abschnitt AI-6.3.
[2] Ein im Jahr 2006 abgeschlossener Kredit über 11,5 Mrd. EUR wurde 2007 gekündigt und zurückgeführt. Anstelle dessen trat ein Betriebsmittelkredit in Höhe von 2,0 Mrd. EUR zu verbesserten Konditionen, vgl. Merck KGaA (2007), S. 118 f.

ebenfalls 2007 die Generikasparte von Merck an das US-Unternehmen Mylan für 4,9 Mrd. EUR veräußert[1] sowie im Zuge einer Eigenkapitalerhöhung rund 2 Mrd. EUR an neuer Liquidität eingeworben.

Bei der HAWE Hydraulik resultiert die Maxime einer starken Bilanz in der Vorgabe einer Ziel-Eigenkapitalquote von 40% an der Bilanzsumme. Traditionell wies das Unternehmen sogar noch höhere Eigenkapitalanteile auf, die häufig bei 60% lagen. Durch zwei Gesellschafterwechsel und den Ausbau der Anteile durch die Familie Haeusgen bedingt musste das Unternehmen aber immer wieder gewisse Schuldenlasten tragen, welche die Bilanz verlängerten und die Eigenkapitalquote reduzierten.[2]

Interessanterweise findet sich trotz einer durchweg komfortablen Ausstattung mit Eigenkapital bei den meisten befragten Unternehmen (auch bei den nichtbörsennotierten) zumindest eine grundsätzliche Bereitschaft, einen familienfremden Gesellschafter mit an Bord zu nehmen. Eine solche Beteiligung müsste aber mit einer Kapitalerhöhung einhergehen, der neue Gesellschafter müsste also dem Unternehmen Liquidität in nicht unwesentlichem Umfang zur Verfügung stellen. Solche Gedanken formieren sich in den meisten Fällen vor dem Hintergrund von Wachstumsoptionen, etwa wenn sich dem Unternehmen durch einen größeren Zukauf oder eine größere organische Investition eine signifikante Entwicklungsmöglichkeit böte. Eine Mehrheitsbeteiligung lehnen die befragten Unternehmer aber nahezu einhellig ab. Nur im Fall der Biotest AG, an der die Familiengesellschafter zum jetzigen Zeitpunkt ohnehin nur die marginale Stimmrechtsmehrheit von 50,03% halten, ist nach Einschätzung von Dr. Ramroth, dem Finanzvorstand der Biotest AG, abzusehen, dass die Familie auf mittlere bis lange Sicht auch diese Mehrheit abgeben wird. Für die meisten anderen Familienunternehmen scheint die maximale Beteiligungsgrenze für einen familienfremden Investor bei etwa 30% zu liegen, da man einem neuen Gesellschafter zumindest Mitspracherechte ober-

[1] Vgl. o.V. (2007a).
[2] Vgl. im Anhang den Abschnitt AI-3.3.

halb der Sperrminorität einräumen müsse, so die Einschätzung des Vorstandsvorsitzenden der Buch-AG.

Das Engagement eines familienfremden Gesellschafters sollte nach Vorstellung der befragten Unternehmer auf jeden Fall ein temporäres sein. "Das Familienunternehmen als solches muss bestehen bleiben", macht beispielsweise der Vorstandsvorsitzende der Buch-AG seine Haltung in dieser Frage deutlich. Eine vorübergehende Beteiligung eines vermögenden privaten oder industriellen Investors hält er für absolut denkbar, wenn das Unternehmen dadurch in seiner Entwicklung gestützt würde. Nach einem überschaubaren Zeitraum aber würde die Familie unter allen Umständen versuchen, die Anteile zurückzuerwerben.[1] Ähnlich sieht es Jürgen Heindl, Alleinvorstand der Progroup AG, der aufgrund von deren häufig kurz- bis mittelfristig ausgerichteten Investitionsperioden beabsichtigt, hier mit Finanzinvestoren zusammenzuarbeiten.[2] Auch die HAWE Hydraulik hat mit der Deutschen Beteiligungsgesellschaft (DBAG) zwischen 1996 und 2002 nach Aussage ihres Vorstandsvorsitzenden Karl Haeusgen gute Erfahrungen gemacht und könnte es sich daher grundsätzlich vorstellen, erneut mit einem Finanzinvestor zusammenzuarbeiten.[3]

Eine besondere Rolle spielt bei der Frage einer Beteiligung von familienfremden Gesellschaftern das Thema Börse. Während der Vorstandsvorsitzende der Buch-AG einen Börsengang seines Unternehmens zumindest für den Konzern ausschließt,[4] will sich Jürgen Heindl von der Progroup AG alle Optionen offen halten und beabsichtigt daher, sein Unternehmen innerhalb der kommenden fünf Jahre kapitalmarktfähig zu machen. Drei von acht untersuchten Unternehmen sind bereits teilweise börsennotiert, und die diesbezüglichen Erfahrungen sind grundsätzlich als positiv zu bewerten. So spricht Jon Baumhauer von der E. Merck KG davon, dass z.B. die Berichterstattung

[1] Vgl. im Anhang den Abschnitt AI-8.5.
[2] Vgl. im Anhang den Abschnitt AI-6.3.
[3] Vgl. im Anhang den Abschnitt AI-3.3.
[4] Es gab bei der Buch-AG Überlegungen, eine Tochtergesellschaft teilweise über die Börse zu finanzieren. Das hätte zumindest den Vorteil, dass die hiermit verbundenen Publizitätspflichten nicht bis auf Holding- bzw. Konzernebene durchschlagen würden.

im Zusammenhang mit der Kapitalmarktnotierung der Merck KGaA "[...] zu einer Bewusstseinsschärfung für das, was im Unternehmen vor sich geht [...]" geführt habe. Auch die kritische Überprüfung der Unternehmensstrategie durch den Kapitalmarkt hält er für einen "wichtigen und bereichernden Prozess".[1] Die Börse muss also nicht zwangsläufig ein "Schreckgespenst" für Familienunternehmen sein, wenn die Börsennotierung richtig gestaltet und genutzt wird.

3.1.1.3 Die Rolle der Banken und die Versorgung mit Fremdkapital

Die Banken stellen für die meisten Familienunternehmen nach wie vor die wesentliche Fremdkapitalquelle dar und sind so etwas wie die erste Wahl nach der Innenfinanzierung des Unternehmens. Allerdings scheint das häufig kolportierte Bild von der engen und beinahe exklusiven Beziehung zwischen dem Familienunternehmen und einer einzelnen Hausbank nicht mehr zutreffend zu sein. Einzig der Vorstandsvorsitzende der Werkzeug-AG verweist auf "[...] eine ganz klare Hausbank, die aus regionaler Verbundenheit und jahrzehntelanger Verbindung bei uns gut positioniert ist."[2] Zwar verwenden auch andere Unternehmen den Begriff der Hausbank, meinen damit aber in den meisten Fällen ein Bankenkonsortium, mit dem regelmäßig zusammengearbeitet wird. Insgesamt scheint die Beziehung der Unternehmer zu ihren Banken von einem hohen Maß an Professionalität und Objektivität gekennzeichnet zu sein. Daher sind einmal getroffene Konstellationen in der Zusammenarbeit auch nicht auf Jahre hin determiniert; anlassbezogen erfolgen auch Neuzusammensetzungen der Bankenkonsortien. Mit Selbstbewusstsein formulieren viele Unternehmer ihre Auffassung von der Zusammenarbeit mit den Kreditinstituten. "So wie die Banken uns 'raten', bewerten wir inzwischen die Banken", sagt Karl Haeusgen von der HAWE Hydraulik und weist damit auf Kriterien hin, die für viele Unternehmen inzwischen eine wichtige Rolle bei der Auswahl der finanzierenden Banken spielen.[3] Neben den eigentlichen Kondi-

[1] Vgl. im Anhang den Abschnitt AI-7.0.
[2] Vgl. im Anhang den Abschnitt AI-4.3.
[3] Vgl. im Anhang den Abschnitt AI-3.3.

tionen seien das insbesondere eine gewisse Solidität, Kontinuität und Zuverlässigkeit in der Betreuung seitens der Banken. Außerdem seien ein klar erkennbares Profil der Mittelstandsorientierung und ein Mindestmaß an Transparenz auch über die bankinternen Abläufe und Entscheidungsprozesse wünschenswert. Vielfach werden diese Kompetenzen gerade bei (teil-)staatlichen Kreditinstituten gesehen. Private Geschäftsbanken wie die Deutsche Bank oder die Commerzbank weisen in diesen Punkten zwar nach Auffassung mehrerer Unternehmer Schwächen auf, zählen aber trotzdem zu den am häufigsten genannten Partnern aus dem Kreditgewerbe.

Insgesamt lässt sich in der Beziehung zwischen Bank und Familienunternehmen erkennen, dass die Unternehmen versuchen, sich zunehmend unabhängiger von den Kreditinstituten zu machen. Bei größeren Investitionsvorhaben werden häufig mehrere Angebote von den Banken eingeholt und diese untereinander verglichen, es findet sozusagen eine Art "Banken-Pitching" statt. Aktuell kommt den Unternehmen dabei zugute, dass die grundsätzliche Finanzierungsbereitschaft der Banken trotz der angespannten Situation an den Finanzmärkten offenbar noch gegeben ist. Die Banken würden jetzt allerdings stärker als noch vor Jahresfrist darauf achten, dass sie Kreditengagements nur mit bonitätsstarken Schuldnern eingehen. Hierunter hätten vor allem kleinere Mittelständler zu leiden, während große, etablierte Unternehmen nach wie vor in ausreichendem Maße auf Kreditangebote zurückgreifen könnten, so z.B. die Einschätzung von Karl Haeusgen von der HAWE Hydraulik oder Ulrich Schümer von der Schmitz Cargobull AG.[1] Und auch die meisten anderen Unternehmensvertreter sehen in der augenblicklichen Situation der Finanzierungsmärkte keine Bedrohung für das eigene Geschäft. Zwar seien die Konditionen etwas verschärft worden, insbesondere der "spread", also die Marge der Banken, habe sich etwas erhöht. Zumindest kurz- bis mittelfristig befürchten aber nur die wenigsten Unternehmen größere Auswirkungen auf die eigene Finanzierungssituation.

[1] Vgl. im Anhang die Abschnitte AI-3.3 und AI-1.3.

Auch die im Rahmen von Basel II eingeführten Neuerungen wie etwa das Kreditrating und die dafür erforderliche Beurteilung der Unternehmensbonität haben die Beziehung zwischen den Fallunternehmen und den Banken nicht merklich beeinflusst. Viele von ihnen haben den Prozess genutzt, um ihr Controlling zu überarbeiten und bewerten Basel II grundsätzlich positiv. So spricht etwa Jürgen Heindl von der Progroup davon, dass das von der Bank durchgeführte Rating den Vorteil habe, dass es sehr standardisiert ablaufe und man sich daher gut auf Inhalte, abgefragte Kennziffern und das Ergebnis einstellen könne. Außerdem hält er die Ratingmechanismen für angemessen und objektiv:

> "Entweder ich habe ein EBITDA von x oder einen Verschuldungsgrad von y, oder ich habe ihn eben nicht. Da beißt die Maus keinen Faden ab."[1]

Ulrich Schümer schätzt an einem bankinternen Rating, dass die Bank das Management und die Strategie von Schmitz Cargobull einigermaßen gut kenne und beurteilen könne, weswegen man sich gegen ein Rating durch eine der großen Agenturen wie Standard & Poor's oder Moody's entschieden habe. Außerdem, so Ulrich Schümer im Gespräch, müsse man auch als Familienunternehmen eine offene und transparente Kommunikation betrieben, um Vertrauen aufbauen zu können.[2] Vertrauen als Grundlage der Zusammenarbeit mit den Banken erscheint daher als ein zentrales Kriterium, nicht nur hinsichtlich dessen, was die Unternehmen von den Banken erwarten, sondern wie sie auch ihre eigene Rolle begreifen. Die eigentliche Berichterstattung an die Banken und die im Zuge von Basel II gegebenenfalls hinzugekommenen Inhalte und Formate haben die teilweise börsennotierten Familienunternehmen Merck, Biotest und edel erwartungsgemäß vor die geringsten Probleme gestellt. Die Synergien zwischen regelmäßiger Kommunikation mit dem öffentlichen Kapitalmarkt und den Inhalten des Bankenreportings werden von ihnen als sehr hoch bewertet. Aber auch die rein privaten Famili-

[1] Vgl. im Anhang den Abschnitt AI-6.3.
[2] Vgl. im Anhang den Abschnitt AI-1.3.

enunternehmen geben an, dass sie ihre Banken regelmäßig mit sehr umfassenden und detaillierten Berichten versorgen, so dass sich diese insgesamt mit dem vom Unternehmen gebotenen Maß an Kommunikation und Transparenz nach Einschätzung der Unternehmensvertreter sehr zufrieden zeigen. Nicht nur mit einer regelmäßigen Berichterstattung, sondern auch durch solide Eigenkapitalquoten sowie die teilweise Nutzung von mezzaninen Finanzierungsinstrumenten[1] versuchen die Unternehmen, Basel II und die dadurch induzierten Entscheidungsmechanismen innerhalb der Bank zu nutzen, um sich gezielt bessere Finanzierungskonditionen zu erschließen. Insgesamt entsteht der Eindruck, dass bei vielen der befragten Unternehmen ein hohes Maß an finanzwirtschaftlichem Kalkül und Know-how vorhanden ist, was nach Einschätzung von Jürgen Heindl von der Progroup AG gerade für Familienunternehmen einen erheblichen strategischen Vorteil darstellt. Allzu oft treffe man auf gute intuitive Unternehmer, die ihre Finanzierungsentscheidungen aber "aus dem Bauch" heraus fällen oder sich zu stark auf ihre Bank oder einen Berater verlassen würden. Die Finanzierung von Familienunternehmen sei daher ein zentrales, wenngleich oftmals auch sehr kritisches Thema.[2]

Neben Bankkrediten nutzen einige der Fallunternehmen Anleihen für ihre langfristige Fremdfinanzierung. Dabei gehen sie nicht zwangsläufig den Weg über die Börse. Die Buch-AG beispielsweise hat vor ca. zwei Jahren eine Anleihe im privaten Investorenkreis begeben. Ursprünglich war dies als eine Art "Incentive"-Programm für Autoren des Verlages gedacht, die man stärker an das Unternehmen binden wollte. Die Resonanz dieser Zielgruppe war zunächst allerdings nicht so stark wie erhofft. An deren Stelle meldeten sich zahlreiche vermögende Großindustrielle, die ad hoc bereit waren, teilweise Millionenbeträge in das Unternehmen zu investieren. Letztlich musste die Buch-AG sogar einen Mehrbetrag von 5 Mio. EUR begeben, um die Nachfrage (die schlussendlich auch von einigen Autoren ausging) befriedigen zu können. Insgesamt konnte die Buch-AG auf diesem Weg 30 Mio. EUR an

[1] Zu Einzelheiten siehe den folgenden Abschnitt 3.1.1.4.
[2] Vgl. im Anhang den Abschnitt AI-6.5.

zusätzlichem Kapital einwerben, weswegen ihr Vorstandsvorsitzender die Anleihe aus heutiger Sicht als "Riesenerfolg" bewertet.[1] Ihn überzeugen vor allem die vergleichsweise unbürokratische Handhabung sowie die Tatsache, dass im Gegensatz zu einer Bankfinanzierung kein detaillierter Verwendungszweck für die Gelder angegeben werden musste. Dies erwies sich als Vorteil, weil die Buch-AG zu jenem Zeitpunkt wesentliche Wachstumsmaßnahmen bereits unternommen hatte und nun in die Integration verschiedener Unternehmen investieren musste. "Dinge, die gemacht werden müssen, aber an und für sich nicht den Charme haben wie eine Unternehmensübernahme." Michael Haentjes von der edel AG schätzt an dem Finanzierungsinstrument einer Anleihe besonders die "für beide Seiten fairen Konditionen", womit gemeint ist, dass eine Anleihe nicht in besonderem Maße besichert sein muss. Bei einer Kreditfinanzierung erwiesen sich die häufig sehr restriktiven Sicherheitsvorstellungen der Banken sowie sonstige Bedingungen (Covenants etc.) oft als Fußangeln.[2]

Bei der Buch-AG und edel zeigt man sich insgesamt also sehr zufrieden mit der Entscheidung für eine Finanzierung durch Anleihen, "[...] auch weil uns das ein Stück weit unabhängiger von den Banken gemacht hat [...]", wie der Vorstandsvorsitzende hinzufügt. Die Wahrung der unternehmerischen Unabhängigkeit und Gestaltungsfreiheit, die offenbar charakteristisch für viele Familienunternehmen ist, zeigt sich demnach in mehreren Facetten, nicht nur in Fragen der Gesellschafterstruktur und der Eigenkapitalversorgung. Auch in der Fremdfinanzierung beschreiten Familienunternehmen mehr und mehr neue Wege, um sich modern und innovativ zu finanzieren, und nutzen vielfältigere Instrumente, um ihren finanzierungspolitischen Spielraum zu erweitern.

3.1.1.4 Sonstige Finanzierungsinstrumente und finanzwirtschaftliche Besonderheiten

Überraschend ist der hohe Bekanntheits- und weitreichende Nutzungsgrad von mezzaninen Finanzierungsinstrumenten unter den Fallunternehmen. Vier

[1] Vgl. im Anhang den Abschnitt AI-8.3.
[2] Vgl. im Anhang den Abschnitt AI-5.3.

von acht Unternehmen nutzen Mezzanine-Kapital explizit, allen Unternehmen waren Begriff und Funktion von Mischformfinanzierungen zumindest geläufig. Diejenigen Unternehmen, die hybride Finanzierungen nutzen oder in Erwägung ziehen, bewerten vor allem die unter Eigenkapitalgesichtspunkten attraktiven Ausgestaltungsmöglichkeiten als interessant. Gerade für Familienunternehmen kann die Kombination aus im Vergleich zu Private Equity häufig längeren Laufzeiten von Mezzanine-Finanzierungen, einschränkbaren Kontroll- und Entscheidungsrechten der Financiers sowie der Zurechnung zum wirtschaftlichen oder (bei spezifischer Ausgestaltung) sogar bilanziellen Eigenkapital vorteilhaft sein.

Gleichzeitig, so die Einschätzung von Karl Haeusgen von der HAWE Hydraulik, seien die Konditionen von mezzaninen Finanzierungen in den letzten Jahren immer günstiger geworden. Während man vor fünf oder sechs Jahren noch 12 bis 14% Zinsen oder mehr auf Mezzanine-Kapital gezahlt habe, lägen diese Angebote heute "klar im einstelligen Bereich". Damit sei die Hürde für "echte" Eigenkapitalinvestments höher geworden. Bei der HAWE Hydraulik entschieden sich die Gesellschafter, den Ausstieg der DBAG 2002 mit einem "innovativen Mix aus klassischem Eigenkapital, Fremdkapital und Mischformen" zu realisieren. Zu diesem Zweck nahm man einen stillen Beteiligten mit rund 3 Mio. EUR auf und begab eine Genussschein-Finanzierung über weitere 7 Mio. EUR. Außerdem wurden bestehende Gesellschafterdarlehen seitens der Familie ebenfalls in Genussscheinkapital gewandelt, damit diese Mittel auch als bilanzielles und nicht nur wirtschaftliches Eigenkapital anerkannt würden. Mit diesen Maßnahmen wurde die Eigenkapitalquote im Zuge der Finanzierung des Gesellschafterwechsels stabilisiert. Die Kapitalkosten, die auf die hybriden Finanzierungsinstrumente zu entrichten sind, sind nach Angabe von Karl Haeusgen steuerlich abzugsfähig, da das dahinterstehende Kapital steuerrechtlich zwar als Fremdkapital, handelsrechtlich aber, wie geschildert, als Eigenkapital betrachtet wird.[1]

[1] Vgl. im Anhang den Abschnitt AI-3.3.

Bei der Werkzeug-AG wurden im Rahmen einer finanzwirtschaftlichen Restrukturierung kurzfristige Bankdarlehen umgeschuldet in Genussscheinkapital. Zwar war dies, neben der vollständigen Thesaurierung der Ergebnisse über einen Zeitraum von zwei Jahren, eine zentrale Bedingung der finanzierenden Banken. Allerdings, so gibt der Vorstandsvorsitzende der Werkzeug-AG an, ließen sich auch die Familiengesellschafter relativ schnell von den Vorteilen einer mezzaninen Finanzierung überzeugen. Im Fall der Werkzeug-AG wird die Situation allerdings dadurch verkompliziert, dass sich der Gesellschafterkreis aus sehr heterogenen Persönlichkeiten zusammensetzt, die höchst unterschiedliche Identifikationsgrade mit dem Unternehmen aufweisen. Einige der Gesellschafter leben nach wie vor am Hauptsitz des Unternehmens und besitzen daher eine große räumliche und persönliche Nähe zum Geschäft. Andere wiederum leben in anderen Teilen Deutschlands und gehen eigenen Beschäftigungen und Lebensentwürfen nach. Hier ist der Bezug zum Unternehmen naturgemäß geringer ausgeprägt. Die Entscheidungsfindung im Gesellschafterkreis wird durch diese Heterogenität nicht erleichtert, und so war die Alternative einer echten Eigenkapitalerhöhung durch die Familiengesellschafter vor diesem Hintergrund nicht realisierbar.[1] Mit der Hereinnahme von Genussscheinkapital konnte allerdings eine Lösung gefunden wurde, welche die Interessen von Gesellschaftern und Banken offenbar am besten verband.

Auch unter den Unternehmen, die Mezzanine-Kapital bis dato nicht einsetzen, findet sich verbreitet die Auffassung, dass bestimmte Varianten von Mischfinanzierungen für das eigene Unternehmen höchst interessant sind und daher durchaus in näherer Zukunft bei Finanzierungsentscheidungen mit berücksichtigt werden könnten. Bei der Buch-AG beispielsweise hält man Mezzanine aus Eigenkapitalgesichtspunkten für sehr interessant, und bei Merck wurde ein eigener Workshop zu Finanzierungsoptionen für die Unternehmensgruppe durchgeführt, innerhalb dessen auch die Möglichkeiten von hybriden Finanzierungen eingehend geprüft wurden. Dieser Workshop fand vor ca.

[1] Vgl. im Anhang den Abschnitt AI-4.3.

zwei Jahren im Vorfeld der Serono-Akquisition statt, zu einem Zeitpunkt, als Merck noch versuchte, Schering zu übernehmen. Man habe sich zwar gegen die Aufnahme von Mezzanine-Kapital entschieden, allerdings "[...] nicht aus prinzipiellen Gründen", wie Jon Baumhauer betont, "sondern weil wir unseren Finanzbedarf bequem mit den klassischen Quellen decken konnten."[1] Man sei bei Merck modernen Finanzierungsvarianten gegenüber grundsätzlich offen. Allerdings, und dieser Punkt erscheint zentral, müsse man das mit der Finanzierung verbundene Risiko für das Unternehmen sehr genau einschätzen können. Die äußerst positive Beurteilung der Vorteile von hybriden Finanzierungsoptionen der untersuchten Fallunternehmen gibt aber einen Hinweis darauf, dass der Verbreitungsgrad dieser Finanzierungsinstrumente unter deutschen Familienunternehmen künftig deutlich zunehmen könnte.

Ebenfalls auffällig ist, dass keines der befragten Unternehmen angibt, privates Sachvermögen der Gesellschafter zu nutzen. Finanzielle Überkreuzbeziehungen zwischen privater und betrieblicher Ebene, welche die Analyse der finanzwirtschaftlichen Situation von familiengeprägten Unternehmen häufig erschweren, finden sich bei den Fallunternehmen nicht. Falls sie jemals vorhanden waren, so geben die meisten Befragten an, derartige "Vermengungen" schon vor einiger Zeit vollständig aufgelöst zu haben. Mit Überschreiten einer gewissen Größe, häufig auch begleitet durch eine Reorganisation des Unternehmens oder einen Wechsel der Rechtsform, versuchen die Unternehmen offenbar, eine klare Grenze zwischen Betriebs- und Familienvermögen zu ziehen. Dies widerspricht selbstverständlich nicht der nahezu durchgängig vertretenen Auffassung, dass die Familie einen Großteil ihres Vermögens in den Dienst des Unternehmens stellt. Dies geschieht aber auf einem formal klar ausgestalteten Weg, zum einen in Form von zurückhaltenden Ausschüttungsbeschlüssen oder durch Einbringung von Liquidität im Zuge von Kapitalerhöhungen. Betriebsaufspaltungen zwischen Familie und Unternehmen, unentgeltliche Nutzungsüberlassung von Sachanlagevermögen etc. finden sich bei den Fallunternehmen angabegemäß nicht.

[1] Vgl. im Anhang den Abschnitt AI-7.3.

3.1.2 Beurteilung der finanzwirtschaftlichen Ergebnisse aus den Fallstudien vor dem Hintergrund bestehender empirischer und theoretischer Erkenntnisse

In welcher Weise lassen sich nun die bei den Fallunternehmen beobachtbaren Muster in finanzwirtschaftlicher Strategie und Ausgestaltung der Finanzierung vor dem Hintergrund empirischer Erkenntnisse zur Finanzierung von Familienunternehmen (vgl. Abschnitt 2.4.2) sowie finanzierungstheoretischer Erklärungsansätze und bestehender Erkenntnisse zu besonderen Motiven und Restriktionen der Finanzierung von Familienunternehmen (vgl. Abschnitt 2.4.3) interpretieren? Dieser Frage geht der folgende Abschnitt nach.

Zunächst einmal scheinen die Finanzierungsgewohnheiten der Fallunternehmen mit dem typischen Finanzbild eines deutschen Familienunternehmens weitgehend übereinzustimmen. Die Fokussierung auf Innen- bzw. Selbstfinanzierung des Unternehmens findet sich sowohl in der Gruppe der Fallunternehmen wie auch beispielsweise in der Studie von KOLBECK.[1] Hierin kommt das im Rahmen dieser Arbeit bereits mehrfach erwähnte, typische Streben nach Unabhängigkeit des Familienunternehmens von Einflussnahme außerhalb der Gesellschafterfamilie zum Ausdruck. WIMMER et al. sprechen von der finanziellen Unabhängigkeit als dem überragenden Ziel des unternehmerischen Strebens und Handelns.[2] Finanzierungstheoretisch lässt sich diese Haltung, dies wurde bereits in Abschnitt 2.4.3.1.3 vermutet, am ehesten mit der "Pecking Order"-Theorie erklären. Unter gewisser Modifikation eignet sich die Theorie durchaus, um das Finanzierungsverhalten und die Motive und Zielsetzungen bei Finanzierungsentscheidungen von Familienunternehmen zu beschreiben. Um Einfluss und Kontrolle externer Kapitalgeber so gering wie möglich zu halten und die Unabhängigkeit der eigenen Entscheidungen zu wahren, verlassen sich hiernach gerade Familienunternehmen häufig im Wesentlichen auf ihre Innenfinanzierungskraft.[3] Falls diese nicht ausreicht, wird die Finanzierung durch Fremdkapital Mezzanine-Instrumenten

[1] Vgl. KOLBECK (2002), S. 391 f., sowie Abschnitt 2.4.2.
[2] Vgl. WIMMER et al. (2005), S. 158, sowie Abschnitt 2.4.3.3.1.
[3] Vgl. Abschnitt 2.4.3.1.3.

und zusätzlichem Eigenkapital vorgezogen. BLANCO-MAZAGATOS, DE QUEVEDO-PUENTE und CASTRILLO zeigten in ihrer Untersuchung, dass sich auch in großzahligen empirischen Erhebungen Belege für ein solches Finanzierungsverhalten von Familienunternehmen finden lassen.[1] Ob aber bei Familienunternehmen generell die Aufnahme neuen Fremdkapitals einer Kapitalerhöhung durch den Altgesellschafterkreis vorgezogen wird, kann bezweifelt werden. In ihren Unabhängigkeitsbestrebungen geht es den Familien ja vorrangig darum, den Einfluss Dritter auf das Unternehmen begrenzt zu halten. Es ließe sich daher vermuten, dass eine Kapitalerhöhung durch die Familie oder beispielsweise die Bereitstellung von Gesellschafterdarlehen einer zusätzlichen Aufnahme von Krediten vorgezogen wird, um den Einfluss der Banken auf das Unternehmen begrenzt zu halten. Aus den Gesprächen mit den Unternehmern wurde allerdings deutlich, dass "echte" Eigenkapitalerhöhungen durch die Familie im Grunde nur bei größeren investiven Vorhaben wie beispielsweise der Übernahme eines anderen Unternehmens eine Rolle spielen. Die Aufnahme von Fremdkapital in Form von Bankkrediten, Anleihen etc. hingegen ist weit verbreitet, insbesondere zur Sicherung des kurzfristigen, operativen Liquiditätsbedarfs. Es ließ sich auch nicht klar erkennen, dass hier Gesellschafterdarlehen prinzipiell vorgezogen würden. Gerade die Banken spielen für die Finanzierung der meisten untersuchten Unternehmen nach wie vor eine zentrale Rolle, wie im Abschnitt 3.1.1.3 gezeigt wurde. Insofern können auch was die Bedeutung der Banken für die Finanzierung von Familienunternehmen angeht, die empirischen Ergebnisse aus Abschnitt 2.4.2 gestützt werden.[2]

Weitere finanzierungstheoretische Erklärungsansätze wie beispielsweise die "Static Trade-off"-Theorie oder die Signalhypothese (vgl. die Abschnitte 2.4.3.1.2 und 2.4.3.1.4) lassen sich nur schwer auf die Finanzierungsausgestaltung der Fallunternehmen anwenden. Die HAWE Hydraulik gab als einziges Unternehmen an, eine explizite Ziel-Eigenkapitalquote und damit auch

[1] Vgl. BLANCO-MAZAGATOS, DE QUEVEDO-PUENTE und CASTRILLO (2007), S. 201.
[2] Vgl. insbesondere die Studie von REDLEFSEN und EIBEN (2006), S. 7.

einen Ziel-Verschuldungsgrad zu verfolgen. Hierin könnten Hinweise für Trade-off-theoretische Überlegungen gesehen werden. Allerdings scheint für die HAWE Hydraulik weniger eine exakt quantifizierbare Maximierung des Unternehmenswertes im Vordergrund ihrer Finanzstrategie zu stehen, die MYERS in seinem Modell als Annahme zugrundegelegt hat.[1] Vielmehr scheint die Ziel-Eigenkapitalquote von rund 40% primär auf Erfahrungswerten zu basieren und dient insbesondere dem Sicherheits- und Unabhängigkeitsbestreben der Eigentümerfamilie sowie dem Ziel einer möglichst starken Bilanz und eines soliden Ratingergebnisses.

Unter den in Abschnitt 3.1.1.1 genannten finanzierungspolitischen Leitlinien fanden sich auch pragmatische Ziele wie insbesondere die Wahrung einer gewissen Fristenkongruenz zwischen Investitions- und Finanzierungszeiträumen. Offenbar orientieren sich die Fallunternehmen in ihren Finanzierungsentscheidungen also auch häufig an Praktikerregeln wie beispielsweise der "goldenen Finanzierungsregel".[2]

Die hohe Bedeutung, die der Innen- bzw. Selbstfinanzierung von nahezu allen Fallunternehmen beigemessen wird, führt zu den in Abschnitt 3.1.1.2 dargelegten, komfortablen Eigenkapitalquoten. Insgesamt kann bei den Fallunternehmen zumindest nicht von einer Unterversorgung mit Eigenkapital gesprochen werden. Die Familiengesellschafter stärken die Innenfinanzierungskraft der untersuchten Unternehmen durch zurückhaltende Ausschüttungen und Entnahmen. Insofern erhärtet sich die erste Einschätzung aus Abschnitt 2.4.2, dass gerade von Familien beeinflusste, größere mittelständische Unternehmen sich häufig eher durch sehr komfortable Eigenkapitalquoten auszeichnen. Inwieweit kleinere Mittelständler hier größere Defizite aufweisen, kann aufgrund des Fokus dieser Arbeit auf Unternehmen jenseits der 50-Millionen-Euro-Umsatzgrenze nicht abschließend beurteilt werden. Es ist aber zu vermuten, dass größere Familienunternehmen hier ökonomische

[1] Vgl. MYERS (1984), S. 577 ff.
[2] Vgl. zur Erläuterung der goldenen Finanzierungsregel sowie weiterer pragmatischer Finanzierungsregeln den Abschnitt 2.4.3.2.

Vorteile besitzen (Skaleneffekte, Verhandlungsmacht etc.), die sich häufig in höhere Profitabilität und damit auch höhere Thesaurierungsquoten umsetzen lassen.

Der Stärkung der Selbstfinanzierungskraft und die soliden Eigenkapitalquoten verdeutlichen auch bei den Fallunternehmen, wie eine oder mehrere Familien als Eigentümer dem Unternehmen als konkrete Ressource dienen können, indem sie sich mit nur geringen finanziellen Ansprüchen bescheiden. Dies war bereits im Abschnitt 2.3.1 angeklungen: Neben vielen anderen denkbaren Aspekten, in denen die Unternehmerfamilien für die untersuchten Unternehmen eine nützliche Ressource darstellen (z.B. durch in das Unternehmen eingebrachte Arbeitskraft, durch positive Ausstrahlwirkung aufgrund von Betätigungen in anderen Feldern), ging es im Rahmen dieser Arbeit eben vorrangig um das Verhältnis von monetären Ansprüchen und wechselseitige finanzielle Abhängigkeiten zwischen Unternehmen und Familie. Nach der Klassifikation von DYER handelt es sich hierbei um kritische Ressourcen in Form von "financial capital".[1] Allerdings kann nicht abschließend beurteilt werden, inwieweit die Eigentümerfamilien der Fallunternehmen tatsächlich einzigartige Ressourcen im Sinne der Theorie von BARNEY[2] sind: Der Umstand allein, dass sie das Unternehmen mit zurückhaltenden Ausschüttungsbeschlüssen und Entnahmen finanziell stärken, lässt noch keine Aussage darüber zu, ob dies eine wertvolle, seltene und nichtimitierbare Ressource darstellt. Hilfreich erscheint an dieser Stelle die Frage nach der Vergleichsgröße: Werden den Fallunternehmen Nichtfamilienunternehmen wie beispielsweise Publikumsgesellschaften gegenübergestellt, so ließe sich durchaus die Auffassung vertreten, dass allein schon in gemeinsam getragenen, zurückhaltenden Ausschüttungsbeschlüssen von Unternehmerfamilien eine einzigartige Ressource im Sinne der Theorie besteht. Sollen aber Familienunternehmen allgemein oder auch die Fallunternehmen untereinander verglichen werden, so dürfte dieser Umstand allein, gerade weil er kennzeichnend

[1] Vgl. DYER (2006), S. 262 ff., sowie Abschnitt 2.3.3.1.
[2] Vgl. BARNEY (1991), S. 105 ff., sowie Abschnitt 2.3.3.1.

für viele Familienunternehmen ist, noch keine einzigartige Ressource darstellen.

Für die in Abschnitt 2.4.3.3.2 dargelegten exogenen Finanzierungsrestriktionen von Familienunternehmen finden sich unter den Fallunternehmen so gut wie keine Hinweise. Drei der untersuchten acht Unternehmen finanzieren sich bereits unmittelbar über den öffentlichen Kapitalmarkt und haben Aktien an der Börse emittiert. Auch findet sich nahezu einhellig die Auffassung, dass weder Basel II noch die aktuellen Turbulenzen an den Finanzmärkten den Zugang der Unternehmen zu Krediten deutlich eingeschränkt hätten. Dies stellt aus Sicht der meisten befragten Unternehmer eher ein potenzielles Problem für KMU dar, weniger aber für große und wirtschaftlich solide aufgestellte Mittelständler. Erneut zeigen sich Hinweise darauf, dass häufig vermutete finanzielle Restriktionen des deutschen Mittelstandes sich eher auf kleinere Unternehmen beziehen. Auch fanden sich keine Hinweise darauf, dass die Fallunternehmen unter einer mangelnden Bereitstellung privaten Eigenkapitals leiden würden. Sofern die Finanzkraft der Eigentümerfamilie nicht ausreicht, können sich zumindest einige der Unternehmen durchaus vorstellen, temporäre Minderheitsbeteiligungen durch strategische oder Finanzinvestoren zuzulassen.

BLANCO-MAZAGATOS, DE QUEVEDO-PUENTE und CASTRILLO hatten in ihrer Untersuchung außerdem Hinweise auf einen Zusammenhang zwischen fortgeschrittener Generationenfolge des Unternehmens und zunehmender Bereitschaft festgestellt, auch externe Kapitalquellen für die eigene Finanzierung zu nutzen. Mehrgenerationenunternehmen wären hiernach eher bereit, sich familienfremden Kapitalquellen gegenüber zu öffnen, als Unternehmen in der Gründergeneration. Hierdurch könnten steigende Agency-Kosten infolge einer sich verbreiternden Gesellschafterbasis teilweise kompensiert werden.[1] Diese Vermutung lässt sich anhand der Erkenntnisse aus den Fallstudien nicht stützen. Bankenfinanzierungen oder auch die grundsätzliche Bereit-

[1] Vgl. BLANCO-MAZAGATOS, DE QUEVEDO-PUENTE und CASTRILLO (2007), S. 201 f., sowie Abschnitt 2.3.3.2.

schaft, familienfremde Gesellschafter zuzulassen, finden sich sowohl bei Unternehmen in der Gründergeneration (z.B. Progroup, edel) als auch bei den Vertretern von Mehrgenerationenfamilienunternehmen (z.B. Merck oder die Buch-AG). Ungewöhnlich hoch scheinen vor diesem Hintergrund auch die Akzeptanz und der Nutzungsgrad von hybriden Finanzierungsmitteln unter den Fallunternehmen, hatte doch die Studie von REDLEFSEN und EIBEN gezeigt, dass mezzanine Instrumente gerade einmal von 10% der befragten Familienunternehmen genutzt würden.[1] Jon Baumhauer von der E. Merck KG hatte den Hinweis gegeben, dass es für das Familienunternehmen überaus wichtig sei, das mit diesen Instrumenten verbundene Risiko abschätzen zu können. Dies gilt natürlich grundsätzlich für die Entscheidung für oder gegen jede Art von Finanzierungsinstrumenten, könnte allerdings eine Erklärung für den insgesamt in Deutschland zurzeit noch geringen Verbreitungsgrad von hybriden Finanzierungslösungen sein.

3.2 Themenschwerpunkt Wachstum und Strategie

3.2.1 Wachstum und Wachstumsstrategien der Fallunternehmen

Nachdem in den vorangegangenen Abschnitten die Finanzierungsaspekte der Fallunternehmen dargestellt und mit dem bestehenden Wissensstand reflektiert wurden, werden im Folgenden Wachstum sowie wachstumsstrategische Besonderheiten der Fallunternehmen thematisiert. Die im Einzelnen behandelten Inhalte adressieren dabei die folgenden Schwerpunkte:

- Wachstumsmotive der Fallunternehmen
- Historische und aktuelle Entwicklung
- Wachstumsziele und künftige Unternehmensentwicklung
- Eckpunkte der Wachstumsstrategien
- Finanzierung des künftigen Wachstums

[1] Vgl. REDLEFSEN und EIBEN (2006), S. 7, sowie Abschnitt 2.4.2.

Jeder der fünf aufgeführten Themenblöcke wird im Folgenden in einem separaten Abschnitt behandelt.

3.2.1.1 Wachstumsmotive der Fallunternehmen

"Wachstum ist der treibende Motor unserer Unternehmensentwicklung", "Ohne Wachstum können wir uns keine Zukunft vorstellen", "Wir sind zum Wachstum verurteilt" – auf diese Weise äußern sich Ulrich Schümer von der Schmitz Cargobull AG, Jon Baumhauer von der E. Merck KG und der Vorstandsvorsitzende der Werkzeug-AG auf die Frage nach der Bedeutung und den wesentlichen Motiven des Unternehmenswachstums.[1] Sie machen hiermit deutlich, dass für die untersuchten Fallunternehmen in der ganz überwiegenden Zahl der Fälle das Wachstum des Unternehmens eine zentrale Rolle innerhalb der Strategie einnimmt und nach teilweise äußerst erfolgreicher Entwicklung in der jüngeren Vergangenheit auch die kommenden Jahre klar im Zeichen des Wachstums stehen sollen.

Allerdings muss klar konstatiert werden, dass sich die Finanzmarktkrise seit Mitte des Jahres 2008 auf einige Branchen und Unternehmen äußerst negativ ausgewirkt hat. Während Unternehmer wie Jon Baumhauer von Merck, Dr. Ramroth von der Biotest AG oder auch der Vorstandsvorsitzende der Buch-AG feststellen können, dass sich die Auswirkungen für ihre Unternehmen noch in Grenzen halten, stellt sich die Situation für die Schmitz Cargobull AG gänzlich anders dar. Der Automobilmarkt hat als eine der ersten Branchen massiv auf die Verwerfungen an den Finanzmärkten reagiert. Rückgänge in den Auftragsbeständen von bis zu 80% stellen die Branche vor gewaltige Herausforderungen. Ulrich Schümer rechnet demzufolge auch damit, dass sich die Schmitz Cargobull AG in den kommenden Jahren stark rückläufig entwickeln wird. Die sehr ambitionierten Wachstumspläne, die das Unternehmen noch bis vor kurzem verfolgte, sind damit zunächst einmal "ad acta" gelegt.[2] "Shrink to grow" heißt hier die aktuelle strategische Maxime – aller-

[1] Vgl. im Anhang die Abschnitte AI-1.4, AI-7.4 und AI-4.4.
[2] Vgl. im Anhang den Abschnitt AI-1.4.

dings klingt auch in dieser Vorgabe bereits mit an, dass die Schmitz Cargobull AG nach überwundener Rezession wieder einen klaren Wachstumskurs ins Auge zu fassen gedenkt.

Die Unternehmer stellen klar heraus, dass Wachstum in ihren Augen keinesfalls einen Selbstzweck verkörpert. Es geht ihnen weniger um Größe als vielmehr um eine langfristig profitable Entwicklung ihres Unternehmens. Sehr deutlich distanzieren sich denn auch einige von ihnen von einer in ihren Augen weit verbreiteten "Manager-Denke", nach der "größer" gleichzusetzen sei mit "besser". Bei genauerem Hinsehen allerdings fällt auf, dass die Wachstumsambitionen einiger der Fallunternehmen sehr konkret auf eine Steigerung des Unternehmenswertes abstellen. Dies gilt insbesondere für die Mehrgenerationenfamilienunternehmen unter ihnen: Im Fall von Merck und der Buch-AG beispielsweise soll das Unternehmenswachstum den Zuwachs der Familie nachvollziehen können. Bei einer Verbreiterung der Gesellschafterbasis werden die auf das jeweilige Familienmitglied entfallenden Anteile am Unternehmen zwangsläufig immer stärker fraktioniert. Damit auch die Nachkommen der jetzigen Generation in 30 oder 50 Jahren noch (zumindest sparsam) von ihrer Unternehmensbeteiligung leben können, muss sich der Wertzuwachs des Unternehmens proportional zur Zunahme der Gesellschafteranzahl entwickeln.[1] Bei denjenigen Unternehmen, die sich noch in der Gründergeneration befinden, beispielsweise bei der Progroup AG, sind die Dinge ein wenig anders gelagert. Wie Jürgen Heindl selbst sagt, will er sich hinsichtlich der Nachfolge als Gesellschafter und Geschäftsführer seiner Unternehmensgruppe alle Optionen offenhalten. Auch wenn es in seinen Augen wünschenswert wäre, wenn seine Söhne Gesellschafter des Unternehmens und sich eventuell sogar aktiv im Unternehmen engagieren würden, so sei dies aus heutiger Sicht keineswegs sicher. Der zeitliche Planungshorizont eines Unternehmens in der Gründergeneration und damit Perspektivität und Bedeutung des Unternehmenswachstums dürften daher im Regelfall anders, d.h. kürzer, ausfallen als bei Mehrgenerationenfamilienunternehmen.

[1] Vgl. im Anhang die Abschnitte AI-7.4 und AI-8.4.

Allerdings muss man sich fragen, ob ein "nachhaltiger und profitabler Wachstumskurs" als wesentlicher Bestandteil der Unternehmensstrategie für sich genommen ein Alleinstellungsmerkmal von Familienunternehmen sein kann. Schließlich nehmen viele Unternehmen für sich in Anspruch, derartige Ziele zu verfolgen.[1] Allerdings erscheinen die Attribute "Nachhaltigkeit" und "Profitabilität" von einer besonderen Wichtigkeit für die Strategie von Familienunternehmen, die ihre Entwicklung häufig auf mehrere Generationen hin planen. Und auch vor dem Hintergrund der bereits unter finanziellen Gesichtspunkten herausgestellten Unabhängigkeitsmaxime erscheint eine langfristige, auf Stärkung der Ertragskraft ausgerichtete Wachstumsstrategie sinnvoll und einleuchtend. Dauerhaft lässt sich die Profitabilität eines Unternehmens nur durch Wachstum steigern, operative Kostenmaßnahmen sind meist in ihrem Ausmaß begrenzt und nur kurzfristig wirkungsvolle Hebel, um die Ertragssituation eines Unternehmens zu stabilisieren. Durch Unternehmenswachstum lassen sich demgegenüber Größen- und Verbundvorteile erzielen, die eher dazu geeignet sind, die Rentabilität einer Unternehmung langfristig zu garantieren. Solche Skaleneffekte werden denn auch von vielen der befragten Unternehmer als ökonomische Erklärung angegeben, warum ein langfristig ausgerichteter Wachstumskurs in ihren Augen die beste Strategie ist, die Ertragskraft ihres Unternehmens nachhaltig zu sichern.

3.2.1.2 Historische und aktuelle Entwicklung

Vor dem Hintergrund der zuvor geschilderten Motive und des durchweg hohen Stellenwerts, den die Fallunternehmen der strategischen Zielsetzung Wachstum einräumen, haben sich viele von ihnen (erwartungsgemäß) historisch und gerade in der jüngeren Vergangenheit sehr zufriedenstellend und teilweise sogar äußerst dynamisch entwickelt. Ihren Angaben gemäß konnten

[1] Vgl. beispielsweise die "Mission Statements" großer, börsennotierter Konzerne wie Daimler ("Als Unternehmen mit Anspruch auf Spitzenleistung strebt Daimler nachhaltiges Wachstum und Profitabilität auf dem Niveau der Branchenbesten an", zu finden unter http://www.daimler.com/dccom/0-5-7155-49-630866-1-0-0-0-0-0-8-7145-0-0-0-0-0-0-0.html, Abrufdatum 22. August 2008), oder die zum Finanzinvestor KKR gehörende KION-Group aus Wiesbaden ("Die KION GROUP steht für nachhaltiges, profitables Wachstum durch Fokussierung auf ein klar definiertes Geschäftssegment", zu finden unter http://www.kiongroup.com/de/com_home.htm, Abrufdatum 22. August 2008).

die meisten Fallunternehmen in den letzten Jahren nahezu durchgängig zweistellige Zuwachsraten im Umsatz erzielen. Dies gilt erstaunlicherweise in den meisten Fällen auch für das Jahr 2008, obwohl gerade das vierte Quartal für einige Branchen bereits enorme Rückgänge mit sich brachte. Eine der beeindruckendsten Entwicklungen hat hier die Schmitz Cargobull AG genommen: Sie konnte innerhalb der zurückliegenden 12 Jahre ein durchschnittliches Wachstum, gemessen an der Umsatzentwicklung, von 17% erzielen. In den letzten zwei Jahren lagen die Zuwachsraten mit mehr als 25% sogar noch deutlich darüber, wie sich der nachfolgenden Darstellung entnehmen lässt:[1]

Darstellung 3.2: Umsatzentwicklung der Schmitz Cargobull AG
1997 bis 2008 [Mio. EUR]

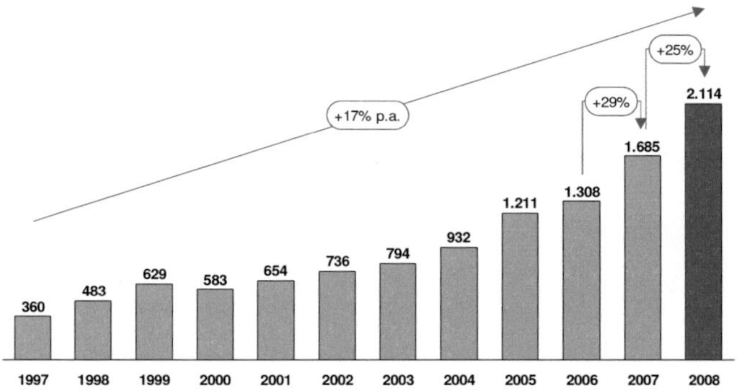

Quelle: Unternehmensangaben (das Geschäftsjahr dauert von Anfang April bis Ende März)

Die Schmitz Cargobull AG ist nach eigenen Angaben europäischer Marktführer in der Herstellung von LKW-Aufliegern und hat gerade in der jüngeren Historie von der starken konjunkturellen Entwicklung in Europa und einem deutlich zunehmenden Logistikvolumen profitiert. In der von Ulrich Schümer als Verdrängungswettbewerb klassifizierten Marktkonstellation konnte sich das Unternehmen offenbar erfolgreich behaupten und seine führende Stellung verteidigen.

[1] Vgl. im Anhang den Abschnitt AI-1.2.

Auch die Merck KGaA kann auf ein starkes Wachstum innerhalb der jüngeren und langfristigen Historie zurückblicken. Nach Angaben von Jon Baumhauer ist das Unternehmen seit dem 2. Weltkrieg jedes Jahr durchschnittlich um rund 10% gewachsen. In den letzten sechs Jahren lag die durchschnittliche Zuwachsrate im Umsatz bei rund 16%, wobei sich allerdings insbesondere die Akquisition von Serono im Jahr 2007 stark ausgewirkt hat. Die folgende Darstellung zeigt die Geschäftsentwicklung der Merck KGaA im Zeitraum von 2003 bis 2008 anhand von Umsatz, operativen Ergebnissen, Eigenkapital und Mitarbeiterzahlen. Deutlich ist zu sehen, wie sich die Übernahme der schweizerischen Serono 2007 auf den Umsatz in der Sparte Pharma, auf das EBITDA sowie auf die Mitarbeiterzahlen ausgewirkt hat. In der Eigenkapitalzunahme 2007 spiegelt sich insbesondere die Kapitalerhöhung wider, die im Vorfeld der Akquisition von Seiten der Familie und der freien Aktionäre durchgeführt wurde.[1]

Darstellung 3.3: Geschäftsentwicklung der Merck KGaA 2003 bis 2008 im Überblick [Mio. EUR]

	2003	2004	2005	2006[a)]	2007[b)]	2008	CAGR[c)] 2003-2008
Gesamterlöse[d)]	3.559	3.849	4.154	4.460	7.057	7.558	16,3%
davon Pharma[d)]	3.438	3.579	3.885	2.314	4.877	5.428	9,6%
davon Chemie	1.705	1.694	1.905	2.112	2.150	2.123	4,5%
Operatives Ergebnis[d)]	512	541	646	799	976	1131	17,2%
EBITDA[d)]	1.008	1.419	1.245	1.334	1.858	1.947	14,1%
EBIT[d)]	538	1.044	956	1.031	200	731	6,3%
Eigenkapital	2.363	2.800	3.329	3.807	8.688	9.563	32,3%
Mitarbeiter (Anzahl 31.12.)[d)]	34.206	28.877	29.133	25.531	30.968	32.800	-0,8%

a) Um die Bilanzierungspraxis zu harmonisieren, werden bestimmte Kundenrabatte im Unternehmensbereich Pharma ab 2006 geändert ausgewiesen.

b) Nach der Akquisition des Schweizer Biopharmazeutika-Unternehmens Serono wurde dieses 2007 mit der Sparte Ethicals zu Merck Serono integriert.

c) CAGR = durchschnittliche, jährliche Wachstumsrate ("compound annual growth rate")

d) Angaben beziehen sich auf die fortzuführenden Geschäftsbereiche. Die Sparte Generics wurde im Oktober 2007 veräußert und wird insofern als aufgegebener Geschäftsbereich dargestellt. Alle Erlös-, Ergebnis- und Mitarbeiterzahlen wurden für 2006 und 2007 bereinigt. Der Unternehmensbereich Labordistribution (VWR) wurde 2004 veräußert.

Quelle: Geschäftsberichte der Merck KGaA 2007 und 2008

Ähnlich stark wie die Schmitz Cargobull AG und die Merck KGaA entwickelten sich nach eigenen Angaben die Biotest AG (+17% durchschnittliches Umsatzwachstum von 2003 bis 2007, von 2007 auf 2008 sogar beinahe 30%), die HAWE Hydraulik (+17% p.a. seit 2002) sowie insbesondere die Progroup

[1] Vgl. im Anhang den Abschnitt AI-7.2.

AG, die seit ihrer Gründung vor 15 Jahren inzwischen ein Umsatzniveau von rund 500 Mio. EUR erreicht hat. Schwieriger war die Entwicklung hingegen bei der Werkzeug-AG, die nach problematischen Jahren von 2000 bis 2004 sogar Umsatzrückgänge verkraften musste und trotz anschließend einsetzender wirtschaftlicher Erholung 2007 nur das Umsatzniveau aus dem Jahr 2000 wiederherstellen konnte.

Eine besondere Wachstumshistorie weist die edel AG auf, die nach ihrem partiellen Börsengang am Neuen Markt im Jahr 1998 eine progressive, anorganische Wachstumsstrategie verfolgte und ihre Umsätze innerhalb von nur zwei Jahren mehr als vervierfachte. Durch die anschließend einsetzende Ernüchterung und die zurückgehenden Wachstumsaussichten für viele Unternehmen der sogenannten New Economy, fehlende Refinanzierungsmöglichkeiten und ein umfangreiches Desinvestitionsprogramm, in dessen Rahmen zahlreiche Unternehmensbeteiligungen und damit Umsatzquellen veräußert wurden, reduzierte sich der Umsatz der edel AG wieder auf das ursprüngliche Niveau. Seit einigen Jahren verfolgt man bei der edel AG nach den Worten von Michael Haentjes nun eher eine Art "Erhaltungsstrategie", wie sich an der Umsatzzentwicklung gemäß folgender Darstellung sehr gut ersehen lässt. Die ambitionierten seinerzeitigen Wachstumspläne sind heute kein Thema mehr.[1] In den Gesprächen mit den Unternehmensvertretern wurde außerdem deutlich, dass zwar vereinzelt auch andere Wachstumskennzahlen betrachtet werden. Der wesentliche Indikator für Wachstum und Gesamtentwicklung der Unternehmen ist aber einheitlich der Umsatz. Offenbar eignet sich die Umsatzkennziffer auch nach Auffassung der Fallunternehmen am besten, um das Unternehmenswachstum vergleichsweise einfach zu quantifizieren.

[1] Vgl. im Anhang den Abschnitt AI-5.2.

Darstellung 3.4: Umsatzentwicklung der edel-Gruppe 1998 bis 2007/08 [Mio. EUR]

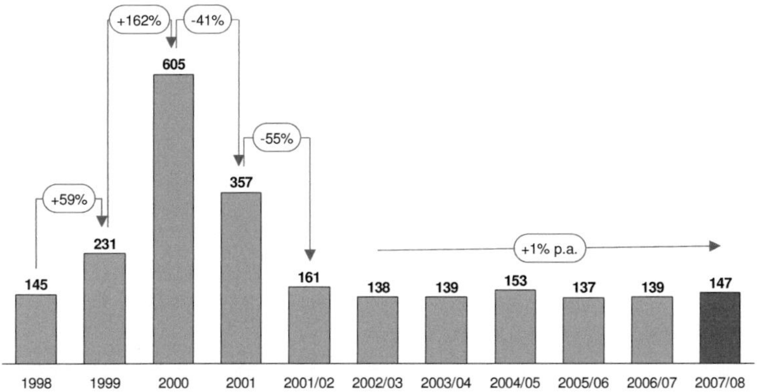

Quelle: Geschäftsberichte der edel-Gruppe 1998 bis 2007/08. Die Geschäftsjahre entsprachen bis 2000 dem Kalenderjahr, anschließend dem Zeitraum vom 1. Oktober bis zum 30. September (mit einem Rumpfgeschäftsjahr in 2001)

3.2.1.3 Wachstumsziele und künftige Unternehmensentwicklung

Die Vertreter der Fallunternehmen geben nahezu unisono an, auch in den kommenden Jahren ambitionierte Wachstumsziele zu verfolgen. In den meisten Fällen schlägt sich dies auch in einer konkreten Mittelfristplanung nieder, die typischerweise einen 5-Jahres-Zeitraum umfasst und damit bei den meisten Unternehmen bis 2012/2013 reicht. Die im Einzelnen gesetzten Wachstumsziele divergieren allerdings deutlich, der Begriff einer "ambitionierten Wachstumsstrategie" kann also durchaus unterschiedlich konturiert sein.

Außerdem muss festgehalten werden, dass auch zum Zeitpunkt der aktualisierten Einschätzungen im Frühjahr 2009 die meisten befragten Unternehmer keine eindeutige Prognose abgeben können, wie stark sich die Finanz- und Wirtschaftskrise auf ihre Branche und ihr Unternehmen auswirken wird. Während z.B. die Schmitz Cargobull, die stark vom konjunktursensitiven Transportgeschäft abhängig ist, mit massiven Produktionsrückgängen und infolgedessen künftigen Umsatzeinbrüchen umzugehen hat, sehen sich Merck und die Biotest als Vertreter der pharmazeutischen bzw. chemischen Industrie in der glücklichen Lage, per Februar 2009 noch keine deutlichen Auswirkungen der Krise zu spüren. Eine gewisse Vorsicht ist aber allen befragten Unternehmern anzumerken. Die aktuellen Verwerfungen an den Märkten sind nach ihrer Einschätzung historisch ohne Beispiel; dementsprechend schwierig ist es, aktuelle Wachstumsziele auszugeben, sofern diese nicht innerhalb des nächsten halben Jahres korrigiert werden sollen.

Ursprünglich wollte die Schmitz Cargobull AG im Geschäftsjahr 2009 ein Umsatzniveau von rund 2,8 Mrd. EUR erreichen und damit eine Wachstumsrate von 30% gegenüber dem im März abgelaufenen Geschäftsjahr 2008 erzielen. Die Dynamik der letzten Jahre gab hierbei durchaus Anlass zum Optimismus, denn das Unternehmen hatte einige der im Rahmen seiner strategischen Planung bis 2012 gesetzten Ziele Mitte 2008 bereits übertroffen. Per Februar 2009 stellte sich die Lage allerdings gänzlich anders dar: Obwohl auch das laufende Geschäftsjahr 2008/09 noch bis Oktober 2008 gut verlaufen sei, brachen anschließend die Auftragsbestände so massiv zusammen, wie es Ulrich Schümer und seine Vorstandskollegen nach eigener Angabe noch nie zuvor erlebt hatten. Nach 67.000 produzierten Fahrzeugen im Geschäftsjahr 2006/07 rechnet man bei Schmitz Cargobull nun mit einem Rückgang auf ca. 50.000 Einheiten. Falls die Krise andauern sollte und sich nicht eine schnelle Erholung der Märkte einstelle, könnten die Volumina sogar noch stärker zurückgehen.

Die Biotest AG strebt demgegenüber einen Umsatzzuwachs auf rund 500 Mio. EUR bis 2010 an. Dies würde einer Umsatzsteigerung innerhalb der kommenden zwei Jahre um etwa 50%, verglichen mit dem Jahresumsatz 2007 in Höhe von rund 326 Mio. EUR, entsprechen.[1] Bei der Progroup AG sind die Ziele wahrscheinlich die ambitioniertesten: Das Unternehmen gab Mitte 2008 an, seinen Umsatz von derzeit rund 500 Mio. EUR bis zum Jahr 2015 auf rund 1 Mrd. EUR verdoppeln zu wollen.[2]

[1] Vgl. im Anhang den Abschnitt AI-2.2. Das Umsatzziel von 500 Mio. EUR wurde von Dr. Ramroth im Sommer 2008 genannt.
[2] Vgl. im Anhang den Abschnitt AI-6.4. Eine aktualisierte Einschätzung zu diesen Plänen konnte leider vor Abschluss der vorliegenden Arbeit nicht mehr eingeholt werden.

Gekennzeichnet von einer diffizilen jüngeren Historie fallen die Wachstumsziele bei der Werkzeug-AG erwartungsgemäß etwas weniger ambitioniert aus. Das Unternehmen strebt eine Steigerung des Gesamtumsatzes um etwa 25% auf dann rund 500 Mio. EUR innerhalb der kommenden drei bis vier Jahre an.[1] Die edel AG befindet sich nach eigener Einschätzung sogar auf einem Erhaltungs- anstelle eines Wachstumskurses. Michael Haentjes schätzt, dass man in den kommenden fünf Jahren im neugeschaffenen Buchbereich auf ein Umsatzniveau von ca. 50 Mio. EUR kommen werde. In ungefähr demselben Maße werde man allerdings im Geschäftsbereich Musik verlieren, so dass sich der Gesamtumsatz innerhalb der Gruppe wieder ausgleichen dürfte.[2]

Insgesamt scheinen sich also die sich eintrübenden gesamtwirtschaftlichen Aussichten nur im Einzelfall bereits bis auf Einzelunternehmensebene auszuwirken. Die konkreten Planungen selbst fallen hierbei erwartungsgemäß unterschiedlich aus, da hier Spezifika wie Branchenaspekte, Wettbewerbssituation etc. zum Tragen kommen. Vergleichbar werden die Fallunternehmen aber durch einen ihnen gemeinsamen Optimismus und einen starken Willen zum Wachstum (Wachstumsbereitschaft) – selbst wenn in einigen Fällen aktuell zunächst einmal mit Phasen der Stagnation oder sogar mit Umsatzrückgängen umgegangen werden muss. Auf welchem Wege der Wachstumskurs der kommenden Jahre beschritten werden soll, welche Wachstumsstrategie die Unternehmen also im Einzelnen verfolgen und welche Gemeinsamkeiten und Besonderheiten sich hierbei finden, ist Gegenstand des folgenden Abschnitts.

3.2.1.4 Eckpunkte der Wachstumsstrategien

Auf den ersten Blick scheinen sich nur wenige gemeinsame Muster in den Wachstumsstrategien der Fallunternehmen erkennen zu lassen. Während einige der Unternehmen beispielsweise primär aus eigener Kraft wachsen

[1] Vgl. im Anhang den Abschnitt AI-4.4.
[2] Vgl. im Anhang den Abschnitt AI-5.4.

wollen (so z.B. die Schmitz Cargobull AG, die HAWE Hydraulik, die Progroup und die Werkzeug-AG), ziehen andere Zukäufe durchaus in Betracht und erachten sie größtenteils sogar als gleichgewichtig zum organischen Wachstum (so z.B. bei der Buch-AG, Merck oder edel). Auch hinsichtlich der regionalen Schwerpunkte unterscheiden sich die Einschätzungen zu vielversprechenden Märkten deutlich. Während sich Schmitz Cargobull beispielsweise als "European player" betrachtet und damit auch künftig nur ausgewählte Aktivitäten außerhalb des Kontinents betreiben will, zählen für die HAWE Hydraulik die Regionen China und "Asia/Pacific" zu den Schwerpunkten ihrer Internationalisierung. Für die Biotest AG liegt das Augenmerk nach dem Erwerb der Immunglobulin-Aktivitäten der Nabi Biologics eindeutig in den USA, während die Buch-AG Potenziale in Osteuropa sieht.[1] Und auch hinsichtlich der Produkt- bzw. Marktstrategie und des damit verbundenen Ausmaßes an Diversifikation gibt es durchaus unterschiedliche Auffassungen. Während vor allem die Buch-AG und Merck aus Risikoerwägungen heraus eine gewisse Diversifikation des eigenen Geschäftes betreiben wollen und damit einem "für deutsche Familienunternehmen typischen Sicherheitsdenken" folgen (so die Einschätzung des Vorstandsvorsitzenden der Buch-AG),[2] sieht sich die Progroup AG in der Rolle eines konsequenten Spezialisierers. Nur so könne man die Auslastung der Kapazitäten maximieren und Größen- und Technologievorteile voll ausnutzen, meint der Alleinvorstand der Progroup AG, Jürgen Heindl. Um allerdings dem Wettbewerb im weitgehend standardisierten Papier- und Wellpappenmarkt nicht ohne Argumente gegenüberzustehen, setzt man bei der Progroup auch auf Differenzierung. Durch das Angebot zusätzlicher Dienstleistungen wie beispielsweise Logistik-, Marketing- oder Finanzierungslösungen, versucht sich die Progroup von ihrer Konkurrenz abzuheben. Unterstützt wird diese Strategie, indem die Dienstleistungen zu Selbstkosten

[1] Die Erfolgsaussichten im osteuropäischen Buch- und Bildungsbereich wurden allerdings vom Vorstandsvorsitzenden per Februar 2009 wieder deutlich pessimistischer eingeschätzt.
[2] Vgl. im Anhang den Abschnitt AI-8.4.

angeboten werden und Geld nur mit dem eigentlichen Hauptprodukt verdient wird.[1]

Auffällig, und das ist nahezu allen Unternehmen gemeinsam, ist die streng ökonomische Begründung, die den verfolgten Wachstumsstrategien zugrunde liegt. In den meisten Fällen wird die Vorgehensweise primär mit der ihr innewohnenden wirtschaftlichen Logik erklärt. So begründet beispielsweise Ulrich Schümer von der Schmitz Cargobull AG den hauptsächlich organischen Wachstumskurs vor allem mit der mangelnden Wirtschaftlichkeit von Akquisitionen im Markt für LKW-Auflieger. Durch eigene, neue Montage-Standorte, sogenannte "Assembly"-Fabriken, sei das Unternehmen in der Lage, fertige Module direkt vom Lieferanten oder dem Hauptwerk zu beziehen. Die Relation von Investitionsumfang zu erzielbarem Umsatz sei damit bei eigenen Standorten um ein Vielfaches geringer als bei Übernahmen.[2] Die regionale Erschließung Europas werde daher primär auf organischem Wege stattfinden. Ähnlich argumentiert Jürgen Heindl von der Progroup AG: Durch die ausgereifte Technologie und die weitreichende Automatisierung der Fertigung sei das Geschäftsmodell der Progroup AG hervorragend skalierbar. Übernahmen würden sich in den meisten Fällen nicht rentieren, da die Restrukturierung der übernommenen Fertigungsstandorte zu aufwendig ausfallen würde.

Den hauptsächlich wirtschaftlich begründeten Wachstumsstrategien gegenüber finden sich nur vereinzelt Hinweise auf einen ausgeprägten familiären Einfluss auf die Strategie oder typische gemeinsame Muster, die sich aus dem speziellen Charakter eines Familienunternehmens heraus erklären ließen. Am deutlichsten wird der familiäre Einfluss noch bei traditionsreichen Unternehmen wie der Buch-AG oder Merck, wo ein gewisses Ausmaß an Diversifikation, wie weiter oben bereits erwähnt, mit einem familientypischen Sicherheitsdenken begründet wird. Bei der Werkzeug-AG kann außerdem beobachtet werden, wie auch unter schwierigsten wirtschaftlichen Bedingun-

[1] Vgl. im Anhang den Abschnitt AI-6.4.
[2] Vgl. im Anhang den Abschnitt AI-1.4.

gen aufgrund der regionalen Verbundenheit einiger Familienmitglieder die Beschäftigung am Hauptstandort in Süddeutschland nach Kräften aufrechterhalten werden soll. Insbesondere der ungünstige Wechselkurs vom Euro zum Dollar macht derzeit eine Produktion im Euro-Raum für den Export in außereuropäische Länder unattraktiv oder sogar defizitär. Zwar hat die Werkzeug-AG inzwischen auch einen Produktionsstandort in China eröffnet, um diesen wirtschaftlichen Zwängen zu begegnen. Dies geschieht, so macht der Vorstandsvorsitzende im Gespräch klar, aber auch und insbesondere zur nachhaltigen Sicherung des Heimatstandortes. Die Werkzeug-AG folge da völlig anderen Gesetzmäßigkeiten als es viele börsennotierte Konkurrenten täten. Hierbei komme es den Familienmitgliedern vor allem auch auf eine solide Kommunikation nach außen an.

> "Dinge, wie sie bei Nokia gelaufen sind, sind in dieser Dimension nur denkbar in stark auf Shareholder-Value ausgerichteten Unternehmen."[1]

Er als Fremdmanager müsse daher auch permanent beachten, dass gerade die noch am Hauptsitz ansässigen Familienmitglieder auch nach der Restrukturierung den Leuten vor Ort in die Augen sehen können. Das müsse man stets berücksichtigen, dürfe dabei aber die wirtschaftlichen Ziele des Unternehmens nicht aus den Augen verlieren.[2]

Anhand der Beispiele der Fallunternehmen lässt sich zusammenfassend konstatieren, dass diese bei der Formulierung ihrer Wachstumsstrategie vorrangig wirtschaftliche Motive verfolgen. Es gibt Besonderheiten, die auf den Einfluss der Unternehmerfamilie schließen lassen, wie in den Fällen Merck, Buch-AG und bei der Werkzeug-AG gezeigt werden konnte. Insgesamt aber fanden sich nur wenige Übereinstimmungen und gemeinsame Muster, so dass von "typischen" Wachstumsstrategien von Familienunternehmen zumindest auf Basis der Fallstudien nicht gesprochen werden kann.

---

[1] Gemeint war die Standortschließung in Bochum und die Verlagerung der Arbeitsplätze nach Rumänien im Jahr 2008.

[2] Vgl. im Anhang den Abschnitt AI-4.4.

Im folgenden Abschnitt wird abschließend der Frage nachgegangen, wie die Fallunternehmen ihr künftiges Wachstum finanzieren wollen. Es stellt sich die Frage, ob sie dabei weitgehend auf ihren bestehenden Kapitalstrukturen aufbauen oder auch beabsichtigen, neue Finanzierungsinstrumente heranzuziehen.

3.2.1.5 Finanzierung des künftigen Wachstums

Insgesamt lässt sich feststellen, dass sich im Grunde alle untersuchten Fallunternehmen mit ihrer gegenwärtigen Finanzierungssituation recht zufrieden zeigen. Auch für die Finanzierung künftigen Wachstums wird in den meisten Fällen auf bestehende Kapitalquellen und Finanzierungslösungen zurückgegriffen.

Bei der Schmitz Cargobull AG setzt man weiterhin auf eine eher konservative Finanzierungspolitik und eine solide Eigenkapitalquote. Gerade eine komfortable Eigenkapitalausstattung ermögliche erst gewisse Wachstumsspielräume, so die Einschätzung von Ulrich Schümer, auch und insbesondere in der Verhandlung mit den Banken. Zur Finanzierung einer größeren Investition wäre man unter Umständen zwar bereit, die Eigenkapitalquote von derzeit ca. 45% zu reduzieren. Bei etwa 35% wäre allerdings eine "Schmerzgrenze" erreicht. Eine darüber hinausgehende Verschuldung käme für die Schmitz Cargobull demnach nicht in Frage. Auch die Beteiligung eines Finanzinvestors kann Ulrich Schümer weitgehend ausschließen, weil insbesondere die Frage nach der angemessenen Eigenkapitalausstattung von Seiten eines Private-Equity-Financiers doch sehr unterschiedlich bewertet werden würde. Die Anteile an der Gesellschaft dürften daher auch in Zukunft zu 100% in den Händen der drei Familienstämme liegen.[1]

Auch bei der Werkzeug-AG zeigt man sich zuversichtlich, den vor sich liegenden Wachstumspfad mit den gegebenen Finanzierungsvoraussetzungen meistern zu können, insbesondere weil Akquisitionen in der kurz- und mittel-

[1] Vgl. im Anhang den Abschnitt AI-1.5.

fristigen Sicht keine wesentliche Rolle für die Wachstumsstrategie des Unternehmens spielen und die Werkzeug-AG primär aus eigener Kraft wachsen will. Wäre das anders, so würde allerdings auch das Urteil des Vorstandsvorsitzenden darüber, ob die gegebenen Finanzierungsvoraussetzungen ausreichen, um das künftige Wachstum zu ermöglichen, "wahrscheinlich anders ausfallen".[1]

Aus diesem Grund spielen einige der befragten Unternehmer durchaus mit dem Gedanken, für kurz- und mittelfristig anstehende Wachstumsvorhaben ihre Finanzierungsspielräume zu erweitern und auf neue Instrumente zurückzugreifen. So beabsichtigt die Progroup AG beispielsweise, in den kommenden drei Jahren rund 650 Mio. EUR in neue Rohpapierkapazitäten zu investieren. Um das Projekt auch unter finanzwirtschaftlichen Gesichtspunkten attraktiv zu halten, wird die Progroup aller Voraussicht nach eine Kapitalerhöhung unter Beteiligung eines Finanzinvestors durchführen. Bei einem aktuellen Jahresumsatz von rund 500 Mio. EUR in der Gruppe stellt das Investitionsvolumen von 650 Mio. EUR ohne Zweifel eine immense Herausforderung für das Unternehmen dar. Trotzdem seien die Investitionen absolut notwendig, so Jürgen Heindl im Gespräch, insbesondere, um die Rohstoffversorgung für den Wellpappebereich langfristig zu sichern. Die anstehenden Projekte stellen die Progroup also vor eine Art existenzielle Entscheidung: Entweder unternimmt sie den nächsten Schritt, begibt sich nach den Worten von Jürgen Heindl von "Level 1" auf "Level 2" und bereitet damit den Weg auch für künftiges Wachstum.[2] Dieser Schritt erfordert im gegebenen Fall offenbar ein gewisses finanzielles Wagnis, eine Neuerung, verbunden mit der Hereinnahme eines neuen Eigenkapitalgebers. Oder die Progroup stößt an gewisse organische Grenzen, verharrt im Wesentlichen auf dem aktuellen Umsatzniveau, hält dafür aber an ihren bestehenden Strukturen und finanziellen Voraussetzungen fest und geht in dieser Hinsicht kein größeres Risiko ein. Die

[1] Vgl. im Anhang den Abschnitt AI-4.5.

[2] Vgl. im Anhang den Abschnitt AI-6.4. Vor Abschluss der vorliegenden Arbeit konnte keine aktualisierte Einschätzung eingeholt werden, ob die genannten Expansions- und Investitionspläne auch vor dem Hintergrund der Finanzkrise Bestand haben werden bzw. ob und inwieweit sich die Finanzierungsvoraussetzungen für die Progroup verändert haben.

Progroup hat sich für die erste Variante entschieden. Allerdings, dies macht Jürgen Heindl sehr deutlich, kommt für ihn nur eine temporäre Minderheitsbeteiligung eines Dritten in Frage. Innerhalb eines Zeitraums von drei bis vier Jahren soll eine vollständige Refinanzierung der Beteiligung erfolgen, so dass anschließend die Anteile wieder bei den Altgesellschaftern und damit im Wesentlichen bei Jürgen Heindl liegen.[1] Ähnlich betrachtet der Vorstandsvorsitzende der Buch-AG die Dinge: Für eine wirklich vielversprechende Wachstumsoption wäre auch ein traditionsreiches Mehrgenerationenunternehmen wie die Buch-AG bereit, für einen überschaubaren Zeitraum eine Minderheitsbeteiligung an einen Dritten zu vergeben. Allerdings würde man eher mit einer Versicherung oder einem industriellen Investor zusammenarbeiten als mit einer Private-Equity-Gesellschaft.[2]

Aufgrund der guten Erfahrungen, die einige Fallunternehmen mit der Finanzierung durch Anleihen gemacht haben, dürfte dieses Instrument bei künftigen Wachstumsvorhaben verstärkt eingesetzt werden und könnte künftig allgemein eine größere Rolle für die Finanzierung von mittelständisch geprägten Unternehmen in Deutschland spielen.[3] Sowohl bei edel wie auch bei der Buch-AG plant man, auch künftig Anleihen zur Finanzierung von Investitionen zu begeben.[4] Beide Unternehmen dürften dabei auf Privatemissionen zurückgreifen, selbst wenn edel als börsennotiertes Unternehmen grundsätzlich die Möglichkeit hätte, auch die öffentlichen Kapitalmärkte für die Emission von Schuldtiteln zu nutzen.

Hybride Finanzierungsinstrumente werden aller Voraussicht nach künftig ebenfalls stärker zum Einsatz kommen als in der Vergangenheit. Diese Einschätzung basiert vor allem auf den positiven Erfahrungen, die Unternehmen

[1] Vgl. im Anhang den Abschnitt AI-6.3.
[2] Vgl. im Anhang den Abschnitt AI-8.5.
[3] Eine der wesentlichen Schwierigkeiten der Finanzierung durch Anleihen bestand für nichtbörsennotierte Unternehmen bislang darin, geeignete Investoren zu finden. Inzwischen mehren sich die, zumeist Internet-basierten, Angebote, mit deren Hilfe mittelständisch geprägte, private Unternehmen ihr Finanzierungsvorhaben einem breiten Kreis von Interessenten zugänglich machen können (vgl. z.B. die Plattform https://www.anleihen-finder.de/).
[4] Vgl. im Anhang die Abschnitte AI-5.5 und AI-8.5.

wie die HAWE Hydraulik, die Werkzeug-AG oder die Biotest AG bereits mit mezzaninen Instrumenten wie Genussscheindarlehen oder stillen Beteiligungen gemacht haben, sowie auf der grundsätzlich offenen Haltung gegenüber solchen Finanzierungslösungen auch bei Traditionsunternehmen wie Merck oder der Buch-AG.

Stärker noch setzen die Unternehmen aber nach wie vor auf ihre Innenfinanzierungskraft. Der laufende, operative Cashflow dürfte demnach auch künftig die wesentliche und präferierte Kapitalquelle für familiengeprägte Unternehmen bleiben. Ähnliches gilt für die klassische Kreditfinanzierung. Dem Tenor der Gespräche mit den Unternehmern zufolge könnte es allerdings sein, dass sich die Rolle der Banken für die Mittelstandsfinanzierung in Deutschland in Zukunft verändert. Mit den auch für private Unternehmen inzwischen immer breiter werdenden Finanzierungsspielräumen (Anleihen, hybride Finanzierungen, Beteiligungskapital etc.) und dem vielen mittelständisch geprägten Unternehmen innewohnenden Streben, sich möglichst unabhängig von einer singulären, externen Finanzierungsquelle zu machen, könnte es tatsächlich sein, dass die klassische Kreditfinanzierung künftig an Bedeutung für den deutschen Mittelstand verliert. Verstärkt wird diese Tendenz momentan durch die unsichere Situation an den weltweiten Finanzmärkten und die instabile Lage zahlreicher Geldinstitute. Allerdings, das muss einschränkend hinzugefügt werden, wird es einiger Zeit bedürfen, um die tragende Rolle, welche die Banken zurzeit noch für die Finanzierung vieler Familienunternehmen einnehmen, entscheidend zu verändern. Das klassische Finanzierungskonzept des deutschen Mittelstands, wie es der Vorstandsvorsitzende der Buch-AG bezeichnet hat, wird wohl auf kurze und mittlere Sicht weiterhin zu großen Teilen aus thesaurierten Gewinnen und Bankkrediten bestehen.

3.2.2 Beurteilung der Ergebnisse zu Wachstum und Wachstumsstrategien der Fallunternehmen vor dem Hintergrund bestehender empirischer und theoretischer Erkenntnisse

Wie können nun die in den Abschnitten 3.2.1.1 bis 3.2.1.5 präsentierten Ergebnisse zu den Themen Wachstum und Wachstumsstrategien aus den

Fallstudien vor dem Hintergrund dessen, was in den Abschnitten 2.5 (Wachstum von Familienunternehmen – einige Beobachtungen) allgemein und 2.5.4 (Wachstum und Wachstumsstrategien bei Familienunternehmen) im Speziellen an bestehenden theoretischen und empirischen Erkenntnissen zu diesen Themen erarbeitet wurde, interpretiert werden? Dieser Frage geht der folgende Abschnitt nach.

Bei PENROSE und bei WITTMANN fanden sich frühe Überlegungen zu den treibenden Kräften hinter dem Unternehmenswachstum. Sowohl der zuerst erschienene Beitrag der amerikanischen Autorin wie auch der spätere deutschsprachige Artikel von WITTMANN stellen auf persönliche Motive der handelnden Individuen, d.h. Eigentümer und Manager des Unternehmens, ab, um zu erklären, warum Unternehmen nach Wachstum streben.[1] Die auf den ersten Blick einsichtige Argumentation von PENROSE und WITTMANN lässt sich anhand der Ergebnisse aus den Fallstudien nur eingeschränkt nachvollziehen. Den befragten Unternehmern geht es zum allergrößten Teil eben gerade nicht um die Maximierung ihres persönlichen Vermögens. Wachstumsambitionen für das Unternehmen verfolgen hier zumeist wesentlich breiter angelegte Ziele. Zunächst geht es oftmals darum, das Unternehmen langfristig zu erhalten. Die Persistenz des Betriebs stellt für viele der befragten Unternehmer einen Wert an und für sich dar. Es geht darum, das eigens erstellte bzw. von den Vorfahren übernommene Werk nicht zu gefährden, und man gewinnt den Eindruck, dass ein vollständiger Verkauf oder gar eine Liquidation der Firma, die in die eigene Verantwortungssphäre fiele, für die meisten Unternehmer eine vollkommen inakzeptable Vorstellung ist. Darüber hinaus geht es um die Existenz der Familie, der mit dem Unternehmen verbundenen Arbeitsplätze sowie nicht selten um einen gesellschaftlichen Auftrag, der in der heimischen Region wahrgenommen wird. Es geht, alles in allem, also um wesentlich mehr als nur um die persönliche Wohlfahrt des Unternehmers. Zwar ließe sich argumentieren, dass insbesondere die Familie des Unternehmers so eng an dessen Person gekoppelt ist, dass sich nur

[1] Vgl. PENROSE (1995), S. 27 ff., und WITTMANN (1961), S. 499 ff., sowie Abschnitt 2.5.2.1.

schwer trennen lasse zwischen ausschließlich persönlichen Motiven und solchen, die sich auf die Familie beziehen. Dies wäre aber vermutlich eine etwas zu weit reichende Auslegung der Theorie von PENROSE und WITTMANN. Ein reines "Mehr" oder "Größer", ob nun bezogen auf persönliche oder familiäre Wohlfahrt, stellt für die Vertreter der Fallunternehmen keinen eigenen Wert dar. Es geht den meisten vielmehr um eine langfristige, tragfähige Entwicklung von Unternehmen und Familie, zu der das Wachstum des Betriebes allerdings einen nicht unerheblichen Beitrag leisten kann.

Dabei soll allerdings nicht der Eindruck entstehen, dass nur wenige Familienunternehmen ambitionierte und progressive Wachstumsziele verfolgen würden. Zu einer erfolgreichen Entwicklung des Geschäftes gehört für die meisten Fallunternehmen eben auch, positive Wachstumsvoraussetzungen konsequent zu nutzen. Auch Familienunternehmen verfolgen also mit ihren Wachstumsambitionen durchaus eigene Ziele, und eine klischeehafte Kontrastierung mit stark auf Shareholder-Value ausgerichteten Unternehmen ginge an den eigentlichen Unterschieden vorbei. Ein erfolgreiches (Familien-) Unternehmen ist wahrscheinlich noch niemals aus rein altruistischen Motiven heraus entstanden. Die Differenzierung zwischen typischen Wachstumsmotiven und Wachstumsphänomenen bei Familienunternehmen und nicht von Familien beeinflussten Gesellschaften muss also eine feinere sein. Vermutlich liegen die Unterschiede vor allem in der Risikoneigung der handelnden Individuen und in dem zeitlichen Horizont der Wachstumspläne, sowie, daraus resultierend, in der Dynamik und Volatilität des Wachstums. Wie sich schon anhand der Wachstumszahlen aus der Einleitung zu dieser Arbeit entnehmen ließ, scheinen gerade große Publikumsgesellschaften in wirtschaftlich besonders starken Zeiten noch stärker zu wachsen als viele Familienunternehmen. Dafür zeigen sich viele Familienunternehmen aber in wirtschaftlich etwas schwächeren Jahren erheblich stabiler.[1] Außerdem zeigte sich in den Gesprächen, dass neben den eigenen Zielen des Unternehmens die Vertreter der Fallunternehmen sich auch in hohem Maße um die Integrati-

[1] Vgl. FRÖNDHOFF (2007), S. 22, sowie Abschnitt 1.1.

on von Stakeholderinteressen bemühen. Arbeitnehmer, Kunden, Politik und Gesellschaft in der Region sind hier wesentliche Anspruchsgruppen, deren Interessen an dem Unternehmen berücksichtigt werden müssen. Wollte man die grundsätzliche Haltung und die Motive zum Thema Wachstum von Familienunternehmen denen großer Publikumsgesellschaften (oder auch Beteiligungsunternehmen von Finanzinvestoren) pointiert gegenüberstellen, so müsste man sich um eine differenziertere Aussage bemühen und die oben genannten Aspekte berücksichtigen.

Allgemein trifft das Thema Wachstum nach wie vor den Nerv vieler Familienunternehmer. Dies zeigt sich insbesondere darin, dass nahezu alle befragten Unternehmen sich auch für die kommenden Jahre Wachstumsziele gesetzt haben. Dieser Trend korrespondiert mit dem hohen Stellenwert, der dem Unternehmenswachstum auch in vielen großzahligen Umfragen unter Familienunternehmen eingeräumt wird.[1] Naturgemäß fallen die konkreten Ziele vor dem Hintergrund der gegenwärtigen Marktsituation geringer aus als noch vor Jahresfrist. In einigen Fällen muss sogar vielmehr gegen die Stagnation oder Schrumpfung des Unternehmens gekämpft werden wie im Fall der Schmitz Cargobull AG. Entscheidend aber ist, dass das Thema Wachstum auf der strategischen Agenda von Familienunternehmen steht. Von einer Vernachlässigung des Unternehmenswachstums kann auf Basis der Fallstudien nicht gesprochen werden.

Hinsichtlich der dabei verfolgten Wachstumsstrategien konnten nur wenige augenfällige Muster und Gemeinsamkeiten entdeckt werden. Nach der ANSOFF'schen Klassifikation[2] finden sich bei den Fallunternehmen sowohl Hinweise auf Marktentwicklungsstrategien (so z.B. sehr illustrativ bei der Schmitz Cargobull AG, die sich mit ihren Kernprodukten im Bereich der LKW-Auflieger ausgehend vom Nukleus Westeuropa schrittweise und peripher regional ausdehnt), auf Produktentwicklungsstrategien (so z.B. bei der HAWE Hydraulik, die ihre Wachstumsstrategie auf der Entwicklung neuer Produkte und

[1] Vgl. z.B. WINKELJOHANN (2008), S. 19, sowie Abschnitt 2.5.4.1.
[2] Vgl. ANSOFF (1965), S. 108 ff., sowie Abschnitt 2.5.3.2.

damit neuer hydraulischer Anwendungen basiert) wie auch auf Diversifikationsstrategien (so bezeichnet bei der Buch-AG und Merck, die damit auch dem eigenen Sicherheitsdenken Rechnung tragen). Hinweise auf Marktdurchdringungsstrategien, also den Zugewinn von Marktanteilen im Kernmarkt mit den bestehenden Produkten, lassen sich bei nahezu allen befragten Unternehmen finden. Allerdings sind die Erfolgsaussichten hier von Unternehmen zu Unternehmen stark unterschiedlich zu bewerten, weswegen sich auch keine eindeutigen Präferenzen für organische oder anorganische Wachstumsmaßnahmen erkennen lassen. Ob sich Übernahmen anbieten, um Marktdurchdringungsstrategien nachzuverfolgen, hängt von einer Reihe von Faktoren ab (Marktkonzentration, eigene Marktposition, aktuelles Preisniveau bei Übernahmen etc.). Die Entscheidung für organische oder anorganische Wachstumsmaßnahmen ist damit genauso situativ zu fällen wie jede andere Facette in der Ausgestaltung der Wachstumsstrategie.

Durch sorgfältige strategische Analyse und formale Strategieentwicklungsprozesse konterkarieren die Fallunternehmen auch das häufig bemühte Bild des typischen Autokraten, der das Familienunternehmen steuert, vollkommen isoliert und aus dem Bauch heraus strategische Weichenstellungen vornimmt und damit ohne die geringste Reflexion über dessen Wohl und Wehe entscheidet. Dieses Bild des Alleinherrschers, das auch in der Familienunternehmensliteratur als immanentes Risiko von eigentümergeführten Unternehmen identifiziert und beschrieben wird, scheint nicht mehr zutreffend zu sein.[1] Zwar finden sich vereinzelt Hinweise auf familienunternehmenstypische Besonderheiten in den Wachstumsstrategien der Fallunternehmen. Hervorzuheben sind hier die Diversifikationsansätze von Merck und bei der Buch-AG. Wie SIMON, WIMMER und GROTH deutlich herausarbeiten, spielen Diversifikation und Risikostreuung aufgrund der spezifischen Kopplung von Familien- und Unternehmensschicksal bei Familienunternehmen eine besondere Rolle.[2] Traditionell widerspricht eine solche auf Unternehmensebene verfolgte

[1] Vgl. WIMMER et al. (2005), S. 124 ff.
[2] Vgl. SIMON, WIMMER und GROTH (2005), S. 146 ff.

Diversifikationsstrategie der Auffassung der Kapitalmärkte, nach der eine ökonomisch sinnvolle Portfoliodiversifikation erst auf Ebene des Investors erfolgen sollte (vor allem aufgrund geringerer Transaktionskosten). Und so sei Merck nach der Schilderung von Jon Baumhauer auch oft von den Analysten gescholten worden für ihre "Gemischtwarenladenstrategie". Inzwischen hätten sich aber die meisten der Kritiker von der Unternehmensperformance überzeugen lassen und eingesehen, "dass unser Vorgehen sinnvoll ist." [1] Insgesamt aber entstand in den Gesprächen mit den Unternehmensvertretern nicht der Eindruck, dass die verfolgten Wachstumsstrategien übermäßig stark von der Existenz einer Eigentümerfamilie geprägt oder sogar ökonomisch zweifelhaft, weil primär auf das Wohlergehen der Familie und weniger das des Unternehmens hin ausgerichtet, wären.

Entscheidend für die Fallunternehmen bei der Ausgestaltung ihrer Wachstumsstrategien sind letztlich rational gelagerte, wirtschaftliche Erwägungen, die je nach Branche, Produkt, regionalem Fokus etc. anders geartet sein können. Man kann also vor dem Hintergrund der gewonnenen Erkenntnisse aus den Fallstudien nicht von einer "typischen Wachstumsstrategie des Familienunternehmens" sprechen. Bei Motiven und Zielsetzungen hinter dem Unternehmenswachstum finden sich bei den Fallunternehmen durchaus Gemeinsamkeiten, bei der Ausgestaltung der Wachstumsstrategie jedoch nicht oder nur in sehr geringem Umfang.

In Abschnitt 2.5.4.2 wurden einige typische Herausforderungen für das Wachstum von Familienunternehmen herausgestellt. Auf Basis der Arbeit von WARD wurden sechs Themenfelder als häufig auftretende Barrieren im

[1] Vgl. im Anhang den Abschnitt AI-7.4. Letztlich kann bei Unternehmen wie Merck und der Buch-AG auch nicht von klassischen Konglomeraten gesprochen werden, da sich die geschäftlichen Betätigungsfelder in beiden Fällen um einen inhaltlichen Nukleus herum ansiedeln (Pharma bzw. Chemie im Falle Merck, Bildungswesen im Falle der Buch-AG). HUNGENBERG hatte in diesem Zusammenhang von einer "gemeinsamen strategischen Logik" gesprochen, die den Geschäftsfeldern bei Diversifikationsstrategien innewohnen sollte, vgl. HUNGENBERG (2002), S. 35, und Abschnitt 2.5.3.1. HILZENBECHER sprach von einer "maßvollen" Diversifikation, die auch empirisch die besseren Wachstumsresultate hervorbringe als stark diversifizierte Konglomerate, vgl. HILZENBECHER (2006), S. 99 f., sowie Abschnitt 2.5.4.3.

Wachstum von Familienunternehmen identifiziert.[1] Insgesamt finden sich aufgrund ihrer teilweise äußerst erfolgreichen Entwicklung in der jüngeren und langfristigen Historie nur eingeschränkte Hinweise auf ein Vorliegen der genannten Wachstumshemmnisse bei den Fallunternehmen. Wenn in Abschnitt 2.5.4.2.1 die Rede davon war, dass ältere und größere Familienunternehmen häufig der Gefahr unterliegen, eine gewisse strategische Starrheit zu entwickeln und sich so in ihrem eigenen Wachstum zu behindern, zeigen gerade Beispiele von Mehrgenerationenfamilienunternehmen wie Merck oder Schmitz Cargobull, dass es auch anders geht. Die Schmitz Cargobull AG liefert unter den Fallunternehmen eine der beachtlichsten Wachstumsgeschichten innerhalb der letzten zehn bis zwölf Jahre. Merck hat mit den großen Restrukturierungsmaßnahmen der vergangenen Jahre (Einstieg bei der Serono, Trennung vom Generikageschäft) unter Beweis gestellt, dass auch ein mehr als 300 Jahre altes Familienunternehmen keineswegs nur seinen Patentrezepten folgen kann.

Fragen zur Führungs- und Gesellschafternachfolge, die in Abschnitt 2.5.4.2.3 als Wachstumshemmnis vieler Familienunternehmen diskutiert wurden, standen nicht im Vordergrund dieser Arbeit, weswegen ein diesbezügliches Urteil schwerfällt. Zwar entstand insgesamt in den Gesprächen nicht der Eindruck, dass die Führungs- und/oder Gesellschafternachfolge die aktuellen Wachstumsambitionen der Unternehmen stark beeinflussen würde. In einem Fall allerdings drängten die finanzierenden Banken darauf, dass der seinerzeit bereits 76 Jahre alte Eigentümergeschäftsführer das Unternehmen verließ und den Weg frei machte für einen familienfremden Nachfolger. Die mangelnde Bereitschaft der Banken, im anderen Fall ihre Finanzierungszusagen aufrechtzuerhalten, wirkte sich auch negativ auf die Wachstumsdynamik des Unternehmens aus. Es zeigt sich also in der Tat, dass das sensible Thema der Nachfolge, für Familienunternehmen ohnehin stets von hoher Relevanz und permanenter Aktualität, auch bei der Wachstumsfrage entscheidenden Einfluss nehmen kann. Es erscheint plausibel, dass ungeklärte Führungs-

[1] Vgl. WARD (1997), S. 325 ff., sowie Abschnitt 2.5.4.2.

und Nachfolgekonstellationen das Unternehmen in seiner Entwicklung bremsen können.

Die in Abschnitt 2.5.4.2.4 angesprochene Fragmentierung des Gesellschafterkreises aufgrund auseinanderfallender Interessen zeigt sich am Beispiel der Werkzeug-AG. Infolge einer unterschiedlich stark ausgeprägten Identifikation mit dem Unternehmen werden strategische Fragestellungen im Gesellschafterkreis bisweilen sehr kontrovers diskutiert und eine konsistente Entscheidungsfindung erschwert. Konkret machte der Vorstandsvorsitzende der Werkzeug-AG dies u.a. an der Frage der Gewinnausschüttung fest. Diejenigen Gesellschafter, die beispielsweise aufgrund räumlicher Distanz nur ein geringes Maß an Identifikation mit dem Unternehmen aufweisen, sprechen sich hier regelmäßig für höhere Ausschüttungen, diejenigen mit einem stärkeren Bezug zum Unternehmen für höhere Thesaurierungsanteile aus. Und die Heterogenität der Gesellschafterinteressen führte auch dazu, dass die finanzwirtschaftliche Restrukturierung des Unternehmens vor einigen Jahren ohne Beteiligung der Familie durchgeführt wurde.[1] Zwar gelang die finanzielle Neuausrichtung des Unternehmens auch ohne echte Eigenkapitalerhöhung seitens der Altgesellschafter. Möglicherweise hätten die Gesellschafter aber mit einem weiteren Eigenkapitalengagement ein Zeichen des Vertrauens in das Unternehmen setzen können und so eine schnellere wirtschaftliche Erholung der Werkzeug-AG ermöglicht.[2] Wie bereits in Abschnitt 2.3.2 angeklungen war, kann die Familie als Eigentümer damit auch zu einem nicht unerheblichen Risiko für das Unternehmen werden. Allerdings muss man objektiv konstatieren, dass ein gewisses Maß an Heterogenität gerade auch bei anderen Unternehmenstypen häufig im Gesellschafterkreis anzutreffen ist.[3]

[1] Vgl. im Anhang den Abschnitt AI-4.3.

[2] Vgl. die Darstellung des Umsatzverlaufes im Anhang im Abschnitt AI-4.2. Die besondere Gefahr von Fragmentierungen des Gesellschafterkreises für die Wachstumsdynamik von Familienunternehmen wurde auch von YEUNG herausgestellt, vgl. YEUNG (2000), S. 59, sowie Abschnitt 2.5.4.2.4.

[3] Man denke beispielsweise an die teilweise mit großem Medieninteresse verfolgten Hauptversammlungen von Publikumsgesellschaften, die sich nicht selten durch sehr lebhafte und kontrovers geführte Diskussionen kennzeichnen.

Dies leitet über zu der im Rahmen dieser Arbeit zentralen Frage nach dem Spannungsfeld von Wachstum und Finanzierung bei Familienunternehmen. Da es sich hierbei auch semantisch um eine Synthese der beiden wesentlichen Themenfelder Wachstum und Finanzierung von Familienunternehmen handelt, sollen in einem folgenden, separaten Abschnitt die diesbezüglichen Ergebnisse aus den Fallstudien den Erkenntnissen aus Abschnitt 2.5.5 (Finanzwirtschaftliche Voraussetzungen für das Wachstum von Familienunternehmen) gegenübergestellt werden.

3.3 Synthese: das Spannungsfeld von Wachstum und Finanzierung bei Familienunternehmen

Die Forschungsfrage der vorliegenden Arbeit lautete:

> Wie lassen sich besondere Finanzierungsvoraussetzungen deutscher Familienunternehmen charakterisieren und wie beeinflussen sie deren Wachstum und Wachstumsstrategien?

Zur Beantwortung dieser Frage wurde zunächst der aktuelle Stand der einschlägigen betriebswirtschaftlichen und sozialwissenschaftlichen Literatur auf bestehende Erkenntnisse zu den Themenbereichen Finanzierung und Wachstum von Familienunternehmen hin untersucht. Nachdem im Abschnitt 2.4.2 typische Finanzierungsmuster von deutschen Familienunternehmen aufgezeigt wurden, fragten die Abschnitte 2.4.3.1 und 2.4.3.2 nach theoretischen und praktischen Erklärungsansätzen für das zu beobachtende Finanzierungsverhalten. In den Abschnitten 2.4.3.3.1 und 2.4.3.3.2 wurde verdeutlicht, dass sich Familienunternehmen häufig durch besondere Motive und Zielsetzungen ihrer Finanzierungslösungen kennzeichnen lassen, wie aber auch typischen Restriktionen unterliegen können, die ihre Finanzierungsvoraussetzungen erschweren. Hierbei ließ sich zwischen endogenen, d.h. vom Unternehmen beeinflussbaren, und exogenen, also marktseitig determinierten, Restriktionen unterscheiden. Schon in Abschnitt 2.5.4.2 klang an, dass restriktive Finanzierungsvoraussetzungen das Wachstum von Familienunternehmen erschweren können. Im Abschnitt 2.5.5.2 wurde dieser Frage dann im Detail nachgegangen, und es wurde deutlich, dass sich in der Literatur verschiedene Hinweise auf geringere Wachstumsraten bei Familienunternehmen infolge von restriktiven Finanzierungsvoraussetzungen finden lassen. Allerdings fanden sich auch gegenteilige Darstellungen, nachdem insbesondere die Unternehmer selbst ihre Finanzierung nicht als restriktiv empfinden und daher hieraus auch kein Wachstumshemmnis ableiten wollen. Im Anschluss an die Literaturarbeit wurden die gewonnenen Erkenntnisse aus bestehenden Theorien und empirischen Forschungsergebnissen einer praktischen Überprüfung in Form von acht Fallstudien unterzogen. Auf Basis der so erfolgenden Synthese sollen im Folgenden zentrale Erkenntnisse in Form von Hypothesen festgehalten werden.

Bei den Fallunternehmen fanden sich, dies wurde im Abschnitt 3.1.1 herausgearbeitet, verschiedene Übereinstimmungen mit den in der bestehenden Literatur geschilderten typischen Finanzierungsmotiven von Familienunternehmen. Eine eher konservative Finanzierungspolitik und das Streben nach finanzieller und unternehmerischer Unabhängigkeit sind demnach auch kennzeichnend für die eigenen Motive und Leitlinien der Familienunternehmen bei der Ausgestaltung ihrer Finanzierung. Daneben spielen eher pragmatische Ziele wie die Fristenkongruenz der Finanzierung oder die eigentlichen Finanzierungskonditionen ebenfalls eine Rolle bei der Entscheidung für oder gegen bestimmte Finanzierungslösungen. Auf Basis dieser Beobachtungen lassen sich folgende Hypothesen formulieren:

Hypothese 1: Das Wahren der finanziellen und unternehmerischen Unabhängigkeit ist bei Finanzierungsentscheidungen großer deutscher Familienunternehmen[1] *typischerweise von zentraler Bedeutung.*

Hypothese 2: Neben diesen übergeordneten Leitlinien und Finanzierungsmotiven verfolgen viele Familienunternehmen pragmatische Finanzierungsziele

[1] Die explizite Bezeichnung als "große deutsche Familienunternehmen" folgt dabei der in Abschnitt 1.4.3 festgelegten forschungsleitenden Definition. In den nachfolgenden Hypothesen wird der Einfachheit halber nur von "Familienunternehmen" gesprochen; Gültigkeit sollen die Hypothesen aber nur für Familienunternehmen entsprechend der forschungsleitenden Definition besitzen.

wie beispielsweise die Fristenkongruenz zwischen Finanzierungs- und Investitionszeiträumen, möglichst geringe Kapitalkosten oder attraktive Besicherungskonzepte.

Den zentralen Finanzierungsmotiven folgend fanden sich, dies wurde in Abschnitt 3.1.1.2 gezeigt, bei nahezu allen untersuchten Unternehmen sehr zurückhaltende Ausschüttungsbeschlüsse, hohe Thesaurierungsanteile der periodischen Überschüsse und zum Teil sehr komfortable Eigenkapitalquoten. Neben einem deutlichen Schwerpunkt auf Innen- bzw. Selbstfinanzierung des Unternehmens spielen – nach wie vor – die Banken eine überaus wichtige Rolle für die Finanzierung größerer Familienunternehmen in Deutschland (vgl. Abschnitt 3.1.1.3). Aus diesen beiden Aspekten lässt sich folgende Hypothese ableiten:

Hypothese 3: Familienunternehmen finanzieren sich primär durch thesaurierte Gewinne und Bankkredite und kennzeichnen sich häufig durch hohe Eigenkapitalanteile an ihrer Gesamtfinanzierung.

Insgesamt scheinen begrenzte finanzielle Ressourcen, die in Abschnitt 2.5.4.2.2 als eine der Hauptursachen für die Wachstumsschwäche vieler Familienunternehmen ausgemacht wurden, zumindest bei den Fallunternehmen nicht in besonderem Maße gegeben zu sein. Drei von acht der befragten Unternehmen sind teilweise börsennotiert, und anhand der Merck KGaA lässt sich sehr gut ersehen, wie das Unternehmen trotz Publikationspflichten und Mitbestimmung der freien Aktionäre seinen familiären Charakter wahren kann. Auffällig ist auch die Nutzung und Akzeptanz von Mischfinanzierungen, insbesondere Genussscheinen, stillen Beteiligungen und nachrangigen Darlehen. Gerade für Familienunternehmen können solche Instrumente (das wurde bereits in Abschnitt 2.4.1.2.5 deutlich) unter Eigenkapitalaspekten und Gesichtspunkten der unternehmerischen Unabhängigkeit sehr interessant sein (so auch z.B. die Einschätzung des Vorstandsvorsitzenden der Buch-AG). Hier gibt es in der Zwischenzeit offenbar sowohl einen umfangreichen Markt und ein entsprechendes Angebot wie auch zunehmende Akzeptanz und Nachfrage seitens der Familienunternehmen nach Mezzanine-Instrumenten. Vor diesem Hintergrund kann von besonderen exogenen Finanzierungsrestriktionen für Familienunternehmen nicht gesprochen werden.

Anders herum lassen sich den Fallstudien auch keine Hinweise entnehmen, dass eine zu starke Bedeutung der unternehmerischen Unabhängigkeit, Transparenzscheue oder zu große Risikoaversionen Familienunternehmen regelmäßig daran hindern würden, sich innovativ und flexibel zu finanzieren und sich so geradezu systematisch ihrer Wachstumsmöglichkeiten zu berauben. Es findet sich auch bei traditionsreichen Unternehmen wie beispielsweise der Buch-AG durchaus die Bereitschaft, über temporäre Minderheitsbeteiligungen Dritter nachzudenken oder sich durch privat begebene Anleihen zu finanzieren. Zwar wurde bereits festgestellt, dass die Wahrung der unternehmerischen Unabhängigkeit auch und gerade bei Finanzierungsentscheidungen von Familienunternehmen im Vordergrund steht. Offenbar aber erhalten sich viele der Unternehmer aber doch die notwendige Flexibilität und gedankliche Freiheit, um sich vielfältig und teilweise modern und innovativ zu finanzieren. Der "Unabhängigkeitsteufelskreis", von dem in Abschnitt 2.4.3.3.2 die Rede war, scheint bei vielen Familienunternehmen bei weitem nicht so stark ausgeprägt zu sein, wie sich dies vielleicht befürchten ließe. Endogen geartete Finanzierungsrestriktionen sind offenbar nicht in größerem Ausmaß gegeben. Es sollen daher die folgenden Hypothesen vertreten werden:

Hypothese 4: Familienunternehmen unterliegen typischerweise nur geringen exogenen Finanzierungsrestriktionen. Der Markt für öffentliches und privates Kapital hält hier inzwischen ein ausreichendes Angebot an Finanzierungsvarianten bereit.

Hypothese 5: Endogene Finanzierungsrestriktionen in Form einer ausgeprägten Unabhängigkeitsmaxime oder einer besonders konservativen Finanzierungspolitik hindern umgekehrt die Unternehmen in den meisten Fällen nicht daran, sich vielfältig und modern zu finanzieren.

Dass das Wachstum des Unternehmens auch für Familienunternehmen in Deutschland offenbar eine wichtige Rolle spielt und auch künftig einen zentralen Stellenwert innerhalb der Unternehmensstrategie einnehmen dürfte, wurde in den Abschnitten 3.2.1.1 und 3.2.1.3 gezeigt. Wachstum wird von vielen Unternehmern als der wesentliche Schlüssel für eine langfristig profitable Entwicklung des Unternehmens betrachtet und zielt auf eine nachhaltige, kontinuierliche Steigerung des Unternehmenswertes. Dies gilt selbst vor dem Hintergrund schwerer Marktverwerfungen, wie sie Mitte bis Ende 2008 einsetzten und bis ins Jahr 2009 hinein fortdauerten. Naturgemäß können sich auch Familienunternehmen solchen Einflüssen nicht entziehen. Abhängig von Branche und individueller Positionierung des Betriebes müssen einige Unternehmen vermutlich Phasen der Stagnation überwinden oder sogar Umsatzrückgänge verkraften. Nichtsdestotrotz kann auf Basis der Fallstudien festgestellt werden, dass Wachstum für die meisten Familienunternehmen einen hohen strategischen Stellenwert einnimmt und damit häufig zum Schlüssel für die langfristige Ko-Evolution von Unternehmen und Familie wird. Gerade bei traditionsreichen Mehrgenerationenfamilienunternehmen zeigte sich, dass die Perspektivität der Wachstumsstrategie nicht selten ein oder mehrere künftige Generationenfolgen umfasst und damit vermutlich um ein Vielfaches langfristiger ausfällt als typische Wachstumsstrategien von nicht durch Familien geprägten Unternehmen (z.B. Publikumsgesellschaften). Das Unternehmenswachstum dient also in diesen Fällen nicht nur der Wohlstandsmehrung der aktuellen Familiengesellschafter, sondern soll nach Möglichkeit auch den Zuwachs der Familie nachvollziehen. Es soll daher folgende Hypothese zum Wachstum des Familienunternehmens als strategischer Zielsetzung formuliert werden:

Hypothese 6: Wachstum spielt als strategische Zielsetzung für viele Familienunternehmen eine zentrale Rolle. Gerade bei solchen Unternehmen, deren langfristige Perspektive und Planung mehrere Generationen umfasst, dient das Unternehmenswachstum zumeist auch dazu, den Zuwachs der Gesellschafterfamilie nachzuvollziehen.

Interessanterweise, dies wurde in Abschnitt 3.2.1.4 deutlich, lassen sich bei der Frage, auf welche Weise das Unternehmen wachsen soll, also der Frage nach der eigentlichen Wachstumsstrategie, nur wenige Hinweise auf familieninduzierten Einfluss finden. Die Entscheidung für eine bestimmte Wachstumsstrategie sowie für konkrete Details zu ihrer Ausgestaltung (beispielsweise, ob und in welchem Ausmaß durch anorganische Maßnahmen Wachstum erzielt werden soll) folgt offenbar auch bei Familienunternehmen häufig einer strengen ökonomischen Logik. Ein besonderes Sicherheitsdenken, das sich in der Wachstumsstrategie beispielsweise durch ein besonders hohes Maß an Diversifikation niederschlagen würde, konnte explizit nur bei Merck und der Buch-AG festgestellt werden. Ein erkennbarer familiärer Einfluss auf die Wachstumsstrategie zeigt sich vermutlich am ehesten bei Mehrgenerationenfamilienunternehmen, bei denen mit fortschreitender Generationenfolge der Planungshorizont zunimmt. Besonders risikofreudige Strategien, die zwar potenziell große Chancen, aber eben auch die Gefahr existenzieller Risiken für das Unternehmen in sich bergen, finden sich bei solch traditionsreichen Unternehmen vermutlich eher selten. Es lassen sich, hierauf basierend, folgende Hypothesen vertreten:

Hypothese 7: Die Wachstumsstrategien von Familienunternehmen zeugen in ihrer konkreten Ausgestaltung nur teilweise von einem besonderen familiären Einfluss. In den meisten Fällen folgen sie einer konkreten ökonomischen Logik, die je nach Einzelfall individuell unterschiedlich und von verschiedenen Faktoren (z.B. Dynamik des Marktumfeldes, eigener strategischer Positionierung, Marktkonzentration, Preisniveaus von Transaktionen) abhängig ist.

Hypothese 8: Mehrgenerationenfamilienunternehmen kennzeichnen sich häufig durch besonders langfristig ausgerichtete und stärker auf Sicherheit und Diversifikation der unternehmerischen Aktivitäten basierende Wachstumsstrategien.

Rolle und Einfluss der Familie müssen vor dem Hintergrund von Wachstums- und Finanzierungsentscheidungen ambivalent beurteilt werden. Im Fall der

Werkzeug-AG zeigte sich, wie sich ein heterogener Gesellschafterkreis und auseinanderfallende Partikularinteressen zwischen den Familienmitgliedern negativ auf das Unternehmen auswirken können. Wesentliche strategische Fragen werden bisweilen sehr kontrovers diskutiert und können aufgrund eines unterschiedlich stark ausgeprägten Maßes an Identifikation der Gesellschafter mit dem Unternehmen häufig nur schwer entschieden werden. Konkret zeigte sich dies etwa bei der Frage der Ausschüttungs- bzw. Thesaurierungshöhe sowie an der Tatsache, dass die notwendige finanzwirtschaftliche Restrukturierung seinerzeit ohne Beteiligung der Familie durchgeführt werden musste. Die unterschiedlich ausgeprägte Bereitschaft, sich an einer Kapitalerhöhung oder an der Einbringung von Gesellschafterdarlehen zu beteiligen, hätte zu einer Verschiebung der Gesellschafteranteile geführt, und dies sollte offenbar um jeden Preis vermieden werden. Die Wachstumsdynamik des Unternehmens hat sicher auch unter diesen schwierigen strukturellen Voraussetzungen gelitten, wie sich an seiner Entwicklung in den letzten acht Jahren ablesen lässt.[1]

Demgegenüber, das wurde bereits weiter oben deutlich, überwiegen die Fälle, in denen die Familie das Unternehmen in seiner Entwicklung mit aller Kraft unterstützt. Zurückhaltende Ausschüttungsbeschlüsse, Teilnahme an Kapitalerhöhungen und die Einbringung von nachrangigen Gesellschafterdarlehen sind die am häufigsten anzutreffenden finanziellen Indikatoren für eine starke Identifikation der Familie mit dem Unternehmen. In diesen Fällen kann von der Familie als wichtiger Ressource für das Unternehmen gesprochen werden, so dass zusammengefasst folgende zwei Hypothesen vertreten werden sollen:

Hypothese 9: Die Gesellschafterfamilie kann für das Unternehmen eine wichtige finanzielle Ressource sein und einen entscheidenden Wettbewerbsvorteil darstellen, wenn sie sich in ihren finanziellen Ansprüchen gegenüber dem Unternehmen bescheiden zeigt und es beispielsweise durch zurückhaltende

[1] Vgl. Abschnitt AI-4.2.

Ausschüttungsbeschlüsse, Gesellschafterdarlehen oder die Teilnahme an Eigenkapitalerhöhungen in seiner Finanzkraft stärkt.

Hypothese 10: Die langfristige Entwicklung und das Wachstum des Unternehmens werden gehemmt, wenn sich der Gesellschafterkreis durch konfligierende Partikularinteressen kennzeichnet. Die Entscheidungskraft des Unternehmens wird dadurch bei wichtigen strategischen Fragen geschwächt, eine kohärente Strategieentwicklung wird so deutlich erschwert.

Es wurde bereits herausgearbeitet, dass die zunächst vermuteten typischen Finanzierungsrestriktionen zumindest für größere Familienunternehmen keine entscheidende Rolle spielen. Aus diesem Grund sehen sich denn auch die meisten der befragten Unternehmer mit den bestehenden Finanzierungsmöglichkeiten für die vor ihnen liegenden Wachstumsherausforderungen gut gerüstet, wie in Abschnitt 3.2.1.5 deutlich gemacht wurde. Dabei setzen sie zum einen auf bewährte Finanzierungslösungen und eine Beibehaltung der bestehenden Kapitalstruktur (so z.B. bei Schmitz Cargobull). Darüber hinaus zeigen sie sich in vielen Fällen flexibel und ziehen auch Neuerungen wie beispielsweise Anleihenfinanzierung oder hybride Instrumente in Betracht. Allerdings sehen die meisten Unternehmer in einer soliden Eigenkapitalbasis die eigentliche Grundlage für ein erfolgreiches Wachstum. Eine konservative Finanzierungsstruktur mit einer möglichst starken Bilanz eröffnet den meisten Unternehmen Spielräume in der Ausgestaltung der notwendigen Finanzierungslösungen. Verhandlungen mit Banken gestalten sich, auch vor dem Hintergrund der aktuellen Situation der Finanzbranche und dem jetzt notwendigen Vertrauen und dem Streben nach verlässlichen Partnern, mit einer soliden Eigenkapitalausstattung einfacher. Eine aggressivere Kapitalstruktur mit höherem Fremdkapitalanteil wäre hier nach Einschätzung der meisten Unternehmer kontraproduktiv. Wie in Abschnitt 3.1.1.2 gezeigt wurde, haben die auch gesamtwirtschaftlich soliden letzten Jahre zusammen mit den hohen Thesaurierungsanteilen die Eigenkapitalquoten der Fallunternehmen deutlich gestärkt. Einzig die Werkzeug-AG gibt an, dass die gegebenen Finanzierungsvoraussetzungen dazu führen könnten, das Wachstum des Unterneh mens in den nächsten Jahren zu behindern. Das würde aber nur dann gelten, wenn ein wesentlich ambitionierterer Wachstumskurs verfolgt würde, als es aus heutiger Sicht der Fall ist, und auch Zukäufe geplant würden.

Entscheidend ist dabei, dass Investitions- (und damit Wachstumsoptionen) und Finanzierungslösungen bei Familienunternehmen häufig nicht getrennt voneinander, sondern integriert betrachtet werden. Das Separationstheorem, nach dem Investitions- und Finanzierungsentscheidungen getrennt voneinander getroffen werden können, findet bei Familienunternehmen typischerweise keine Anwendung.[1] Dies gilt vermutlich insbesondere im klassischen Fall des eigentümergeführten Unternehmens. Investitions- und damit Wachstumsoptionen und die (dazugehörigen) Finanzierungsfragen werden stets zusammen evaluiert. Wenn sich eine Wachstumsoption bietet, die zur Strategie des Unternehmens passt und seine langfristige Entwicklung stützt, so wird mit aller Kraft nach einer passenden Finanzierungslösung gesucht. "Wir haben noch nie etwas nicht gemacht, weil wir kein Geld gehabt hätten", so lautete diesbezüglich die Einschätzung von Michael Haentjes von der edel AG. Es sollen daher folgende Hypothesen vertreten werden:

Hypothese 11: Investitions- und Finanzierungsentscheidungen werden bei Familienunternehmen typischerweise nicht unabhängig voneinander getroffen. Beide Entscheidungsdimensionen werden iterativ aufeinander bezogen und die möglichen wechselseitigen Auswirkungen gegeneinander abgewogen.

Hypothese 12: Falls sich eine Wachstumsoption bietet, die gut zur Strategie des Familienunternehmens passt und zu dessen langfristiger Entwicklung beiträgt, so wird in den meisten Fällen eine passende Finanzierung gefunden werden. Dabei zeigen sich viele Unternehmen auch bereit, neue Finanzierungsvarianten auszuprobieren und eventuell vorhandene Ressentiments und eigenes Traditionsdenken zu überwinden.

[1] Vgl. Abschnitt 2.4.3.1.1.

Allerdings geben einige der befragten Unternehmen zu, dass sie in der Vergangenheit durchaus mit Finanzierungsproblemen zu kämpfen hatten und dass hierunter auch das Wachstum des Unternehmens gelitten habe. Jon Baumhauer von der E. Merck KG räumt ein, dass Merck im Jahr 1995 aus eigener Kraft nicht mehr das gewünschte Wachstum erreichen konnte. "Da diktierte der unternehmerische Zwang die Entscheidung" – die Ressourcen der Familie waren erschöpft, und Merck musste eine Entscheidung treffen, ob das Unternehmen zu einem Kurs bescheideneren Wachstums übergehen oder den strategischen Schritt einer Erweiterung der Kapitalbasis unternehmen sollte. Ähnlich wie aktuell im Fall der Progroup AG entschied sich Merck seinerzeit für den progressiven Kurs. Der Börsengang folgte, das Unternehmen konnte seine Eigenkapitalbasis stärken und seine Wachstumsstrategie weiter verfolgen. In der Rückschau spricht Jon Baumhauer von einem Erfolg, die Entscheidung für den partiellen Börsengang war die richtige.

Auch der Vorstandsvorsitzende der Buch-AG zeigt sich bereit, zur Realisierung einer interessanten Wachstumsoption die Beteiligung eines familienfremden Gesellschafters gegen Kapitalerhöhung in Erwägung zu ziehen. Alle befragten Unternehmer machten allerdings sehr deutlich, dass die Beteiligung eines Dritten sich nur auf einen Minderheitsanteil beziehen und nur von temporärem Charakter sein könne. "Das Familienunternehmen muss als solches bestehen bleiben", so macht der Vorstandsvorsitzende der Buch-AG seine grundsätzliche Haltung in dieser Frage deutlich. Folgende Hypothese soll vertreten werden:

Hypothese 13: Sofern eine vielversprechende Wachstumsmaßnahme die Erweiterung der Eigenkapitalbasis erfordert und die Familie alleine nicht in der Lage ist, die notwendigen finanziellen Mittel zur Verfügung zu stellen, zeigen sich mehr und mehr Familienunternehmen bereit, auch familienfremde Gesellschafter zu beteiligen. Ein solches Engagement sollte sich typischerweise aber nur auf einen Minderheitsanteil beziehen und von nur begrenzter Dauer sein.

Die vorangegangenen 13 Hypothesen geben die zentralen Erkenntnisse dieser Untersuchung wieder. Die Arbeit schließt mit einem Fazit und einer Diskussion der Ergebnisse im folgenden Kapitel.

4 Fazit und Diskussion

4.1 Zusammenfassung der Ergebnisse

Was sind die Ergebnisse der vorliegenden Arbeit? Es war zu sehen, dass das immer wieder bemühte Klischee vom unterfinanzierten Mittelstand in Deutschland strikt differenziert werden muss. Zumindest für größere Mittelständler, die unter dem prägenden Einfluss einer oder mehrerer Familien stehen, kann die Einschätzung einer Unterversorgung mit finanziellen Mitteln nicht geteilt werden. Im Gegenteil: Viele große Familienunternehmen nutzen inzwischen vielfältige Kapitalquellen und zeigen sich in Finanzierungsfragen nicht selten sehr kreativ, flexibel und modern. Auch für selbst auferlegte Bedingungen, wie insbesondere die Wahrung der eigenen Unabhängigkeit, werden zumeist Lösungen gefunden. Es dominiert der unternehmerische Wille: Wenn investive Mittel erforderlich sind, um einer substanzhaltigen Idee nachzugehen, eine strategische Option umzusetzen und damit dem Unternehmen zu Wachstum zu verhelfen, dann wird, so der Eindruck, in den meisten Fällen auch eine geeignete Finanzierungslösung gefunden. Wenn man so will, könnte man als Maxime ausgeben, dass stets die Idee, der Gedanke vorangeht, und die Frage der Finanzierung folgt. Natürlich kann es auch vorkommen, dass keine geeignete, mit den Leitlinien der Unternehmung konforme Finanzierungslösung gefunden werden kann. Würde das Familienunternehmen nur unter Aufgabe seiner Identität oder unter der Inkaufnahme existenzieller Risiken die Finanzierung für eine bestimmte größere Wachstumsmaßnahme lösen können, so wird es vermutlich in den meisten Fällen seine Pläne überdenken. Insofern muss die soeben aufgestellte Maxime erweitert werden: Zuerst ist der Gedanke, dann folgt die Frage der Umsetzung bzw. der finanziellen Realisierung, die aber wiederum rückbezogen wird auf die ursprüngliche Idee und auf den "Preis" des Wachstums. Die Umsetzung einer klugen und sinnvollen strategischen (Wachstums-)Option steht damit im Vordergrund, allerdings eben nicht um jeden Preis. Auf diese Art und Weise gehen große deutsche Familienunternehmen kreativ und zielgerichtet mit dem Spannungsverhältnis zwischen Wachstum und Finanzierung um.

4.2 Handlungsempfehlungen für die Praxis

Im Sinne der soeben geschilderten Gedanken kann man die unternehmerische Praxis nur ermutigen, den aufgezeigten Weg beizubehalten. Das klassische Finanzierungsbild des deutschen Mittelstands scheint mehr und mehr aufzubrechen. Mit einem "Mehr" an Möglichkeiten für das Familienunternehmen, sich alternativ und modern zu finanzieren, nimmt auch der Raum der Möglichkeiten zu, strategische Optionen in die Tat umzusetzen. Die deutschen Familienunternehmen sind also aufgerufen, auch letzte eventuell noch bestehende Ressentiments gegenüber bestimmten Finanzierungsvarianten auf den Prüfstein zu stellen und sich möglichst vorurteilsfrei ein vollständiges Bild von den Vor- und Nachteilen der sich ihnen bietenden Finanzierungsoptionen zu verschaffen. Nach dem Eindruck, der im Rahmen der Interviews gewonnen wurde, und der sich in verschiedenen Untersuchungen manifestiert, sind sie hier auf einem guten Weg.

Kernfragen zum Thema der Unternehmensfinanzierung, die familiengeprägte Unternehmen im Rahmen ihres Strategieprozesses regelmäßig erörtern sollten, könnten lauten:

- Wie ist die heute bestehende Kapitalstruktur zu erklären? Gibt es eine dezidierte Finanzierungsstrategie oder sind eher historische Gründe verantwortlich?
- Welche Ziele soll die künftige Finanzierung des Unternehmens verfolgen? Welche Rolle spielen primär finanzwirtschaftlich-rationale Erwägungen (z.B. Liquiditätsversorgung, Fristenkongruenz und Kapitaldienstfähigkeit, Konditionen und Kapitalkosten), welche Rolle spielen daneben weitere strategische Erwägungen wie beispielsweise die Bedeutung und der Einfluss von familienfremden

Kapitalgebern? Welche Position vertreten das Unternehmen und die Gesellschafter hierzu?

- Welcher Finanzbedarf kommt auf das Unternehmen in den kommenden Jahren zu? Wann erfolgen Auszahlungen in welchem Umfang, und wann ist das Unternehmen aus seiner operativen Leistungsfähigkeit heraus in der Lage, den Kapitaldienst zu realisieren?
- Verfügt das Unternehmen über ausreichende Kenntnisse hinsichtlich der heutzutage am Markt angebotenen Finanzierungsinstrumente und kann es deren Vor- und Nachteile vor dem Hintergrund der eigenen Finanzierungsziele abschließend beurteilen? Ist es gegebenenfalls erforderlich, hierfür eigene Expertise aufzubauen oder externe Beratung in Anspruch zu nehmen?

Auch das Thema Unternehmenswachstum genießt unter deutschen Familienunternehmen große Aufmerksamkeit: Gerade unter den sich aktuell deutlich eintrübenden gesamtwirtschaftlichen Voraussetzungen verlieren die Themen Strategie und Wachstum nur scheinbar an Bedeutung. Die Fallstudien haben gezeigt, dass viele Familienunternehmen Wachstum (zurecht) auf ihre strategische Agenda gesetzt haben. Die besondere Konnotation des Wachstumscharakters in vielen Familienunternehmen, nämlich dass Wachstum nicht um jeden Preis erzielt werden sollte und dass es für sich allein genommen ohnehin keinen Wert darstellt, sondern eher Ausdruck einer klugen Strategie und deren erfolgreicher Umsetzung ist, könnte sich in den kommenden Jahren als Vorteil erweisen. Diesen Unternehmen kann nun zugutekommen, dass ihre Wachstumsstrategien eben keine überbordenden Risiken involvieren und ihnen so in den bevorstehenden, stark rezessiven Phasen zu mehr Stabilität verhelfen. Das darf allerdings nicht den Blick darauf verstellen, dass in einigen Branchen die Absatzmärkte derzeit so stark erodieren, dass es auch für etablierte, konservative Familienunternehmen in den kommenden Jahren sehr schwierig werden dürfte.

Kernfragen zum Thema Wachstum und Wachstumsstrategie des Familienunternehmens könnten lauten:

- Welche besondere Dynamik kennzeichnet die jeweilige(n) Branche(n) des Familienunternehmens? Welche Bedeutung erfährt Wachstum als strategische Option vor diesem Hintergrund? Welche Chancen zum Wachstum bieten sich am Markt (z.B. in Konsolidierungsphasen), welche Risiken stehen dem gegenüber (z.B. aufgrund von zunehmender Konzentration und Bildung von "Machtclustern")?

- Wie ist die eigene Position des Unternehmens innerhalb des Marktgefüges zu bewerten? Sieht sich das Unternehmen eher als Spezialisierer und Nischenanbieter oder verfügt es insbesondere über Kompetenzen im Bereich der Volumenfertigung?

- Kann, will oder muss das Unternehmen vor diesen Hintergründen wachsen? Wie steht es um organisationale Bereitschaft und Voraussetzungen für Wachstum? Verfügt das Unternehmen über die notwendigen Ressourcen und die kulturelle Einheit, um beispielsweise auch die Übernahme eines größeren Konkurrenten erfolgreich zu bewältigen?

- Wie schlagen sich diese Aspekte in der jeweiligen Wachstumsstrategie des Unternehmens nieder? Werden diese in regelmäßigen Abständen einer kritischen Überprüfung unterzogen? Existiert überhaupt eine explizite Strategie im Unternehmen oder handelt das Unternehmen eher "aus dem Bauch des Unternehmers" heraus?

- Wie hoch ist schließlich der "Preis des Wachstums", auch und insbesondere vor dem Hintergrund der finanziellen Anforderungen, die sich dem Unternehmen künftig stellen werden? Ist das Unternehmen bereit, für seine Wachstumspläne gegebenenfalls auch größere finanzielle Anstrengungen zu unternehmen oder auch den Einfluss von neuen Kapitalgebern zuzulassen? Was sind Alternativen? Ließe sich ein "Plan B", beispielsweise eine rein organische Strategie, aus dem operativen Cashflow des Unternehmens finanzieren? Wie sieht die jeweils beste Lösung aus, um Wachstumsoptionen wahrnehmen und finanzieren zu können und gleichzeitig das Unternehmen nicht vor größere (finanzielle und organisationale Risiken) zu stellen?

4.3 Limitationen der Untersuchung

Eine induktive Arbeit, die auf einzelnen Fallstudien aufbaut, kann naturgemäß keinen Anspruch auf statistische Repräsentativität besitzen. Insofern wäre es wünschenswert, wenn eine oder mehrere der in Abschnitt 3.3 vertretenen Hypothesen im Rahmen von großzahligen Untersuchungen überprüft würden. Auch wäre zu bedenken, dass die aktuellen Verwerfungen an den Finanzierungsmärkten wie auch in der gesamten Volkswirtschaft in diese Arbeit nur bedingt einfließen konnten. Zwar wurde kurz vor ihrem Abschluss noch eine aktualisierte Interviewrunde mit den Vertretern der Fallunternehmen zu ihrer Einschätzung der gegenwärtigen Marktsituation durchgeführt. Letztlich wird sich aber erst in einigen Jahren zeigen, ob die globale Krise strukturell überwunden werden konnte, und wie sich die Auswirkungen auch auf die Landschaft der deutschen Familienunternehmen darstellen. Insofern sollte die induktive Erarbeitung der Hypothesen mit einigem zeitlichen Abstand aktualisiert und deren deduktive Überprüfung anschließend durchgeführt werden.

Auch würde es aus Sicht des Autors lohnen, die eine oder andere Frage der vorliegenden Arbeit noch zu vertiefen. So hat u.a. die Erkenntnis überrascht, dass für einen spezifischen familiären Einfluss auf die Wachstumsstrategien der Fallunternehmen nur geringe Belege gefunden werden konnten. Ein eigenständiger Untersuchungsrahmen, der sich mit Einflussgraden der Familie auf Strategie und quantifizierbare Wachstumsziele auseinandersetzt, wäre hier zu begrüßen. Dabei sollte nach den Erkenntnissen dieser Arbeit differenziert werden zwischen vergleichsweise jungen Unternehmen in der Gründergeneration und solchen, die sich schon seit mehreren Jahrzehnten in Familienhand befinden.

Letztlich ist die mangelnde Aktualität mancher Datenquelle zu beklagen. Insbesondere hinsichtlich der Wachstumsdynamik von Familienunternehmen konnte trotz intensiver Recherche keine konsistente Datenbasis für die Jahre 2006 bis 2008 gefunden werden. Dies schmälert insbesondere die Qualität der Analyse in den Abschnitten 2.2 ("Die volkswirtschaftliche Bedeutung von Familienunternehmen in nationalem und internationalem Kontext") und 2.5.4.1 ("Unternehmenswachstum als strategische Zielsetzung von Familienunternehmen"). Es wäre wünschenswert, hier zeitnah an aktualisierte Daten zu gelangen, um die abgeleiteten Aussagen vor dem Hintergrund der Entwicklung von Familienunternehmen in der jüngsten Vergangenheit reflektieren zu können.

Anhang I: Darstellung der Fallstudien

AI-1 Schmitz Cargobull – vom Münsterland in alle Welt

Schmitz Cargobull AG, Horstmar

Verwendete Quellen:

- *Interview mit Ulrich Schümer, Vorstand Finanzen der Schmitz Cargobull AG, am 24. April 2008*
- *Aktualisierte Einschätzung durch Herrn Schümer (inzwischen Vorstandsvorsitzender der Schmitz Cargobull AG) am 28. Februar 2009*
- *Unternehmensinformationen gemäß Internetauftritt (www.cargobull.de)*
- *Imagebroschüre des Unternehmens*
- *MEFFERT und KLEIN (2007)*
- *Presseartikel (z.B. DIE WELT, Süddeutsche Zeitung)*

AI-1.1 Historie und Entwicklung

Die Schmitz Cargobull AG mit Sitz in Horstmar ist der nach eigenen Angaben führende europäische Hersteller von LKW-Aufliegern. 1892 im münsterländischen Altenberge von Heinrich Schmitz gegründet, wuchs das Unternehmen im Zuge des deutschen Wirtschaftswunders und des zunehmenden Güterverkehrs auf deutschen Straßen. Seit Ende der 1970er Jahre ist Schmitz Cargobull auch international vertreten, zunächst mit einer Niederlassung in der Schweiz. Später kamen Dependancen in Großbritannien, Litauen und Spanien hinzu.[1] Grundstein für die gesamteuropäische Ausrichtung war nach eigener Angabe die Übernahme des britischen Werks in Harelaw.[2]

[1] Vgl. Schmitz Cargobull AG (2008a).
[2] Vgl. Schmitz Cargobull AG (2008b), S. 4.

AI-1.2 Aktuelle Situation von Unternehmen und Familie

Im abgelaufenen Geschäftsjahr 2007/08 (bis Ende März) hat die Schmitz Cargobull-Gruppe einen konsolidierten Umsatz von rund 2,1 Mrd. EUR erzielt. Gemessen am Vorjahr bedeutet das einen Zuwachs von rund 25%. Insgesamt wurden ca. 5.400 Mitarbeiter beschäftigt, davon rund 1.600 Leiharbeitskräfte. Im Geschäftsjahr 2006/07 hat das Unternehmen rund 67.000 Fahrzeuge produziert, im Wesentlichen in den Hauptsegmenten Sattelpritschen, Sattelkoffer und Sattelkipper. Mithilfe eines Investitionsprogramms sollte die Fertigungskapazität bis zum Geschäftsjahr 2009/10 auf rund 100.000 Fahrzeuge gesteigert werden.[1] Allerdings ist der Markt für LKW-Auflieger im Zuge der Wirtschaftskrise ab Ende des Jahres 2008 massiv eingebrochen. Die Schmitz Cargobull AG und ihre Konkurrenten haben in diesem Zusammenhang, so die Angabe von Herrn Schümer im Rahmen einer aktualisierten Stellungnahme Anfang 2009, mit Rückgängen im Auftragsbestand von bis zu 80% zu kämpfen. Die Expansionsbestrebungen des Marktführers aus Horstmar sind damit fürs Erste gestoppt – man rechnet hier kurzfristig mit einem Produktionsrückgang auf 50.000 Einheiten. Falls die Krise länger anhalte, müsse man sogar mit noch Schlimmerem rechnen, so Ulrich Schümers Prognose.

Die Umsatzentwicklung der Schmitz Cargobull AG innerhalb der letzten zwölf Jahre ist äußerst dynamisch verlaufen, wie die folgende Darstellung zeigt. Vor dem Hintergrund der massiven Erschütterungen des Marktes rückt allerdings die Umsatzmarke von 3 Mrd. EUR derzeit in weite Ferne. Mit diesen Werten führt die Schmitz Cargobull AG den europäischen Wettbewerb an; aber auch der zweit- und der drittgrößte Hersteller von LKW-Aufliegern in Europa stammen aus Deutschland. Stärkster Wettbewerber ist nach Einschätzung von Ulrich Schümer die Firma Krone aus Werlte mit einem jährlichen Umsatz von ca. 850 Mio. EUR, ebenfalls ein Familienunternehmen. Auf dem dritten Platz folgt die Firma Kögel mit Sitz in Burtenbach in der Nähe von Augsburg mit rund 450 Mio. EUR Umsatz.

Darstellung AI-I: Umsatzentwicklung der Schmitz Cargobull AG 1997 bis 2008 [Mio. EUR]

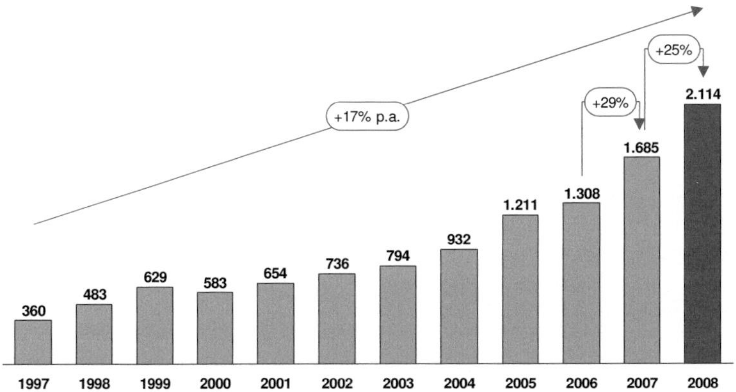

Quelle: Unternehmensangaben (das Geschäftsjahr dauert von Anfang April bis Ende März)

Die Anteile der Schmitz Cargobull AG befinden sich zu jeweils gleichen Teilen in der Hand dreier Familienstämme. Der erste Stamm ist die Familie Peter Schmitz, der gleichzeitig Aufsichtsratsvorsitzender des Unternehmens ist. Den zweiten Stamm repräsentiert die Familie von Bernd G. Hoffmann, dem ehemaligen Vorstandsvorsitzenden der Schmitz Cargobull AG. Dr. Heinz Schmitz, der ebenfalls im Aufsichtsrat vertreten ist, vertritt den dritten Familienstamm.

AI-1.3 Finanzierung des Unternehmens

1999 hatte die Schmitz Cargobull AG bereits einen Börsengang geplant. Aufgrund geringer Nachfrage und der Einschätzung eines Bankers, der dem Unternehmen riet, sich auf seine eigene Ertragsstärke zu verlassen, wurde der IPO nur zwei Tage vor der Erstnotierung abgesagt. "Heute ist das kein Thema mehr", wird der ehemalige Vorstandschef Bernd Hoffmann in der Süddeutschen Zeitung vom 16. April 2007 zitiert.[2] Zumindest für eine Stärkung des Eigenkapitalanteils ist dies offenbar auch nicht mehr erforderlich:

[1] Vgl. Schmitz Cargobull AG (2008b), S. 9.
[2] Vgl. o.V. (2007b).

Die Bilanzsumme des Konzerns betrug Ende 2007 ca. 750 Mio. EUR bei einer Eigenkapitalquote von knapp 45%, Ende 2008/Anfang 2009 sogar ca. 60%. Langfristige Finanzverbindlichkeiten machen angabegemäß nur ca. 20 Mio. EUR aus und weisen eine Restlaufzeit von derzeit noch drei bis fünf Jahren auf. Die ca. 45 Tochterunternehmen der AG werden über ein Cash Pooling kurzfristig mit Liquidität versorgt. Dafür werden der Holding im Rahmen eines "club deals" von sechs Banken kurzfristige Volumina in Höhe von 180 Mio. EUR zur Verfügung gestellt.

Die Schmitz Cargobull AG kennzeichnet sich durch eine eher konservative Finanzierungspolitik mit vergleichsweise hohen Thesaurierungsquoten und einer Präferenz zugunsten der Innenfinanzierung. Die Dividendenquote liegt bei 40% des Ergebnisses der AG (nicht des Konzerns), was die komfortable Eigenkapitalausstattung des Unternehmens ermöglicht hat. Ulrich Schümer kommentiert dieses Verhalten wie folgt:

> "Bei einem Finanzinvestor würden Sie wohl keine Eigenkapitalausstattung von rund 45% finden. Da ticken Familienunternehmen halt etwas anders, da geht Sicherheit klar vor der Verzinsung des eingesetzten Kapitals. Nehmen Sie z.B. Hugo Boss: Die hatten zuvor eine ähnlich hohe Eigenkapitalquote wie wir, sind aber durch die Sonderausschüttung auf die Hälfte runtergegangen. Das würde es bei uns nicht geben: Hier gehen Sicherheit und langfristige Eigenfinanzierung des Unternehmens vor einer Optimierung der Kapitalverzinsung."

Vor diesem Hintergrund ist auch die vergleichsweise geringe Verschuldung des Unternehmens zu erklären. Die letzte größere Finanzierungsmaßnahme hat denn auch bereits vor beinahe sechs Jahren stattgefunden. Seinerzeit wurde ein Schuldscheindarlehen von ca. 20 Mio. EUR für eine Werkserweiterung aufgenommen. Dieses Darlehen wurde aber bereits Ende 2007 vollständig getilgt. Trotz der vergleichsweise hohen Eigenkapitalausstattung des

Unternehmens strebt die Schmitz Cargobull AG eine Verzinsung des eingesetzten Eigenkapitals in Höhe von 25% an.

Eine aktuelle Verschärfung der Kreditkonditionen kann Ulrich Schümer denn auch nur bedingt konstatieren. Die "spreads", also die Margen der Banken, seien zwar gegenüber den Bedingungen vor 18 Monaten gestiegen. Trotzdem sei die "grundsätzliche Finanzierungsbereitschaft" der Banken nach wie vor gegeben. Allerdings, so seine Einschätzung, würden die Banken inzwischen stärker auf kapitalmarktnahe Finanzierungen setzen wie beispielsweise ABS oder private Platzierungen. Im Sommer 2008 hatte die Schmitz Cargobull AG eine mögliche Langfristfinanzierung in Höhe von rund 50 Mio. EUR geprüft, welche zum Teil über den deutschen, zum Teil über den amerikanischen Markt realisiert werden soll. Der Grund hierfür lag darin, dass sich in Amerika derzeit längere Laufzeiten für Kredite und Schuldscheindarlehen realisieren lassen als hierzulande. Zwar müsste man für längerfristige Mittel auch einen höheren Zins bezahlen. Dennoch, so Ulrich Schümer, "[...] wählen Familienunternehmen hier vielleicht eher die langfristige, da sicherere Variante und nehmen dafür etwas teurere Konditionen in Kauf." Im Frühjahr 2009 allerdings stehen größere Investitions- und damit Finanzierungsmaßnahmen nicht mehr auf der Agenda. Zwar haben die Finanz- und Wirtschaftskrise zusammen mit den erheblichen Volumenrückgängen im Markt für LKW-Auflieger dazu geführt, dass die Schmitz Cargobull ihr Working Capital reduzieren und damit Liquidität gewinnen konnte. Die Eigenkapitalquote sei im Zuge dieser bilanzverkürzenden Maßnahmen zwischenzeitlich auf 60% gestiegen, so Ulrich Schümer im Gespräch im Februar 2009. Insofern sei die Finanzierungssituation des Unternehmens zwar nach wie vor sehr komfortabel; die Voraussetzungen für größere expansive Maßnahmen und entsprechende Finanzierungslösungen seien aber trotzdem denkbar ungünstig.

Ursprünglich firmierte das Unternehmen als GmbH & Co. KG. Vor etwa zehn Jahren erfolgte dann die Umwandlung in eine AG. In diesem Zusammenhang wurde seitens der Firmenleitung beschlossen, das eigene Finanzmanagement und insbesondere die Finanzkommunikation an denen einer börsenno tierten AG zu orientieren. Denn, so Ulrich Schümer im Gespräch, "[...] auch als Familienunternehmen muss man eine offene und transparente Kommunikation betreiben, um Vertrauen aufbauen zu können." Entgegen der häufig kolportierten Meinung zur Informationspolitik von Familienunternehmen zeige man sich bei Schmitz Cargobull AG sehr informationsbereit. Die finanzierenden Banken erhalten monatlich einen verkürzten Geschäftsbericht, Zahlen zu Ergebnis, Auftragslage und Marktentwicklung und einmal im Quartal konsolidierte Bilanzen. Darüber hinaus findet einmal jährlich eine Bankenkonferenz statt, zu der alle Financiers (also beispielsweise auch Leasinggesellschaften) eingeladen und innerhalb derer aktuelle Zahlen, Strategie und Planung vorgestellt werden. Im Rahmen der Entwicklungen von Basel II lässt das Unternehmen ein internes Rating durch die Bank erstellen, was vor allem den Vorteil aufweist, dass die Bank Management und Strategie der Schmitz Cargobull AG inzwischen recht gut kennt und entsprechend beurteilen kann.

AI-1.4 Wachstum und Strategie des Unternehmens

Innerhalb der Strategie der Schmitz Cargobull AG nimmt das Wachstum des Unternehmens grundsätzlich eine besondere Rolle ein. Die Branche befinde sich nach Aussage von Ulrich Schümer in einer "klassischen Konsolidierungsphase" und "einem harten Verdrängungswettbewerb". Wachstum ist hierbei der Motor der eigenen Entwicklung, denn nur über entsprechendes Wachstum ließen sich die notwendigen Skaleneffekte erzielen, die in dem preisintensiven Wettbewerb inzwischen erforderlich seien. Dabei setzt die Schmitz Cargobull AG allerdings weniger auf Zukäufe kleinerer Konkurrenten, sondern wächst primär aus eigener Kraft. Der Grund hierfür liegt vor allem darin, dass neue Fabriken innerhalb der Gruppe inzwischen zum überwiegenden Teil als sogenannte "Assembly"-Fertigungsstätten konzipiert werden. Das bedeutet, dass Einzelteile als fertige Module von Seiten der Lieferanten oder von den Hauptwerken angeliefert und vor Ort nur noch montiert werden. Dies ermöglicht eine enorme Umsatzspanne und ein Verhältnis von erforderlichen Investitionen zu erzielbarem Umsatz von ca. 1:20. Außerdem ließen sich neue Standorte optimal in die bestehende Wertschöpfung integrieren.

Eine Akquisition würde hier das wesentlich größere Risiko darstellen, weswegen der letzte größere Zukauf denn auch vor bereits zehn Jahren getätigt wurde. Die Verdrängung im Wettbewerb findet also primär darüber statt, dass kleinere Konkurrenten vom Markt verschwinden (oder sich spezialisieren) und die entsprechenden Marktanteile von den großen Anbietern aufgefüllt werden. Noch vor gut zehn Jahren befand sich Schmitz Cargobull selbst in der Rolle des Nischenspielers. Das Unternehmen bot seinen Kunden eine große Typenvielfalt von Aufliegern, von Tank- und Kühlaufliegern bis hin zu Tiefladern. Schmitz Cargobull füllte die klassische Rolle des Spezialisierers aus, der möglichst alle kundenindividuellen Varianten anbieten möchte. Erst die konsequente Reduzierung des Sortiments auf im Wesentlichen zwei verbleibende Standardauflieger, die sich schnell und effizient modularisieren ließen, brachte die notwendigen Ertragseffekte, um sich erfolgreich auf das Marktwachstum der späten 1990er und 2000er Jahre einstellen zu können.[1] Heute ist die Schmitz Cargobull AG europäischer Marktführer, und der Erfolg der strategischen Neuausrichtung wird deutlich, wenn man sich die Wachstumsraten des Gesamtmarktes und die der Schmitz Cargobull AG vor Augen hält: Während der Gesamtmarkt in Europa nach Einschätzung Ulrich Schümers in den letzten Jahren mit ca. 2,5 bis 4% und 2007 sogar mit 8% gewachsen ist,[2] hat sich die Schmitz Cargobull AG mit durchschnittlich 17% über die letzten zwölf Jahre und 25% im abgelaufenen Geschäftsjahr 2007/08 deutlich besser entwickelt. Das über das Marktwachstum hinaus erzielte zusätzliche Geschäft muss also zwangsläufig zu Lasten der Konkurrenz gewonnen worden sein.

Während die Schmitz Cargobull AG sich bis dato als "European Player" und nicht als "Global Player" betrachtet, enthalten die strategischen Überlegungen zur Entwicklung bis 2015 auch die geographischen Märkte Asien, Naher Osten und Amerika. Allerdings, so Ulrich Schümer im Gespräch, sei der Ein-

[1] Vgl. MEFFERT und KLEIN (2007), S. 64 ff.

[2] Nach Angaben des Kraftfahrt-Bundesamtes haben die Neuzulassungen für LKW zwischen 2004 und 2005 sogar nur um 3,8% zugenommen, die neu zugelassenen LKW-Anhänger gingen sogar leicht zurück (-2,7%). Vor dem Hintergrund dieser Werte scheint die Markteinschätzung von Ulrich Schümer zumindest nicht unplausibel, vgl. Kraftfahrt-Bundesamt (2005), S. 31 und 53.

stieg in diesen Märkten aufgrund der speziellen Branchencharakteristika sehr schwierig. LKW-Auflieger in den USA beispielsweise verfügen über gänzlich andere technische Klassifikationen als in Europa. Daher sind die nationalen und regionalen Märkte zumeist in der Hand von einigen wenigen starken regionalen Anbietern. "Um die Märkte außerhalb Europas richtig entwickeln zu können, benötigen wir einen langen Atem und auch die Bereitschaft, einiges an Kapital zu investieren", so die Einschätzung Ulrich Schümers.

Dies gilt auch und gerade vor dem Hintergrund der einbrechenden Märkte gegen Ende des Jahres 2008. Diese Entwicklung sei historisch beispiellos und habe die Branche so massiv getroffen, dass man derzeit mit Rückgängen von bis zu 80% im Auftragsbestand zu kämpfen habe, so Ulrich Schümer im Gespräch im Februar 2009. So stark das Unternehmen auch gerade in der jüngeren Vergangenheit gewachsen sei, nun stünden die Zeichen eher auf einer Art "Schrumpfungs- und Gesundungskurs". Man habe bereits entschlossen reagiert und Verträge mit Leiharbeitnehmern nicht verlängert wie auch Kurzarbeit eingeführt. Wenn die Krise aber andauere, dann müsse auch an die Stilllegung von technischen Kapazitäten gedacht werden. "Aktuell wäre es das Beste für den Markt, wenn wir die Gesamtkapazität reduzieren würden", so Ulrich Schümer. Im Grunde müsse man kleinere Wettbewerber aufkaufen und die Standorte schließen; im selben Atemzug, wie Herr Schümer diesen theoretischen Gedanken formuliert, macht er sehr deutlich, dass eine solche Strategie sich für ein "Familienunternehmen wie die Schmitz Cargbobull" verbiete. Der Imageverlust sei nicht tragbar, und daher versuche das Unternehmen stattdessen, sich so flexibel wie möglich aufzustellen, um aus einem Schrumpfungsprozess heraus nach der Krise wieder Fahrt aufnehmen zu können. "Shrink to grow" nennt sich die aktuelle strategische Maßgabe für die Schmitz Cargobull, was deutlich macht, dass Wachstum nach wie vor einen zentralen Stellenwert innerhalb der Strategie des Unternehmens einnimmt. Wie viel Zeit die Schmitz Cargobull AG allerdings benötigen wird, um die Krise durchzustehen und die jüngsten Fertigungs- (und damit auch Umsatzwerte) wieder zu erreichen, ist im Frühjahr 2009 zumindest noch nicht abzusehen.

AI-1.5 Wechselwirkungen zwischen Wachstum und Finanzierung

Auf die Frage nach den spezifischen Zusammenhängen zwischen Wachstum und Finanzierung der Schmitz Cargobull AG und ob mit einer aggressiveren Kapitalstruktur nach seiner Einschätzung ein noch dynamischeres Wachstum in der jüngeren Vergangenheit möglich gewesen wäre, antwortet Ulrich Schümer, dass seines Erachtens gerade die hohe Eigenkapitalquote dem Unternehmen seine Wachstumsspielräume eröffnet habe. Die Banken suchen seiner Einschätzung zufolge momentan vor allem nach sicheren Engagements, "[...] und da können wir ihnen zur Zeit wahrscheinlich mehr bieten als die Finanzinvestoren." Mit einer langfristig ausgerichteten Wachstumsstrategie und einer komfortablen Eigenkapitalquote ausgestattet bietet die Schmitz Cargobull AG ein attraktives Kreditengagement für jede Bank. Daher sieht Ulrich Schümer auch den Einstieg einer Beteiligungsgesellschaft nicht als ein realistisches Szenario für das eigene Unternehmen, wie schon in dem in Abschnitt AI-1.3 herausgestellten Zitat deutlich wird. Ein Absenken der Eigenkapitalausstattung durch erhöhte Gewinn- und Sonderausschüttungen hält er für nicht förderlich, um eine langfristig Wachstumsstrategie, die sich durch ein vorsichtiges "Herantasten" an fremde Märkte kennzeichnet, umzusetzen.

AI-2 Biotest AG – vom Familien- zum Kapitalmarktunternehmen

Biotest AG, Dreieich

Verwendete Quellen:

- *Interview mit Dr. Michael Ramroth, Vorstand Finanzen und Zentrale Dienste der Biotest AG, am 15. April 2008*
- *Aktualisierte Einschätzung durch Dr. Ramroth am 19. Februar 2009*

- *Unternehmensinformationen gemäß Internetauftritt (www.biotest.de)*
- *Geschäftsberichte, Börsenprospekte und sonstige aktienrechtliche Informationen*
- *Presseartikel (insbesondere Dow Jones Corporate News)*

AI-2.1 Historie und Entwicklung

Die Biotest AG mit Sitz in Dreieich bei Frankfurt am Main ist ein Unternehmen zur Herstellung und zum Vertrieb von Medikamenten zur Behandlung von Blut- und Immunerkrankungen sowie von Reagenzien und Systemen zur Diagnostik bei Transfusionen und Transplantationen. 1946 vom Chemiker Dr. Hans Schleussner als Biotest-Serum-Institut GmbH gegründet, konzentrierte sich das Unternehmen zunächst auf die Erforschung eines Reagenz zum Nachweis des sogenannten Rhesus-Faktors[1]. Dazu wurde menschliches Blutplasma in dessen drei wesentliche Bestandteile aufgespalten, die sogenannten Immunglobuline, Gerinnungsfaktoren und Albumine. Heute beschäftigt sich die Biotest AG noch immer mit diesen Kernbestandteilen menschlichen Blutplasmas: Den Großteil des Geschäftes machen Plasmaproteinprodukte aus, die aus den Immunglobulinen gewonnen werden. Im Diagnostik-Bereich beschäftigt sich die Biotest AG mit Reagenzien und Testsystemen zur Blutgruppenbestimmung, die beispielsweise vor einer Transfusion eingesetzt werden. Über 40 Jahre befand sich das Unternehmen in Familienhand, bis es 1987 im Zuge anhaltenden Wachstums den Gang an die Frankfurter Börse unternahm. Man wählte eine zweigeteilte Aktienstruktur mit Stamm- und Vorzugsaktien und emittierte zunächst 80.000 Vorzugs- sowie 320.000 Stammaktien im Gesamtgegenwert von 20 Mio. DM. Im Zuge verschiedener Kapitalerhöhungen wurde die Anzahl der Vorzugsaktien zuletzt auf 5,1 Mio., die der Stammaktien auf 6,6 Mio. gesteigert. Der Familienanteil an den Stammaktien ging im Zuge dessen immer weiter zurück.

[1] Der Rhesus-Faktor bezeichnet ein spezifisches Protein im menschlichen Blut.

AI-2.2 Aktuelle Situation von Unternehmen und Familie

Heute hält die Familie von Unternehmensgründer Hans Schleussner noch 50,03% und damit die marginale Mehrheit der Stimmrechte an der Biotest AG. Weder Herr Schleussner noch sonst ein Familienmitglied sind im Management des Unternehmens vertreten. Frau Dr. Cathrin Schleussner ist die stellvertretende Vorsitzende des Aufsichtsrates und agiert als Sprecherin der Familie sowohl im Innen- wie auch im Außenverhältnis. Die Anteile der Familie wurden Ende des Jahres 2007 in eine Art Familienholding, die OGEL GmbH, eingebracht, u.a. auch mit dem Ziel, das Vermögen der Familie künftig stärker zu diversifizieren und es also nicht ausschließlich oder weit überwiegend in der Biotest AG zu investieren. Der Einfluss der Familie Schleussner auf das Unternehmen ist heute also nur noch gering, und so kommt Dr. Michael Ramroth, Vorstand für Finanzen und Zentrale Dienste der Biotest AG, auch zu dem Schluss, dass im Fall der Biotest AG von einem klassischen Familienunternehmen kaum noch die Rede sein kann.[1]

Die Biotest AG erzielte im Geschäftsjahr 2008[2] einen Konzernumsatz von rund 423 Mio. EUR und ein operatives Ergebnis (EBIT) von rund 56 Mio. EUR.[3] Durch die Akquisition der US-amerikanischen Nabi Biologics zum Ende des Jahres 2007 konnte die Position der Biotest AG im nordamerikanischen Markt, dem wichtigsten Einzelmarkt für Immunglobuline, ausgebaut werden. Die folgende Darstellung fasst die Entwicklung der Biotest AG in Umsatz und EBIT für die Jahre 2005 bis 2008 zusammen. In einer aktualisierten Einschätzung zur momentanen Lage von Unternehmen und Markt im Februar 2009 betonte Dr. Ramroth, dass das Jahr 2008 sehr gut verlaufen sei. Von der weltweiten Wirtschafts- und Finanzkrise, die viele andere Branchen tief erschüttert habe, sei bei der Biotest AG (noch) nichts zu spüren.

[1] Insofern stellt die Biotest AG einen Grenzfall innerhalb der untersuchten Unternehmen dar. Sie fällt aber noch unter die forschungsleitende Definition gemäß Abschnitt 1.4.3 und zeigt, welche Veränderungen ein "echtes" Familienunternehmen auf seinem Weg zu einem kapitalmarktorientierten Unternehmen erfahren kann.

[2] Das Geschäftsjahr entspricht dem Kalenderjahr.

[3] Vgl. Biotest AG (2008), S. 94.

Darstellung AI-II: Umsatz- und EBIT-Entwicklung 2005 bis 2008 [Mio. EUR]

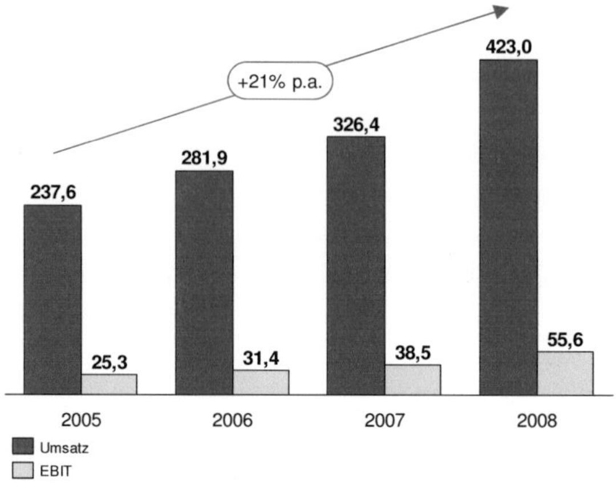

Quelle: Geschäftsberichte der Biotest AG 2007 und 2008

AI-2.3 Finanzierung des Unternehmens

Im Zuge der Akquisitionsfinanzierung für die Nabi Biologics führte die Biotest AG im September 2007 eine Kapitalerhöhung durch. Der Kaufpreis für die Vermögensgegenstände der Nabi Biologics, die im Rahmen eines Asset-Deals an die Biotest AG übergingen, lag bei 185 Mio. USD oder umgerechnet 127 Mio. EUR.[1] Durch die Ausgabe neuer Stammaktien erhöhte sich das gezeichnete Kapital um knapp 3 Mio. EUR auf rund 30 Mio. EUR. Zusammen mit der Ausgabe neuer Vorzugsaktien konnte das Unternehmen rund 33 Mio. EUR an neuem Eigenkapital und zusätzlicher Liquidität einwerben. Um den Prozess zu beschleunigen, erfolgte die Kapitalerhöhung im Verfügungsrahmen des bedingten Kapitals und unter Ausschluss der Bezugsrechte der Altaktionäre. Zusätzlich schloss die Biotest AG einen neuen Konsortialkreditvertrag über 175 Mio. EUR unter Führung der Commerzbank AG ab, der 130 Mio. EUR an langfristig zur Verfügung stehenden Mitteln umfasst. Im Wesentlichen durch diese Maßnahmen verlängerte sich die Konzernbilanz um rund

[1] Vgl. o.V. (2008a).

175 Mio. EUR, auf der Aktivseite größtenteils reflektiert durch die Aufnahme der Vermögensgegenstände der Nabi Biologics. Die solide Ertragslage der letzten Jahre spiegelt sich deutlich gestiegenen Gewinnrücklagen zwischen 2006 und 2008 wider: Während sich diese 2006 noch auf rund 10 Mio. EUR beliefen, betrugen sie 2008 bereits beinahe den vierfachen Wert (39,8 Mio. EUR). Wesentliche Positionen der Passivseite der Konzernbilanz am Jahresende 2006 bis 2008 zeigt die folgende Darstellung:

Darstellung AI-III: wesentliche Passivpositionen der Konzernbilanz 2006 bis 2008 [Mio. EUR]

per 31. Dezember	2006	2007	2008	in %
Kurzfristiges Fremdkapital	68,8	98,7	118,3	20,0%
davon aus Lieferungen/Leistungen	23,5	32,1	48,7	8,2%
davon Finanzverbindlichkeiten	16,7	26,1	28,2	4,8%
Langfristiges Fremdkapital	114,0	212,2	220,3	37,2%
davon Pensionsrückstellungen	43,1	43,1	43,4	7,3%
davon Finanzverbindlichkeiten	64,7	162,7	166,6	28,1%
Eigenkapital	179,3	225,8	253,4	42,8%
davon gezeichnetes Kapital	27,3	30,0	30,0	5,1%
davon Kapitalrücklage	122,9	153,3	153,3	25,9%
davon Gewinnrücklagen	10,4	23,6	39,8	6,7%
Schulden und Eigenkapital	**362,1**	**536,7**	**592,0**	**100,0%**

Quelle: Geschäftsberichte der Biotest AG 2007 und 2008

Mit einer Eigenkapitalquote von rund 43% ist die Biotest AG nach eigener Einschätzung komfortabel ausgestattet und für weitere Wachstumsvorhaben gerüstet. Ein Drängen seitens der Unternehmerfamilie auf eine Mindesteigenkapitalquote kann der CFO der Unternehmensgruppe nicht erkennen. Wie schon im Abschnitt AI-2.2 beschrieben, hält sich die Familie mit ihrem Einfluss auf das Unternehmen offenbar auch in finanzstrategischen Fragen zurück. Allerdings, so Dr. Ramroth im Gespräch, stehen die Familiengesellschafter voll hinter der Strategie und den Wachstumsmaßnahmen des Vorstands. Dies zeigt sich nicht zuletzt auch darin, dass ein nachrangiges Gesellschafterdarlehen von 10 Mio. EUR seitens der Familiengesellschafter in echtes Eigenkapital gewandelt und die Eigenkapitalbasis des Unternehmens somit gestärkt wurde.

Für die Finanzierung der US-Akquisition konnte die Biotest AG zum einen das noch relativ stabile Börsenumfeld gegen Ende des Jahres 2007 nutzen, wie auch von der Tatsache profitieren, dass die Finanzmarktkrise noch nicht in vollem Umfang Wirkung auf die europäischen Kreditmärkte entfaltet hatte. Zwar gab es nach Angabe von Dr. Ramroth Bestrebungen der Banken, die im Konsortialvertrag festgelegten Konditionen noch einmal anzupassen, dies konnte die Biotest AG allerdings abwehren. Insgesamt erweisen sich die Finanzierungsvoraussetzungen des Unternehmens als erstaunlich stabil: Auch im vierten Quartal 2008, für viele Branchen eines der schlimmsten ihrer Geschichte, konnte die Biotest AG ihre bestehenden kurzfristigen Kreditlinienzusagen in Höhe von 40 Mio. EUR zu bestehenden Konditionen verlängern. Gegen Ende des Jahres 2008 konnte sie darüber hinaus sogar noch eine weitere Bank für eine zusätzliche Kontokorrentkreditlinie in Höhe von 10 Mio. EUR gewinnen. Eine "Kreditklemme" kann Dr. Ramroth demzufolge für sein Unternehmen nicht erkennen; Schuldner mit solider Bonität hätte es nach wie vor vergleichsweise leicht, an kurz- und langfristige Finanzierungsmittel zu gelangen, so seine Einschätzung im Gespräch am 19. Februar 2009.

Zu den wesentlichen Zielen, welche die Biotest AG mit ihrer Finanzierung verbindet, zählen nach Angabe von Dr. Ramroth die Fristenkongruenz von Vermögen und Kapital, die Sicherstellung ausreichender Liquidität für operative Zahlungsverpflichtungen, aber insbesondere auch strategische Maßnahmen wie z.B. Akquisitionen sowie die Optimierung der eigentlichen Finanzierungskonditionen (Kapitalkosten, Covenants etc.). Die Erfüllung der Informationsansprüche seitens der Banken fällt der Biotest AG nach eigener Einschätzung nicht schwer, gerade auch weil die Quartalsberichte an die Banken weitgehend mit den Informationen für den Kapitalmarkt übereinstimmen.

AI-2.4 Wachstum und Strategie des Unternehmens

Auch wenn sich nach Einschätzung von Dr. Ramroth aktuell keine konkrete Akquisitionsmöglichkeit für die Biotest AG bietet, so stehen die kommenden

Geschäftsjahre doch im Zeichen einer Wachstumsstrategie.[1] Einschränkend muss hinzugefügt werden, dass auch die Biotest AG mittelfristig mit einem Nachfragerückgang ihrer Produkte rechnet. Allerdings seien hier die Wirkungszusammenhänge mit der Wirtschafts- und Finanzkrise wesentlich mittelbarer als in vielen anderen Branchen. Schließlich handele es sich bei den Produkten der Biotest AG um teilweise lebenswichtige Präparate. Erst mit wieder deutlich steigender Arbeitslosigkeit, zunehmender Staatsverschuldung und einer schwierigeren Finanzlange der Krankenkassen müsse man hier mit Einwirkungen rechnen, so Dr. Ramroth im Gespräch.

Der regionale Fokus der Expansionsbemühungen in den kommenden Jahren liegt in den USA, wo durch fortgesetzte Integration der neu erworbenen Kapazitäten die eigene Position gestärkt und ausgebaut werden soll. Dies wird aber voraussichtlich aus eigener Kraft erfolgen, weil die Zahl der relevanten Marktteilnehmer in diesem Segment sehr begrenzt ist. Von insgesamt gerade einmal sieben weltweit agierenden Unternehmen im Bereich der Immunglobuline sind nur die größten drei und inzwischen die Biotest (Nr. 6 der Welt) in den USA vertreten. Die drei Weltmarktführer vereinen ca. 70% des weltweiten Marktvolumens von ca. 100 Tonnen p.a. auf sich. Eine Übernahme eines dieser Unternehmen kommt für die Biotest AG nach Aussage des CFO nicht in Frage. Andererseits seien gerade Akquisitionen nur schwer im Voraus zu planen, weswegen sie üblicherweise auch nicht konkreter Bestandteil der strategischen Planung seien. Die Nachfrage nach Plasmaproteinen dürfte bis zum Jahre 2010 zwischen 7 und 8% p.a. zunehmen;[2] die Biotest AG strebt ihrerseits einen Konzernumsatz in der Größenordnung von mehr als 500 Mio. EUR für das Jahr 2010 an,[3] was einem Zuwachs gegenüber dem Jahr 2007 von mehr als 50% bedeuten würde.

Allerdings stehen bei alledem nicht nur die reinen Umsatzzahlen im Vordergrund der Überlegungen, die Biotest AG strebt vor allem ein profitables und

[1] Vgl. Biotest AG (2007), S. 73.
[2] Vgl. Biotest AG (2007), S. 75.
[3] Vgl. Biotest AG (2008), S. 31.

nachhaltiges Wachstum an. Die deutliche Akzentuierung der Profitabilität hat vermutlich auch historische Gründe: Im wirtschaftlich besonders schwierigen Jahr 2002 musste die Biotest AG einen Verlust vor Steuern (EBT = "earnings before taxes") von ca. 17 Mio. EUR hinnehmen. Im Jahr 2006 konnte man bereits einen Gewinn von rund 22 Mio. EUR, 2007 von rund 30 Mio. EUR und 2008 von sogar mehr als 40 Mio. EUR erzielen und damit das EBT sogar stärker steigern als den Umsatz.

Die Grundlagen des heute erzielbaren Wachstums liegen nach Einschätzung von
Dr. Ramroth auch in einer sehr weitsichtigen Investitionspolitik begründet. 1999 beschloss die damalige Geschäftsführung noch unter stärkerer Einflussnahme der Familie Schleussner und unter großen finanziellen Anstrengungen die Erweiterung der Produktionskapazitäten außerhalb von Frankfurt. Die Finanzierung dieser Investitionen hätte das Unternehmen drei Jahre später zwar fast in die Illiquidität getrieben; dennoch hielt man an den Plänen fest. Von dem sich nach 2003 einstellenden Aufschwung konnte die Biotest AG nur deshalb so stark profitieren, weil sie über die notwendigen modernen Fertigungskapazitäten verfügte. Auch würden sich heute zunehmend die Resultate einer klugen Internationalisierungsstrategie zeigen, so die Einschätzung von Dr. Ramroth. Gerade in unsicheren Zeiten wie den aktuellen sei es von Bedeutung, sich nicht nur auf einen nationalen Markt zu stützen, sondern international aufgestellt zu sein. Das mache unabhängiger von den politischen Einflüssen und Krisenreaktionen in einzelnen Ländern.

AI-2.5 Wechselwirkungen zwischen Wachstum und Finanzierung

Das zuvor geschilderte Beispiel verdeutlicht einen besonderen Aspekt in der Wechselwirkung von Wachstums- und Finanzierungsfragen: Neben der Bereitstellung ausreichender finanzieller Mittel für anstehende Wachstumsvorhaben geht es stets auch um die richtige Ausgestaltung der jeweiligen Finanzierung. Im Beispiel der Biotest AG hatte sich das Unternehmen zu kurzfristig verschuldet (vermutlich aufgrund günstigerer Konditionen), eine Fristenkongruenz zwischen den Investitionen in die Produktionsstätten und der dahinterstehenden Finanzierung war nicht gegeben. Bei Fälligkeit der anfallenden Tilgungsleistungen konnten die getätigten Investitionen noch nicht in vollem Umfang zum operativen Cashflow der Biotest AG beitragen. Die zunehmende Illiquidität brachte das Unternehmen in eine schwere Krise. Der Ausweg gelang u.a. mithilfe von Kapitalerhöhungen. Und hier spielte die Unternehmerfamilie Schleussner eine Schlüsselrolle: Zum einen trug sie die Kapitalerhöhungen in gewissem Umfang mit, beispielsweise durch die Wandlung der Gesellschafterdarlehen. Zum anderen versperrte sie sich offenbar nicht gegenüber einer sukzessive eintretenden Verwässerung ihrer Stimmrechte. Allein seit 2005 hat die Biotest AG fünf Kapitalerhöhungen durchgeführt; die absolute Stimmrechtsmehrheit der Familie besteht aktuell nur noch knapp. Tendenziell hält es Dr. Ramroth sogar für möglich, dass die Familie diese absolute Mehrheit mittelfristig aufgibt und sich das Unternehmen so zu einer mehrheitlich kapitalmarktnotierten Aktiengesellschaft wandelt. Insofern kann von einer eingeschränkten Wachstumsdynamik aufgrund familiär induzierter Finanzierungsrestriktionen bei der Biotest AG nicht gesprochen werden.

AI-3 HAWE Hydraulik – moderne Finanzierungsstrukturen in bayerischer Tracht

HAWE Hydraulik GmbH & Co. KG, München

Verwendete Quellen:

- *Interview mit Karl Haeusgen, geschäftsführender Gesellschafter der HAWE Hydraulik GmbH & Co. KG, am 14. April 2008*
- *Unternehmensinformationen gemäß Internetauftritt (www.hawe.de)*
- *Presseartikel (Süddeutsche Zeitung)*

AI-3.1 Historie und Entwicklung

Die HAWE Hydraulik GmbH & Co. KG (im Folgenden "HAWE Hydraulik") ist ein spezialisierter Hersteller von Hydrauliklösungen mit Sitz in München. 1949, in der noch jungen Bundesrepublik, gründeten der Ingenieur Karl Heilmeier und der Kaufmann Wilhelm Weinlein das Unternehmen unter dem damaligen Namen "Heilmeier und Weinlein, Fabrik für Oelhydraulik GmbH & Co. KG". Die Idee seinerzeit war es, für jede Anwendung, für jedes Problem eine maßgeschneiderte Hydrauliklösung anzubieten – "Problemlösungen für Problemlösungen", wie es in den unternehmerischen Grundsätzen heißt. Schon immer setzte die HAWE Hydraulik dabei konsequent auf den Werkstoff Stahl und verzichtete auf Leichtbauteile wie beispielsweise aus Aluminium, die zwar Gewichtsvorteile, aber auch die geringere Festigkeit mit sich bringen.

1996 verkauften die Nachkommen von Wilhelm Weinlein ihre Gesellschaftsanteile (50%). Ihre Anteile wurden jeweils zur Hälfte von der Deutschen Beteiligungsgesellschaft (DBAG) und der Familie Haeusgen, Nachkommen von Unternehmensgründer Karl Heilmeier, übernommen. Seit dem Ausstieg der DBAG im Jahre 2002 hält Familie Haeusgen 100% der Stimmrechte an der HAWE Hydraulik. Karl Haeusgen, dem geschäftsführenden Gesellschafter, gehören dabei 43,5% der Anteile, der Rest verteilt sich zu fast gleichen Teilen auf seine zwei Brüder und seine Mutter.

AI-3.2 Aktuelle Situation von Unternehmen und Familie

Mit der allgemeinen wirtschaftlichen Erholung seit dem Jahr 2004 und der "Renaissance" des deutschen Maschinenbaus konnte auch die HAWE Hydraulik beachtliche Wachstumsraten erzielen. Im abgelaufenen Geschäftsjahr 2007 erzielte die Firmengruppe aus München einen konsolidierten Umsatz von rund 238 Mio. EUR und beschäftigte ca. 1.800 Mitarbeiter. Inzwischen ist die HAWE Hydraulik ein stark international aufgestelltes Unternehmen mit Vertriebsdependancen in Europa, Amerika und Asien-Pazifik. In Deutschland werden heute nur noch ca. 40% des Umsatzes erzielt. Die Umsatzentwicklung seit 2002 verdeutlicht die folgende Darstellung:

Darstellung AI-IV: Umsatzentwicklung der HAWE Hydraulik 2002 bis 2007 [Mio. EUR]

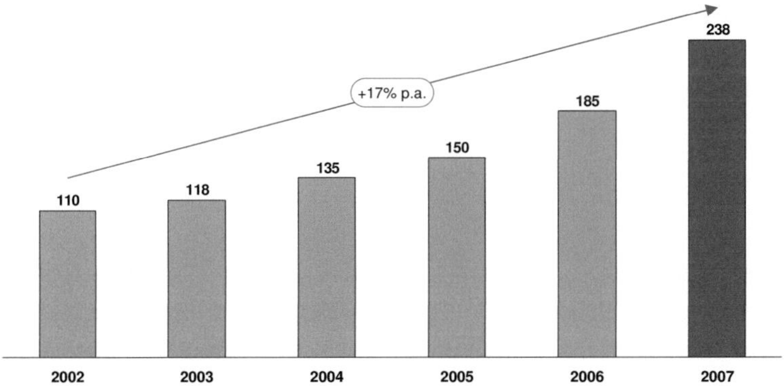

Quelle: Unternehmensangaben

Karl Haeusgen ist als einziger der Gesellschafter im Unternehmen tätig. Er wird von zwei weiteren Geschäftsführern sowie einem Beirat unterstützt, der gewisse Entscheidungskompetenzen besitzt und in dem keine Familienmitglieder vertreten sind. Karl Haeusgen ist ein Enkelsohn des Unternehmensgründers Karl Heilmeier, das Unternehmen befindet sich heute in dritter Generation im Familienbesitz.

AI-3.3 Finanzierung des Unternehmens

Die HAWE Hydraulik vereint einige bemerkenswerte Finanzierungsaspekte auf sich und bewegt sich dabei in einem interessanten Spannungsfeld zwischen konservativer Finanzierungspolitik und moderner Corporate Finance.

Traditionell kommt das Unternehmen von einer sehr stabilen Eigenkapitalquote, die über viele Jahre bei 60% lag. Im Zuge zweier Gesellschafterwechsel wurde die Bilanz allerdings immer wieder durch Fremdkapital verlängert. Heute liegt die Eigenkapitalquote bei etwa 40%, was auch der strategischen Zielvorstellung der Geschäftsführung entspricht. Daneben weist die Passivseite klassische langfristige Immobilienkredite auf. Zur Stärkung des wirtschaftlichen Eigenkapitals hat das Unternehmen vor einigen Jahren einen stillen Beteiligten und Genussscheinkapital aufgenommen; letzteres wird sogar als bilanzielles Eigenkapital eingestuft. Stiller Gesellschafter ist die Bayerische Beteiligungsgesellschaft. Die Genussscheinrechte liegen bei der Bayern-Mezzanine, einem regional orientierten Investor, sowie bei den Gesellschaftern, die ursprünglich als Gesellschafterdarlehen vergebene Mittel in Genussscheinkapital umgewandelt haben.

Die HAWE Hydraulik weist also einen innovativen Mix aus Eigen- und Fremdkapital sowie Mischformen auf. Dies hat u.a. historische Gründe: Mit dem Einstieg der DBAG 1996 kam nach Aussage von Karl Haeusgen "auch ein großes Maß an Know-how in Finanzierungsfragen in das Unternehmen." Außerdem versucht die HAWE Hydraulik, sich mit einer soliden Eigenkapitalquote und dem Einsatz hybrider Finanzierungsinstrumente unabhängiger von den Banken zu machen und ihr Rating positiv zu beeinflussen. Daher befürchtet Karl Haeusgen auch keine größeren Auswirkungen aus der aktuellen Finanzmarktkrise. Es dürfte zwar zu einer gewissen Verknappung und Verteuerung der Kreditmittel kommen. Dies würde aber primär kleinere und bonitätsschwache Unternehmen treffen. Die HAWE Hydraulik ist nach eigener Aussage "in der glücklichen Lage, gewisse Konkurrenzsituationen unter den Kapitalanbietern erzeugen zu können." Daher rechnet das Unternehmen in den nächsten sechs bis zwölf Monaten nur mit leicht steigenden Finanzierungskosten.

Eben diese Kapitalkosten zählen denn auch zu den wesentlichen Zielen, welche die HAWE Hydraulik mit ihrer Finanzierungsstrategie verfolgt. Außerdem wird stark auf eine strenge Fristenkongruenz zwischen Finanzierungs- und Investitionszeiträumen geachtet. Ebenfalls wichtig ist das Besicherungskonzept, insbesondere im Fall von Bankdarlehen. Hier haben viele Kreditinstitute nach Auffassung von Karl Haeusgen "etwas überzogene Vorstellungen". Aufgrund der insgesamt sehr komfortablen Finanzierungslage sei das Unternehmen aber durchaus in der Lage, sich auf diejenigen Angebote zu konzentrieren, die ein faires Besicherungskonzept aufweisen. Zu guter letzt spielen eine gewisse internationale Kompetenz (insbesondere internationale Währungs- und Zinssicherungsinstrumente) und personelle Kontinuität in der

Betreuung seitens der Banken eine Rolle. "So, wie die Banken uns 'raten', bewerten wir inzwischen die Banken", unterstreicht Karl Haeusgen seine Aussage.

Interessanterweise spielen Unabhängigkeitserwägungen und die potenzielle Einflussnahme familienfremder Kapitalgeber offenbar keine übergeordnete Rolle für die Finanzierungsstrategie der HAWE Hydraulik. Das liege u.a. daran, dass man mit der DBAG ja bereits gute Erfahrungen gemacht habe. Allerdings seien die nicht im Unternehmen tätigen Gesellschafter und der Beirat gerade in diesem Punkt durchaus sensibler als er selbst, gibt der geschäftsführende Gesellschafter Karl Haeusgen zu. Letztlich seien die Hürden für einen Eigenkapitalinvestor bei der HAWE Hydraulik aber allein schon deshalb hoch, weil gerade mezzanine Finanzierungsinstrumente in den letzten Jahren deutlich an Attraktivität gewonnen hätten. Während man vor fünf oder sechs Jahren noch 12 bis 14% Zinsen auf Mezzanine-Kapital gezahlt habe, lägen diese Angebote heute klar im "einstelligen Bereich". Hinzu komme die geringere Einflussnahme der Kapitalgeber gegenüber der Alternative eines echten Eigenkapitalinvestments. Bei größerem Finanzierungsbedarf, etwa einer größeren Akquisition, könne die Hereinnahme eines Finanzinvestors aber in jedem Fall "eine sinnvolle Alternative" sein. Strategische Investoren hingegen schließt Karl Haeusgen für die HAWE Hydraulik aus.

Eine gesunde Innenfinanzierungskraft scheint aber auch im Fall der HAWE Hydraulik noch immer eine der besten Alternativen zu sein: Durch Festschreibung der Ziel-Eigenkapitalquote und detaillierte Gewinnverwendungs- und Entnahmeklauseln in den Gesellschaftsverträgen sei sichergestellt, dass sich die Eigenkapitalbasis auf eine ausreichende Innenfinanzierungskraft stützen kann.

AI-3.4 Wachstum und Strategie des Unternehmens

Die HAWE Hydraulik erfreut sich in den letzten Jahren eines soliden Wachstums, wie die in Darstellung AI-IV gezeigte Umsatzentwicklung verdeutlicht. Trotzdem sieht Karl Haeusgen "Wachstum nicht als Selbstzweck". Ziel sei vielmehr, ein profitables, unabhängiges Unternehmen zu sein. Allerdings stimuliere das derzeitige Marktumfeld einen dynamischen Wachstumspfad des Unternehmens, und das Unternehmen müsse im Umkehrschluss diese Chancen nutzen, weil es sich zurzeit noch in einer Art "Sandwich"-Position befinde. Man sei zu klein, um schon die Kostenvorteile eines großen Serienfertigers nutzen zu können, und zu groß, um sich die Flexibilität kleinerer Nischenspezialisten zu bewahren. Daher sieht die 5-Jahres-Strategie, die sogenannte "roadmap", einen klaren Wachstumskurs vor. Chancen werden dabei regional in China, Korea und Japan, aber auch in Nordamerika gesehen. Anwendungsseitig dürften die großen Triebkräfte bei den erneuerbaren Energien, Technologien zur Ressourcenerschließung und Infrastrukturmaßnahmen liegen. Wachstum durch Zukäufe realisiert die HAWE Hydraulik dabei nur, um sich mithilfe bestehender Vertriebsstrukturen Zugang zu bestimmten Märkten zu verschaffen. Die Produktentwicklung wolle man aus eigener Kraft betreiben, daher gebe es eine klare Präferenz zugunsten organischen Wachstums. Im Rahmen seiner strategischen Planung versucht das Unternehmen also, vielversprechende Regionen und Anwendungen zu identifizieren. Daraus werden konkrete Produktions- und Kapazitätsanforderungen abgeleitet. Eine Aktualisierung der Roadmap erfolgt zumeist jährlich, spätestens aber alle zwei Jahre. Gesellschafter und Beirat beschäftigen sich jeweils in vier Sitzungen pro Jahr mit anstehenden strategischen Entscheidungen.

Bei allen ambitionierten Wachstumszielen wolle man aber nicht die Bodenhaftung verlieren. Ein Imperium zu schaffen könne nicht das Ziel sein, so Karl Haeusgens Sicht auf das eigene Unternehmen. "Wir sind zwar selbstbewusst, aber genauso bodenständig und bescheiden."

AI-3.5 Wechselwirkungen zwischen Wachstum und Finanzierung

Es ist nicht eindeutig herauszuarbeiten, ob das starke Wachstum der HAWE Hydraulik in den letzten Jahren und die inzwischen gewonnene Größe dem Unternehmen einen breiteren, finanziellen Spielraum eröffnet, oder ob die innovative Finanzierungsstruktur und die damit gewonnene Flexibilität das Wachstum in der jüngeren Vergangenheit überhaupt erst ermöglicht haben. In der Rückschau allerdings, so der geschäftsführende Gesellschafter Karl Haeusgen im Gespräch, gab es durchaus Zeiten, in denen das Wachstum der Gruppe unter restriktiven Finanzierungskonditionen gelitten hat. Dies war zum ersten Mal 1996 der Fall, als für die Ablösung des Weinlein'schen Gesellschafterstamms Fremdmittel in substanziellem Umfang aufgenommen werden mussten. Hinzu kam eine gewisse Branchenskepsis der Finanzindustrie gegenüber dem Maschinenbau. Dies führte dazu, dass sich die Verhandlungen mit den kreditgebenden Banken alles andere als einfach gestalteten. Infolgedessen litt das Unternehmen tatsächlich unter einer gewissen Wachstumslimitierung aufgrund seiner Finanzierungsvoraussetzungen. Allerdings waren diese stärker dem besonderen Umstand des Gesellschafterwechsels und dem allgemeinen Wirtschafts- und Branchenklima geschuldet als etwaigen familienunternehmenstypischen Besonderheiten in der Ausgestaltung der Finanzierung. Dies wird noch deutlicher, wenn man bedenkt, dass sich eine ähnliche Situation 2002 nahezu wiederholte, als der Ausstieg der DBAG von der Familie Haeusgen mit entsprechendem Fremdkapitaleinsatz finanziert werden musste. In der Folge ist es der HAWE Hydraulik offenbar gelungen, ihre Finanzierungs- und Wachstumsstrategie gut aufeinander abzustimmen, selbst wenn natürlich nicht abschließend geklärt werden kann, ob beispielsweise durch eine Kapitalerhöhung unter Einbeziehung eines Finanzinvestors nicht noch stärkeres Wachstum möglich gewesen wäre. Aus heutiger Sicht jedoch, das macht Karl Haeusgen deutlich, stellt sich die Situation für die HAWE Hydraulik jedoch sehr komfortabel dar: Ausgestattet mit einer soliden Eigenkapitalquote und einem vergleichsweise breiten Spektrum möglicher Finanzierungsinstrumente blickt das Unternehmen optimistisch in die Zukunft und weiterem Wachstum entgegen.

AI-4 "Werkzeug-AG" – Standortnachteil Deutschland?

Werkzeug-AG (anonymisierte Darstellung)

Verwendete Quellen:

- *Interview mit dem familienfremden Vorstandsvorsitzenden am 5. Mai 2008*
- *Unternehmensinformationen gemäß Internetauftritt*
- *Presseberichte*

AI-4.1 Historie und Entwicklung

Die Werkzeug-AG ist ein seit 1924 bestehendes Familienunternehmen, welches sich auf die Herstellung von Werkzeugen spezialisiert hat. Ziel der beiden Gründer war es, Werkzeuge zu entwickeln, die den gestiegenen Anforderungen einer zunehmend technisierten Berufswelt besser entsprachen als alles, was seinerzeit auf dem Markt erhältlich war. Waren es in den frühen Jahren noch ausschließlich rein mechanische Fabrikate, kamen ab den 1930er Jahren erste elektrische Werkzeuge hinzu. Der Sitz der Firma liegt seit der Gründung im heutigen Baden-Württemberg.

AI-4.2 Aktuelle Situation von Unternehmen und Familie

Heute erzielt die Werkzeug-AG einen jährlichen Umsatz von ca. 400 Mio. EUR und beschäftigte 2007 ca. 2.400 Mitarbeiter. Das Unternehmen betreibt drei Produktionsstandorte innerhalb Deutschlands, und 85% der Wertschöpfung werden nach wie vor in Deutschland erbracht; der Umsatzanteil außerhalb des Landes liegt allerdings inzwischen bei ca. 80%. Hieraus ergibt sich ein brisantes Spannungsverhältnis für die Werkzeug-AG, weil die internationale Konkurrenz überwiegend Kostenstrukturen in US-Dollar aufweist und darüber hinaus ihre Produktion zu weiten Teilen in Niedriglohnländer verlagert hat. Vor dem Hintergrund des aktuellen Wechselkursverhältnisses Euro zu US-Dollar entsteht hieraus ein echter Standortnachteil für die Werkzeug-

AG. Daher hat das Unternehmen sich 2007 entschlossen, nach über 80 Jahren ausschließlicher Fertigung innerhalb Deutschlands, einen Produktionsstandort in Shanghai zu eröffnen. Mittelfristig beabsichtigt die Werkzeug-AG, höherwertige Ware mit hoher Fertigungstiefe in Deutschland herzustellen; Produkte mit einem hohen Montageanteil hingegen sollen künftig im chinesischen Werk gefertigt werden. Aus der nachfolgenden Darstellung wird deutlich, wie sich die Relation zwischen inländischen und ausländischen Anteilen am Umsatz der Werkzeug-AG innerhalb der letzten acht Jahre immer weiter zugunsten des Auslands verschoben hat. Mit bis zum Jahre 2007 ausschließlich inländischen Produktionsstandorten und vor dem Hintergrund der anhaltenden Euro-Stärke war das Unternehmen zum Handeln gezwungen, was sich auch an der Umsatzentwicklung insgesamt deutlich ablesen lässt:

Darstellung AI-V: Umsatzentwicklung nach Gesamthöhe und Inlands-/Auslandsanteil 2000 bis 2007 [Mio. EUR; %]

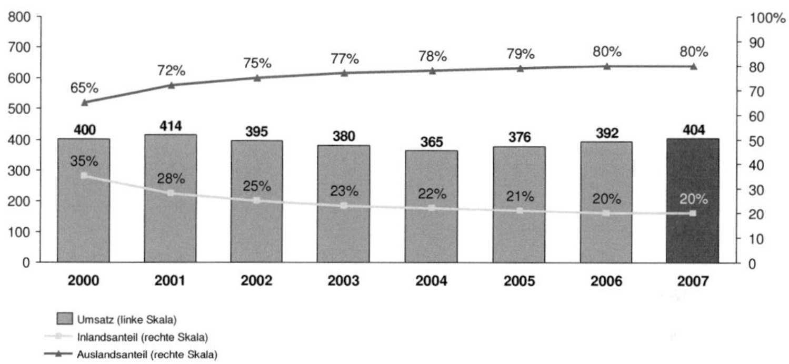

Quelle: Unternehmensangaben

Die Gesellschafter der Werkzeug-AG sind drei Familienstämme, die auf die drei Gründer des Unternehmens aus den 1920er Jahren zurückgehen. Sie halten 100% der Gesellschaftsanteile, sind aber gemäß einem in den 1990er Jahren getroffenen Abkommen nicht im Vorstand der Werkzeug-AG vertreten. Stattdessen sind Vertreter von zwei der drei Familienstämme Mitglieder im Aufsichtsrat; der dritte Stamm hat anstelle dessen einen "Delegierten" ernannt, der stellvertretend für die Mitglieder des Stammes im regelmäßigen Austausch mit dem Vorstand der AG steht. Die regionale Verbundenheit der Gesellschafter mit dem Unternehmen ist unterschiedlich ausgeprägt, insgesamt allerdings noch so stark, dass am Hauptstandort der Werkzeug-AG auf jeden Fall festgehalten werden soll. Auch die Eröffnung des chinesischen Werkes dient nach Angabe des Vorstandsvorsitzenden ausschließlich dazu, die Existenz des Unternehmens und den Hauptstandort in Deutschland dauerhaft zu sichern. Allerdings werden im Rahmen einer Restrukturierung und eines Verlagerungsprozesses zwei kleinere deutsche Produktionsstätten geschlossen. Für die Mitarbeiter an diesen Standorten gibt es zum Teil die Möglichkeit, an den Hauptstandort zu wechseln. Flankiert wird dieser Prozess mit einem Angebot zum freiwilligen Ausscheiden aus dem Unternehmen.

Insgesamt befindet sich die Werkzeug-AG damit in einer durchaus herausfordernden Situation. Nach den Worten des Vorstandsvorsitzenden hat diese aber auch ihre positiven Seiten. Für ein Familienunternehmen zu arbeiten, sei eben anders als für einen börsennotierten Konzern. Das Festhalten am Hauptstandort habe ja etwas mit Verantwortungsbewusstsein und einer gewissen unternehmerischen Ethik zu tun. "Solange man solche Entscheidungen wirtschaftlich vertreten kann, ist eine solche Einstellung eine gute Sache", kennzeichnet er sehr treffend die Haltung des Unternehmens in der Standortfrage.

AI-4.3 Finanzierung des Unternehmens

Die Werkzeug-AG hat vor zwei Jahren eine finanzwirtschaftliche Restrukturierung durchgeführt, innerhalb derer vor allem die Fristenkongruenz zwischen Investitions- und Finanzierungszeiträumen herzustellen war. Zuvor wies die Kapitalstruktur des Unternehmens einen vergleichsweise hohen Anteil an kurzfristig fälligen Finanzverbindlichkeiten aus, was die Liquidität stark belastete. Im Rahmen der Umschuldung wurde Mezzanine-Kapital in Form von Genussscheinen aufgenommen. Dadurch konnten die kurzfristigen Verbindlichkeiten reduziert und die Liquiditätslage konnte entspannt werden. Heute verfügt das Unternehmen nach eigenen Angaben über einen "headroom", also freie Kreditlinien, von 30 bis 35%. Die Aufnahme von Mezzanine-Kapital war u.a. eine zentrale Forderung der finanzierenden Banken, weist aber nach Auffassung des Vorstandsvorsitzenden der AG auch aus Sicht des Unternehmens klare Vorteile auf. Einer der wesentlichen Vorzüge, so sagt er, liege ja gerade darin, dass hierdurch kein Einfluss auf die Entscheidungsrechte der Gesellschafter genommen werde. Insofern ist Mezzanine-Kapital für Familienunternehmen besonders interessant. Alternativ hätte eine Eigenkapitalerhöhung durchgeführt werden können. Allerdings fand sich seinerzeit eine sehr unterschiedlich ausgeprägte Bereitschaft unter den Gesellschaftern, weiteres Eigenkapital in das Unternehmen einzubringen. Nach über 80 Jahren der Familienzugehörigkeit ist der Gesellschafterkreis der Werkzeug-AG heute relativ groß, und nicht jeder Familiengesellschafter weist dasselbe Maß an Identifikation mit dem Unternehmen auf. Aus diesem Grund erschien eine finanzwirtschaftliche Restrukturierung unter Beteiligung der Familiengesellschafter schwierig, auch Alternativen wie Gesellschafterdarlehen schieden aus diesen Gründen aus.

Eine weitere Bedingung der Banken im Rahmen der finanzwirtschaftlichen Neuausrichtung des Unternehmens war die vollständige Ergebnisthesaurierung über zwei Jahre. Das fiel der Werkzeug-AG allerdings nach Aussage des Vorstandsvorsitzenden nicht schwer, da es grundsätzlich bei den Gesellschaftern die Bestrebung gibt, Teile des Ergebnisses zu thesaurieren. Auch hier gibt es allerdings Unterschiede in der Auffassung der Aktionäre: Einige sprechen sich für höhere Ausschüttungen aus, andere plädieren für eine eher zurückhaltende Ausschüttungspolitik.

Die Werkzeug-AG löst ihre Finanzierungsfragen nach eigener Aussage im Wesentlichen mit einer zentralen Hausbank, zu der aus regionaler Verbundenheit und jahrzehntelanger Zusammenarbeit ein solides Vertrauensverhältnis entstanden ist. Daneben existieren drei weitere Banken, mit denen das Unternehmen regelmäßig zusammenarbeitet sowie ein weiteres deutsches Finanzinstitut mit seiner Niederlassung in China, mit dem die Zusammenarbeit im Zuge der Standortentwicklung in Shanghai aufgenommen wurde. Wesentliche Veränderungen im Verhältnis oder der Kommunikation mit der Hausbank oder den anderen Kreditinstituten, die sich im Zuge der aktuellen Finanzmarktkrise ergeben hätten, kann der Vorstandsvorsitzende nicht feststellen. Auch dies spricht für eine solide und vertrauensvolle Beziehung zu den Banken, was nicht zuletzt auch auf die nach eigener Angabe recht hohe Zufriedenheit seitens der Finanzinstitute mit dem Reporting und der Informationspolitik der Werkzeug-AG zurückgeführt werden kann. Basel II habe da eine gewisse induzierende Wirkung gehabt, als vor ca. drei Jahren Umfang, Inhalt und Frequenz des Bankenreportings verbessert wurden.

Der größer werdende Gesellschafterkreis und die zunehmende Heterogenität in der Beziehung zum Unternehmen sind nach Auffassung des Vorstandsvorsitzenden der Grund, weswegen sich die Werkzeug-AG künftig auch mit der strategischen Frage der Anteilsstruktur beschäftigen muss. Derzeit sei der Einstieg eines Investors kein Thema; allerdings werde die Verbundenheit mit dem Unternehmen mit jeder Generation schwächer, und irgendwann werde sich die Frage stellen, ob und an wen einzelne Familiengesellschafter ihre Anteile veräußern dürfen. Zurzeit gebe es in einem solchen Fall wahrscheinlich noch ausreichend Interesse seitens anderer Familienmitglieder, die frei werdenden Anteile zu übernehmen. Irgendwann müsse dieses Thema aber intensiv und umfänglich diskutiert werden.

AI-4.4 Wachstum und Strategie des Unternehmens

"Wir sind, wenn Sie so wollen, zum Wachstum verurteilt", so die pointierte Einschätzung des Vorstandsvorsitzenden der Werkzeug-AG im Gespräch. Die Nachfrage auf den Weltmärkten sei nach wie vor sehr positiv. Wenn man keine Marktanteile verlieren wolle, so müsse man sich dem Wachstum und der Dynamik der Märkte anschließen. Hierfür gilt es natürlich die notwendigen Voraussetzungen zu schaffen, und zu denen gehört u.a. die Neugründung eines Produktionsstandortes außerhalb Europas, in diesem Fall in Shanghai/China. Innerhalb der nächsten vier Jahre will die Werkzeug-AG ein Umsatzniveau von 500 Mio. EUR erreichen. Dabei verfolgt sie einen ausschließlich organischen Wachstumspfad. Der Grund hierfür liegt in der nach eigener Auffassung bereits weit fortgeschrittenen Konsolidierung der Branche. Derzeit böten sich keine Akquisitionsmöglichkeiten am Markt, die für die Werkzeug-AG interessant bzw. realisierbar wären.

Übernahmeangebote größerer Konkurrenten erreichten das Unternehmen im Umkehrschluss regelmäßig. Man sei auch sehr froh darüber und würde sich wohl ernste Gedanken machen, wenn diese ausblieben. Man habe allerdings vor einigen Jahren im Rahmen einer strategischen Grundsatzentscheidung festgelegt, die Entwicklung des Unternehmens aus eigener Kraft voranzutreiben. Zwar könne es sein, dass diese Diskussion irgendwann erneut geführt werde (gerade vor dem Hintergrund möglicher Verkaufsabsichten einzelner Gesellschafter). Dazu müsste aber zunächst die Restrukturierung des Unternehmens abgeschlossen sein, vorher würde eine mögliche Kooperation, die Beteiligung oder Übernahme durch einen Dritten keinen Sinn haben.

Mit dem Schritt nach China beabsichtigt das Unternehmen, sich hinsichtlich seiner Kostenstruktur unabhängiger vom Euro aufzustellen und Faktorkostenvorteile eines außereuropäischen Standortes zu nutzen. Dies sei notwendig, um auch weiterhin profitabel wachsen zu können. Schwierig gestalte sich dabei die Kommunikation dieser Maßnahmen, vor allem gegenüber der Belegschaft am Hauptstandort. Wenn ein neues Werk in Asien errichtet und gleichzeitig zwei Standorte in Deutschland geschlossen würden, so könne das schnell zu einer tiefen Verunsicherung der heimischen Mitarbeiter führen. Hinzu kommt abermals, dass hierbei vor dem Hintergrund der regionalen Verbundenheit von Unternehmen und einzelnen Gesellschaftern äußerst sensibel vorgegangen werden muss. "Sie müssen ihren Gesellschaftern die Möglichkeit geben, auch morgen noch in ein Restaurant hier am Standort zu gehen, ohne dass sie da angefeindet würden. Das müssen sie permanent berücksichtigen, dürfen dabei aber die wirtschaftlichen Ziele des Unternehmens nicht aus den Augen verlieren", beschreibt der Vorstandsvorsitzende auch seine eigene, schwierige Rolle im Rahmen der Restrukturierung und strategischen Neuausrichtung der Werkzeug-AG.

AI-4.5 Wechselwirkungen zwischen Wachstum und Finanzierung

Im Vergleich der Jahre 2000 und 2007, so lässt sich den Umsatzzahlen gemäß Darstellung AI-V entnehmen, stagnierte die Werkzeug-AG. Allerdings hat sie es nach Umsatzrückgängen bis einschließlich 2004 zuletzt erfolgreich geschafft, ihr eigenes Wachstum wieder zu beschleunigen. Die strukturellen Voraussetzungen hierfür waren, wie geschildert, alles andere als einfach. Hinzu kamen finanzwirtschaftliche Herausforderungen in Form einer eingeengten Liquiditätslage infolge zu hoher kurzfristig fälliger Finanzverbindlichkeiten. Aufgrund der Heterogenität im Gesellschafterkreis schien eine finanzwirtschaftliche Restrukturierung unter Beteiligung der Familie nicht durchführbar. Trotzdem will der Vorstandsvorsitzende der Werkzeug-AG in den finanziellen Voraussetzungen kein Hemmnis für das Wachstum des Unternehmens sehen. In der Vergangenheit habe es das durchaus mal gegeben. Seinerzeit habe man eine Akquisition falsch finanziert, indem man durch "sale & lease back"-Transaktionen in höherem Maße Eigenmittel bereit gestellt habe als erforderlich. Die Leasingzahlungen aus diesen Maßnahmen haben die Liquidität der Werkzeug-AG im Nachhinein stark belastet. Inzwischen könne man seinen Finanzbedarf aber sehr gut aus den zur Verfügung stehenden Mitteln decken, so die Einschätzung des Vorstandsvorsitzenden. Auch die gegebene Eigenkapitalausstattung und die Tatsache, dass eine Erhöhung des Eigenkapitals weder durch die Gesellschafter noch durch Dritte offenbar momentan zur Diskussion stehe, behindere das Wachstum nicht. Dies liege allerdings im Wesentlichen daran, dass die Wachstumsstrategie der Werkzeug-AG keine Akquisitionen vorsieht. Wollte man sich tatsächlich an fremden Unternehmen beteiligen oder sie gar übernehmen, "[...] dann würde wahrscheinlich mein Urteil auch anders ausfallen", so der Vorstandsvorsitzende im Gespräch. Insofern liege zwar kein Hemmnis für das augenblicklich verfolgte Wachstumsziel vor. Größere Schritte und noch ambitioniertere

Wachstumsvorhaben erscheinen vor diesen finanziellen Voraussetzungen allerdings problematisch. "Wenn sich auf mittlere Sicht eine Akquisitionsmöglichkeit bietet, dann wird sich die Frage erneut stellen", resümiert der Vorstandsvorsitzende der Werkzeug-AG. Grundsätzlich könne er sich unter diesen Voraussetzungen auch die Beteiligung eines strategischen oder Finanzinvestors vorstellen. Voraussetzung sei natürlich, dass unter den Gesellschaftern ein entsprechender Beschluss gefasst werde. Dass eine Auseinandersetzung mit dem Thema Anteilsverkauf an Dritte bzw. Kapitalerhöhung unter Einbeziehung Dritter mittelfristig notwendig sei, wurde schon in Abschnitt AI-4.3 ausgeführt.

AI-5 edel AG – Expansion, Wachstum, Krise und Konsolidierung

edel AG, Hamburg

Verwendete Quellen:

- *Interview mit Michael Haentjes, Hauptaktionär und Alleinvorstand der edel AG, am 17. Juni 2008*
- *Unternehmensinformationen gemäß Internetauftritt (www.edel.de)*
- *Geschäftsberichte, Börsenprospekte und sonstige aktienrechtliche Informationen*
- *Presseartikel (DIE WELT)*

AI-5.1 Historie und Entwicklung

Die edel AG ist ein Unternehmen zur Entwicklung und Vermarktung von Medieninhalten aus den Bereichen Popmusik, Klassik, Kinderunterhaltung, TV/Film und Buch mit Sitz in Hamburg. Außerdem bietet es Herstellung und Vertrieb digitaler Datenträger und Dienstleistungen an, wie z.B. Lizenzabrechnungen für nahezu die gesamte Medienbranche. Es wurde 1986 von Michael Haentjes gegründet, der heute noch immer Mehrheitsaktionär und

CEO der edel-Gruppe ist. Ursprünglich als Versandunternehmen für Filmmusik gestartet entwickelte sich die edel AG mehr und mehr zu einem integrierten Musikentwicklungs- und Vermarktungsunternehmen mit eigenen Produktionskapazitäten und eigenem Vertrieb. Seit Mitte der 1990er Jahre wurden die Aktivitäten zunehmend im Ausland ausgebaut und die Umsatzerlöse so auf ca. 150 Mio. EUR gegen Ende der 1990er Jahre gesteigert. 1998 emittierte die damals noch als edel music AG firmierende Unternehmensgruppe Aktien am "Neuen Markt" in Frankfurt. Der seinerzeitige Höhenflug der Aktienmärkte und die speziell in den Segmenten Medien, Informationstechnologie und Kommunikation teils enorme Nachfrage sorgten dafür, dass die Erstemission der edel AG deutlich überzeichnet war. Unter Zuteilung von 22,4% der Stimmrechte konnte das Unternehmen rund 35 Mio. EUR (70 Mio. DM) zusätzliche finanzielle Mittel erzielen, die im Wesentlichen für das Vorantreiben der weiteren (internationalen) Expansion genutzt werden sollten. 1999 folgte eine Kapitalerhöhung, die ebenfalls erfolgreich abgeschlossen werden konnte und bereits rund 100 Mio. EUR (200 Mio. DM) an zusätzlichen Mitteln generierte. Die so gewonnene Liquidität wurde quasi "verlängert" mithilfe von kurzfristigen Bankkrediten, sogenannten "bridge loans", in Höhe von rund 175 Mio. EUR (350 Mio. DM), um die Akquisitionsmöglichkeiten der edel-Gruppe noch zu stärken. Diese Fremdkapitalien sollten allerdings im Herbst 2000 im Rahmen einer zweiten Kapitalerhöhung abgelöst werden, zu der es in Folge der Finanzmarktkrise ab März 2000 allerdings nicht mehr kam. Die edel AG unterzog sich anschließend einem umfassenden Sanierungsprogramm, im Rahmen dessen vor allem Unternehmensbeteiligungen in größerem Umfang veräußert wurden. Die Banken mussten ihrerseits auf rund 113 Mio. EUR (225 Mio. DM) an Forderungen verzichten. Nach erfolgreicher Sanierung und Neuausrichtung des Geschäftes gingen die Umsätze der edel AG stark zurück. Im abgelaufenen Geschäftsjahr 2007/08 (Oktober bis September) hat die edel AG einen konsolidierten Konzernumsatz in Höhe von rund 147 Mio. EUR erzielt.[1] Die folgende Darstellung verdeutlicht die extreme Entwicklung der edel-Gruppe anhand des Umsatzverlaufes in den letzten zehn Jahren:

[1] Vgl. edel AG (2008), S. 40.

Darstellung AI-VI: Umsatzentwicklung der edel-Gruppe 1998 bis 2007/08 [Mio. EUR]

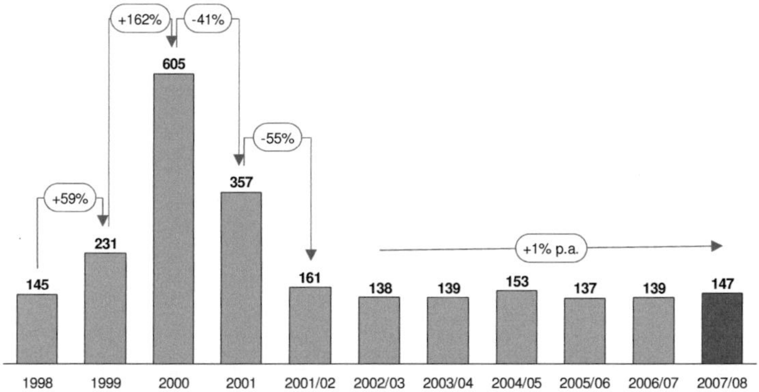

Quelle: Geschäftsberichte der edel-Gruppe 1998 bis 2007/08. Die Geschäftsjahre entsprachen bis 2000 dem Kalenderjahr, anschließend dem Zeitraum vom 1. Oktober bis zum 30. September (mit einem Rumpfgeschäftsjahr in 2001)

AI-5.2 Aktuelle Situation von Unternehmen und Familie

Nach der geglückten Sanierung stabilisiert sich die edel-Gruppe seit einiger Zeit auf dem Niveau um die 140 bis 150 Mio. EUR Umsatz (vgl. die vorangegangene Darstellung). Vor dem Hintergrund der sich weiter fortsetzenden Konsolidierung im Musikmarkt versucht die edel AG, ein zweites Standbein im Bereich Buch und Buchverlagswesen zu errichten. Bei einem Umsatz von rund 77 Mio. EUR in den ersten sechs Monaten des Geschäftsjahres 2007/08 steigerte das Unternehmen seine Investitionen vor allem in Druck- und Serviceanlagen um das Dreifache.[1] Von ehemals rund 100 operativen Gesellschaften innerhalb der Gruppe sind heute noch ca. elf vorhanden. Daneben existiert eine Reihe von leeren Mantelgesellschaften, die noch aus Krisenzeiten stammen. Die Auslandsaktivitäten wurden stark zurückgefahren; heute konzentriert sich edel auf das Geschäft in Europa, insbesondere in Deutschland, Österreich, Italien, Portugal und Skandinavien. Michael Haentjes, Alleinvorstand und Mehrheitsaktionär, hält derzeit noch rund 64% an den Stimmrechten der edel AG, der Rest befindet sich im Streubesitz. Seine Fa-

[1] Vgl. o.V. (2008b).

milie versucht Michael Haentjes weitgehend aus dem Unternehmen herauszuhalten und die beiden Sphären zu trennen. Insofern ist die edel nach seinen Worten "ein vielleicht absolut untypisches Familienunternehmen". Die Kinder von Herrn Haentjes verfolgen nach dessen Angaben alternative Entwicklungspfade, so dass sich derzeit auch die Frage nach einem familieninternen Nachfolger nicht stellt.

AI-5.3 Finanzierung des Unternehmens

Per Bilanzstichtag am 30. September 2008 wies die edel AG im Konzernabschluss eine Eigenkapitalquote von rund 27% aus. Ungefähr in ähnlichem Verhältnis hatte die Gruppe langfristige Finanzschulden aufgenommen. Neben längerfristigen Darlehensverträgen verfügt die edel AG über einen Kontokorrentkreditrahmen bei der Deutschen Bank. Allerdings, so Michael Haentjes im Gespräch, hat die edel AG versucht, das Geschäftsvolumen mit den Banken aus "historischen" Gründen zu reduzieren. Eine Anleihe im Gesamtvolumen von 15 Mio. EUR wurde im Mai 2008 erstmalig ausgegeben. Sie wird mit 7% p.a. verzinst und läuft bis zum 30. April 2013. Die edel-Gruppe hat diese Anleihe ohne Zuhilfenahme einer Bank direkt an die Interessenten ausgegeben. Michael Haentjes sieht den Vorteil einer Anleihe vor allem in den "fairen" Bedingungen für beide Seiten, womit insbesondere gemeint ist, dass eine Anleihe üblicherweise keine besondere Besicherung erfährt, sondern der Gläubiger primär durch das Schuld- und Insolvenzrecht geschützt ist. Im Gegenzug erhält der Investor eine angemessene Rendite. Neben Bankkrediten und den Verbindlichkeiten aus der Anleiheemission bestehen insbesondere Finanzierungsleasingverträge für Maschinen sowie nichtverzinsliche Verbindlichkeiten aus Lieferungen und Leistungen. Insgesamt machen kurz- und langfristige Finanzschulden per 30. September 2008 rund 34% der Bilanzsumme aus. Die Kapitalstruktur der edel AG gemäß konsolidiertem Konzernabschluss per 30. September 2007 und 2008 stellt sich insgesamt wie folgt dar:

Darstellung AI-VII: Konzern-Kapitalstruktur der edel AG per 30.09.2007 und 2008 [Tsd. EUR]

per 30. September	2007	2008	in %
Kurzfristige Schulden	65.858	64.826	45,4%
davon aus Lieferungen/Leistungen	43.961	47.969	33,6%
davon kurzfr. Finanzschulden	10.044	8.534	6,0%
Langfristige Schulden	32.639	39.661	27,8%
davon Finanzschulden	32.007	38.966	27,3%
davon Pensionsverpflichtungen	632	695	0,5%
Eigenkapital	44.637	38.287	26,8%
davon gezeichnetes Kapital	22.735	22.735	15,9%
davon Bilanzgewinn	18.673	11.846	8,3%
Schulden und Eigenkapital	**143.134**	**142.774**	**100,0%**

Quelle: Geschäftsbericht der edel-Gruppe 2007/08

AI-5.4 Wachstum und Strategie des Unternehmens

Nach den wechselhaften Erfahrungen zu Beginn des Jahrzehnts setzt die edel AG nun auf eine wesentlich weniger ambitionierte Wachstumsstrategie. Genau genommen handelt es sich nach den Worten von Michael Haentjes eher um eine Art "Erhaltungsstrategie", weil edel anstrebt, mit einem Wachstum des Buchbereiches auf ca. 50 Mio. EUR Umsatz p.a. entsprechende Rückgänge im Musikgeschäft zu kompensieren. Das gestaltet sich allerdings schwieriger als erwartet: edel versucht im Buchgeschäft eine vergleichbare Wertschöpfungstiefe anzubieten wie im Bereich Musik. Dazu beabsichtigt das Unternehmen, auch durch Zukäufe zu wachsen, bis dato allerdings ohne rechten Erfolg, so die Bewertung durch Michael Haentjes. Zu den jüngsten Übernahmen im Buchbereich zählen der Rockbuchverlag im Jahr 2008 sowie die Buchsparte Moewig der Pabel-Moewig Verlag KG, einer Tochtergesellschaft der Bauer Verlagsgruppe im Jahr 2007.

Dem anhaltenden Mengen- und Margenverfall im Musikgeschäft könnte die edel AG auch durch die Übernahme eines "größeren der kleineren Konkurrenten" begegnen, so Michael Haentjes im Gespräch. Auf Dauer zumindest könne man diesen Entwicklungen nicht mit Kostenmaßnahmen beikommen. Als Alternative bliebe nur, sich tatsächlich mehr und mehr aus dem ehemaligen Kerngeschäft Musik zurückzuziehen und sich auf andere Standbeine, insbesondere Buch und Buchverlagswesen, zu stellen.

AI-5.5 Wechselwirkungen zwischen Wachstum und Finanzierung

Der seinerzeitige Börsengang der edel AG, verbunden mit der sich bereits ein Jahr später anschließenden Kapitalerhöhung und den "bridge loans" verhalf dem Unternehmen zu einer enormen Finanzkraft. Die neu gewonnene Liquidität sollte primär in den anorganischen Wachstumskurs investiert werden.[1] Der Kapitalmarkt goutierte diese Strategie offenbar, wie die Erstnotierung und der Kursverlauf der Aktie in den ersten Monaten zeigten,[2] und auch die Banken unterstützten den Kurs der edel-Gruppe. Durch Zukauf von Tochtergesellschaften und das Eingehen von Joint-Ventures in aller Welt vervielfachte die edel AG ihren Umsatz innerhalb kürzester Zeit; allerdings steigerte sie auch ihre eigene organisationale Komplexität enorm. Die in der Spitze ca. 100 operativen Einheiten konnten nicht hinreichend in den Konzern integriert werden. Aufgrund der hohen Dynamik der Märkte und der hohen Liquidität wurden außerdem Akquisitionspreise bezahlt, die sich später bei einsetzendem Rückgang der Märkte nicht mehr als Buchansätze halten ließen. Als die edel AG sich gezwungen sah, die meisten dieser Beteiligungen wieder zu veräußern, drohte die Insolvenz.

Die edel AG ist insofern ein gutes Beispiel für die Zusammenhänge zwischen Wachstum und Finanzierung. Zwar tut sich Michael Haentjes schwer, die Schuldigen für den Aufstieg und den (tiefen) Fall der edel-Gruppe allein in den Kapitalmarktakteuren und den Banken zu sehen. Letztlich, so seine Aussage, "[...] sind da sicher auch einzelne warnende Stimmen überhört worden." Ohne die über den Aktienmarkt und die Banken gewonnenen neuen finanziellen Spielräume allerdings wäre die edel AG wohl auch nie auf die

---

[1] Vgl. edel AG (1998), S. 9.

[2] Die Bookbuilding-Spanne der edel Aktie bis 98,- DM konnte voll ausgenutzt werden, der "green-shoe" (Mehrzuteilungsoption) wurde voll ausgeschöpft und die Erstnotierung lag mit 101,- DM über dem Ausgabepreis.

Idee gekommen, ein multinationaler Konzern werden zu wollen, so Michael Haentjes im Gespräch. Nach überstandener Krise schlägt die edel AG wie beschrieben einen moderateren Wachstumskurs ein. Dabei scheinen aber Finanzierungsrestriktionen keinen wesentlichen Einfluss auf diese strategische Entscheidung zu haben. "Wir haben noch nie etwas nicht gemacht, weil wir kein Geld gehabt hätten", so die Einschätzung des CEO. Wenn sich Zukäufe anbieten würden, die in die Strategie der edel AG passen, so könnten diese mit einer Mischung aus operativem Cashflow, Anleihen und Leasing finanziert werden. Und natürlich, so Michael Haentjes, werde man auch wieder mit den Banken sprechen.

AI-6 Progroup – Wachstum (nicht nur) auf dem Papier

Progroup AG, Offenbach an der Queich

Verwendete Quellen:

- *Interview mit dem Alleinvorstand Jürgen Heindl am 10. Juni 2008*
- *Unternehmensinformationen gemäß Internetauftritt (www.prowell.de)*
- *Presseartikel (z.B. Verlagsgruppe Deutscher Fachverlag, Wochenblatt für Papierfabrikation)*

AI-6.1 Historie und Entwicklung

Die Progroup AG blickt auf eine vergleichsweise kurze Historie zurück. Vor rund 15 Jahren gründete Jürgen Heindl zusammen mit zwei weiteren Gesellschaftern die Prowell GmbH & Co. KG zur Herstellung von Wellpappe als wesentlichem Zulieferprodukt für die Verpackungsindustrie. Jürgen Heindl sah, dass viele Verpackungshersteller ihre eigenen Wellpappenanlagen nur ungenügend und unter hohen Kosten auslasten konnten. Hieraus ergab sich der Bedarf für einen spezialisierten Anbieter im Bereich des kapitalintensiven Teils der Wertschöpfungskette. Von Beginn an setzte die Prowell auf ein technologisch ausgereiftes Produktionsverfahren sowie enge Vernetzung mit dem Kunden. So kam bereits 1992 ein erstes 24h Online-Bestellsystem zum

Einsatz.[1] Bei der Produktion von Wellpappe handelt es sich um ein vergleichsweise leicht zu skalierendes Produkt, und so schufen Jürgen Heindl und seine Partner im Abstand von zwei bis vier Jahren neue Fertigungskapazitäten im Zentrum Europas. 1996 entstand eine Fabrik in Douvrin/Frankreich, 1998 in Burg/Ostdeutschland, 2002 in Rocycany/Tschechische Republik und 2006 in Schüttorf bei Rheine. 2001 investierte das Unternehmen überdies in eine Produktionsanlage für Rohpapier, um die Rohstoffversorgung der Wellpappenformatwerke sicherzustellen. Pünktlich zum 15-jährigen Jubiläum eröffnete die Prowell das weltgrößte Formatwerk für Schwerwellpappe am alten Standort in Offenbach an der Queich, mit dem die Gesamtfertigungskapazität im Bereich Wellpappe auf 640.000 Tonnen p.a. gesteigert wurde. Die Investitionskosten für den Ausbau der Kapazitäten am Stammsitz in Offenbach beliefen sich auf ca. 44 Mio. EUR.[2]

AI-6.2 Aktuelle Situation von Unternehmen und Familie

Heute zählt die Unternehmensgruppe mit sechs Fertigungsstandorten und drei Dienstleistungsgesellschaften (Prologistik, Proservice, Profund) zu den zehn größten Wettbewerbern in Europa. Die Progroup AG erzielte im Geschäftsjahr 2007 einen konsolidierten Umsatz von etwa 500 Mio. EUR und beschäftigte mehr als 650 Mitarbeiter.[3] Die Struktur der Gruppe stellt sich vereinfacht wie folgt dar:

Darstellung AI-VIII: Unternehmensstruktur der Progroup AG

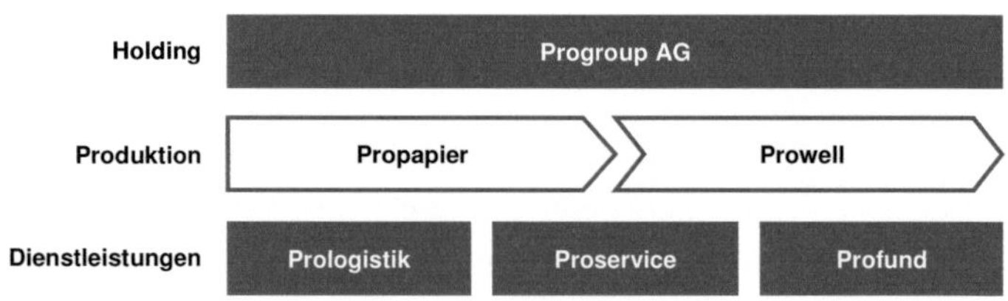

Quelle: eigene Darstellung

[1] Vgl. REIßMANN (2007).
[2] Vgl. WEBER (2008).
[3] Vgl. REIßMANN (2007), ergänzt um die Umsatzangabe von Jürgen Heindl im Interview vom 10. Juni 2008.

Nach Durchführung verschiedener Finanzierungsmaßnahmen im Laufe der Jahre verfügt der Alleinvorstand Jürgen Heindl heute über 78% der Geschäftsanteile und beabsichtigt, diese im Zuge einer weiteren Kapitalerhöhung auf 92% zu erhöhen. Er hat zwei Söhne, hält sich aber hinsichtlich der Nachfolgefrage alle Optionen offen. Zwar würde er sich freuen, wenn es zu einem Engagement von einem oder beiden im Unternehmen käme, aber: "Wenn mein Sohn Pianist werden wollte, dann würde er Pianist." Jürgen Heindl beabsichtigt vor diesem Hintergrund, die Progroup auf mittlere Sicht kapitalmarktfähig zu machen, um eventuell auch Teile des Unternehmens in einigen Jahren über die Börse zu verkaufen. Darüber hinaus wird die erste Managementebene um die Position eines CFO erweitert, um für den Fall eines Ausstiegs von Jürgen Heindl für eine gewisse Kontinuität zu sorgen. Außerdem müsse er selbst Verantwortungsbereiche abgeben, um sich zu entlasten und das Unternehmen strukturell und organisational auf künftiges Wachstum einzustellen.[1]

AI-6.3 Finanzierung des Unternehmens

Soweit möglich, versucht die Progroup, operativen und investiven Finanzbedarf aus laufendem Cashflow bzw. bestehender Liquidität zu decken. Dies wird u.a. ermöglicht durch eine 100%-ige Thesaurierungsquote: "Wir haben noch nie eine Dividende gezahlt", gibt Jürgen Heindl an. Vor dem Hintergrund größerer anstehender Wachstumsmaßnahmen wird augenblicklich allerdings auch in Erwägung gezogen, zusätzliches Eigenkapital einzuwerben. Dies soll nach bisherigem Stand der Überlegungen mithilfe einer Beteiligungsgesellschaft durchgeführt werden, so die Aussage von Jürgen Heindl. Ein stärkeres Kreditengagement hält Jürgen Heindl vor dem Hintergrund der augenblicklichen Situation auf den Finanzmärkten für nicht attraktiv. Die Banken seien deutlich risikoaverser geworden und gingen bei der Auswahl ihrer Kreditengagements selektiver vor. Dies verschlechtere die erzielbaren Konditionen, so dass ein höherer Eigenkapitalanteil an dem geplanten Investitionsvolumen

[1] Vgl. WEBER (2008).

von rund 650 Mio. EUR erwogen wird, um das Projekt auch vor dem Hintergrund der Kapitalkosten attraktiv zu halten.

Die Beteiligung eines Investors soll nach Wunsch von Jürgen Heindl allerdings nur von begrenzter Dauer sein. Zurzeit gehe man davon aus, nach ca. drei bis vier Jahren eine vollständige Refinanzierung herbeiführen zu können. Daher wolle man auch lieber mit einem Finanzinvestor zusammenarbeiten, anstatt mit einem industriellen Partner, der zumeist nach einer dauerhaften Beteiligung strebt.

Für den täglichen Finanzbedarf verfügt die Progroup über entsprechende Kontokorrentzusagen seitens eines Bankenkonsortiums. Finanzmittel werden zentral über die AG aufgenommen und an die inländischen Betriebsstätten und ausländischen Tochtergesellschaften weitergeleitet. Darüber hinaus machen Bankkredite ca. 70% an der langfristigen Finanzierung der Unternehmensgruppe aus. In der Zusammenarbeit mit den Banken schätzt Jürgen Heindl "eine gewisse Solidität", die sich insbesondere bei Landesbanken zeige. Die regulatorischen Veränderungen durch Basel II und deren Auswirkungen auf die Zusammenarbeit zwischen Banken und Unternehmen bewertet Jürgen Heindl als grundsätzlich positiv. Die "Denke" sei professioneller geworden, und die Beurteilung der Unternehmen nach "harten" Kriterien wie Finanzkennzahlen etc. sei hilfreich für die eigene Orientierung und Steuerung des Unternehmens. "Entweder ich habe ein EBITDA von x oder einen Verschuldungsgrad von y, oder ich habe ihn eben nicht. Da beißt die Maus keinen Faden ab."

Die größte finanzielle Herausforderung der kommenden Monate und Jahre sieht Jürgen Heindl in der Realisierung der Projektfinanzierung für Wachstumsvorhaben im Bereich der Papierversorgung. Für einen Übergangszeitraum von zwei bis drei Jahren werden die finanzwirtschaftlichen Kennzahlen der Progroup vergleichsweise schwach ausfallen. Die Finanzierungslösung muss dies berücksichtigen und zunächst relativ riskante und zugleich relativ teure Instrumente umfassen. Im Anschluss an diese Übergangsphase, in der sich aus den hohen investiven Volumina noch keine entsprechenden operativen Cashflows erzielen lassen, können und sollen diese zuerst eingesetzten teuren Finanzierungsinstrumente aber abgelöst werden. In diesem Plan liegt natürlich ein projektimmanentes Risiko: Wenn sich die vorgesehenen Planzahlen nicht einstellen und es nicht gelingt, die Anschubfinanzierung relativ schnell abzulösen, "[...] dann wird es zumindest mal teuer", so die Einschätzung von Jürgen Heindl.

AI-6.4 Wachstum und Strategie des Unternehmens

Mithilfe eines ausschließlich organischen Wachstumskurses hat es die Progroup innerhalb der letzten 15 Jahre geschafft, fünf Geschäftsbereiche und sechs Fertigungsstandorte zu errichten und ein Umsatzniveau von rund 500 Mio. EUR zu erreichen. Auch für die Zukunft hat sich das Unternehmen ehrgeizige Ziele gesetzt: Bis zum Jahr 2015 will man den Umsatz auf 1 Mrd. EUR steigern.

Das Geschäftsmodell der Progroup basiert auf modernen technologischen Lösungen in der Papier- und Wellpappenherstellung, einer möglichst weitreichenden Vernetzung mit dem Kunden sowie einer Ergänzung des Kernproduktes Wellpappe durch verschiedene Dienstleistungsangebote wie Logistik, Finanzierung und Marketingservices. Erklärte Ziele sind Technologie- und, dadurch ermöglicht, Kostenführerschaft in der Branche. Durch die Kombination dieser Faktoren ist die Progroup in der Lage, sowohl mittelständische als auch Großkunden der Verpackungsindustrie mit Wellpappe zu versorgen und dabei, wie Jürgen Heindl sagt, "[...] nahezu jeden Preis anzubieten, ohne negative Deckungsbeiträge zu erzielen."

Die Progroup setzt konsequent auf Spezialisierung, nur so könne man die Auslastung der Kapazitäten maximieren und Größen- und Technologievorteile voll ausnutzen, meint der Alleinvorstand der Progroup AG. Bei Wellpappe handelt es sich auf den ersten Blick um ein hochstandardisiertes "Commodity"-Produkt. Damit werden Anbieter von Wellpappe zu vergleichsweise gut substituierbaren Wettbewerbern, was sich negativ auf die erzielbaren Marktpreise auswirkt. Die Progroup versucht, dem mit einer Art Differenzierungsstrategie zu begegnen, indem sie mithilfe der zusätzlich und zu Selbstkosten angebotenen Dienstleistungen versucht, ihre Kunden dauerhaft an sich zu binden. Andererseits verhilft ihre ausgereifte technologische und logistische Kompetenz der Progroup zu einer hohen Skalierbarkeit ihres Geschäftsmodells. Vor diesem Hintergrund erscheint auch das enorme Investitionsvolumen von rund 650 Mio. EUR einleuchtend, mit dem die Progroup in den kommenden drei Jahren eine neue Rohpapierfabrik in Eisenhüttenstadt/Ostdeutschland errichten will. Jürgen Heindl sieht hierin eine absolut notwendige Erweiterung der Kapazitäten, zum einen aus praktischen Gesichtspunkten, um die Rohstoffversorgung der Prowell-Aktivitäten zu sichern und eine gewisse Balance im Wachstum zwischen Wellpappe und Rohpapier (wieder) herzustellen. Zum anderen befindet sich die Progroup nach seiner Einschätzung derzeit an einem Wendepunkt. Man sei weder klein noch groß und müsse sich nun entscheiden, den "[...] nächsten Schritt zu tun, sozusagen von Level 1 auf Level 2 umzusteigen". Wenn das Unternehmen nicht in der Grauzone zwischen einem größeren Mittelständler und einem kleinen Großunternehmen verharren wolle, müsse es sich bewusst für diese Wachstumsmaßnahmen entscheiden. Hierfür seien dann auch organisationale Veränderungen notwendig. Daher hat Jürgen Heindl zunächst vor einigen Monaten die neue Unternehmensstruktur gemäß Darstellung AI-VIII eingeführt und ist nun dabei, die neu geschaffene Position eines Finanzvorstands zu besetzen.

AI-6.5 Wechselwirkungen zwischen Wachstum und Finanzierung

Wenn man sich die äußerst dynamische Entwicklung der Progroup in den letzten 15 Jahren vor Augen hält, gewinnt man den Eindruck, dass die finanziellen Voraussetzungen offenbar zumindest ausreichend waren, um das Wachstum der Gruppe zu ermöglichen. Die ausschließlich organischen Investitionen konnten mithilfe von eigener Liquidität, Bankkrediten sowie teilweise Fördermitteln (inzwischen abgelöst) realisiert werden. Vor dem Hintergrund des anstehenden Investitionsprogramms zieht die Progroup auch strukturelle Finanzierungsmaßnahmen in Erwägung, beispielsweise durch Hereinnahme einer Beteiligungsgesellschaft. Jürgen Heindl betont, dass es darauf ankomme, einen Einklang zu schaffen zwischen technologischen Entwicklungsmöglichkeiten und Marktchancen auf der einen sowie den dazugehörigen Finanzierungsmaßnahmen auf der anderen Seite. Hierfür sei allerdings Finanzierungs-Know-how erforderlich, welches nur allzu häufig gerade im Mittelstand fehle. "Vielleicht benötigt man eben nicht permanent 50 Meter Wasser unter dem Kiel, sondern es reichen auch mal 5 Meter oder sogar nur die berühmte Handbreit, wie die Segler sagen würden", pointiert er den Umstand, dass allzu große finanzielle Risikoaversion gerade mittelständische Unternehmen hin und wieder auch um Wachstumschancen bringen kann. Dabei hätten insbesondere eigentümergeführte Unternehmen, der Reintypus von Familienunternehmen, hier einen wichtigen strategischen Vorteil: "Der klassische Manager muss sich entweder mit Investitions- oder Finanzierungsfragen beschäftigen. Das ist in meinen Augen eine wesentliche Einschränkung der unternehmerischen Gestaltungsfreiheit", charakterisiert Heindl die Zusammenhänge von Investitions- und Finanzierungsentscheidungen bei privaten gegenüber großen, korporativen Gesellschaften. Finanzwirtschaftliche Kompetenz sei daher gerade für private Unternehmen von entscheidender Bedeutung und das Thema Finanzierung von Familienunternehmen allgemein ein sehr zentrales.

AI-7 Merck – eine erfolgreiche Verbindung von Tradition und Innovation

Merck KGaA bzw. E. Merck KG, beide Darmstadt

Verwendete Quellen:

- *Interview mit Jon Baumhauer, Vorsitzender des Vorstands der E. Merck KG, am 12. Juni 2008*
- *Aktualisierte Einschätzung durch Herrn Baumhauer am 28. Februar 2009*

- *Unternehmensinformationen gemäß Internetauftritt (www.merck.de)*
- *Geschäftsberichte, Börsenprospekte und sonstige aktienrechtliche Informationen*
- *Unternehmenschronik*
- *Fallstudie in SIMON, WIMMER und GROTH (2005), S. 113-125*
- *Presseartikel (z.B. Frankfurter Rundschau, DIE WELT)*

AI-7.1 Historie und Entwicklung

Der Ursprung der heutigen Merck KGaA liegt rund 340 Jahre zurück im Jahr 1668. Seinerzeit erwarb Friedrich Jacob Merck die spätere Engel-Apotheke in Darmstadt, die sich bis heute in Familienbesitz befindet. Die eigentliche unternehmerische Entwicklung setzte allerdings erst mit dem frühen 19. Jahrhundert ein, als Emanuel Merck[1] die Apotheke übernahm und parallel an der Erforschung und industriellen Nutzung sogenannter Alkaloide (pflanzlicher Arzneistoffe) arbeitete. Auf ihn geht auch die Begründung der beiden bis heute dominierenden Produkt- bzw. Geschäftsbereiche, Pharma und Chemie, zurück. Als Emanuel Merck 1855 verstarb, beschäftigte das Unternehmen ca. 50 Mitarbeiter – nicht einmal 50 Jahre später, im Jahre 1900 waren es bereits 1.000 und Merck auf allen Kontinenten der Erde präsent. Nach dem Ende des 1. Weltkrieges verlor das Unternehmen allerdings seine ausländischen Niederlassungen, darunter auch die 1891 gegründete nordamerikanische Tochtergesellschaft Merck & Co., heute eines der größten Pharmaunternehmen der Welt. Im Rahmen des 2. Weltkrieges wurden bei Merck Zwangsarbeiter eingesetzt und gegen Ende des Krieges große Teile der Produktions- und Forschungskapazitäten zerstört. Das Unternehmen erholte sich allerdings schnell: Noch 1945 erhielt es eine neue Produktionserlaubnis für Arzneimittel, Chemikalien folgten bald darauf. Begünstigt durch den Marshall-Plan und die Währungsreform und verstärkt durch das "Wirtschaftswunder"

[1] Mit vollem Namen hieß er Heinrich Emanuel Merck, bevorzugte zeitlebens aber seinen zweiten Vornamen.

im Nachkriegsdeutschland konnte Merck ein solides Wachstum erzielen und ab 1950 die erneute internationale Expansion vorantreiben. Ab 1967 verstärkte Merck die Forschung im Bereich der Flüssigkristalle, einem im Zuge der wichtiger werdenden Datenverarbeitung und insbesondere Darstellung von Daten auf Bildschirmen und Displays sehr vielversprechenden Anwendungsbereich. Zum 1. Januar 1995 wurde die Merck Kommanditgesellschaft auf Aktien (KGaA) gegründet, am 20. Oktober 1995 wurden rund 26% des Grundkapitals der KGaA in Form von Aktien an den Börsen von Frankfurt und Zürich emittiert. Die Vorgängergesellschaft, die heutige E. Merck KG, wurde zur Holding und zum Komplementär der KGaA. Noch heute ist die E. Merck KG die Familiengesellschaft innerhalb der Firmengruppe, die nach einer Kapitalerhöhung zur Akquisition des Schweizer Biopharmazeutika-Unternehmens Serono noch rund 70% der Anteile an der KGaA hält. Die KG befindet sich zu 100% in Familienbesitz.

AI-7.2 Aktuelle Situation von Unternehmen und Familie

Merck hat im Geschäftsjahr 2008[1] rund 7,6 Mrd. EUR Gesamterlöse erzielt und per Stichtag zum 31. Dezember 2008 32.800 Mitarbeiter beschäftigt. Der Geschäftsbereich Pharma macht ca. 70% der Gesamterlöse aus, 30% entfallen auf den Bereich Chemie. Durch den Zukauf von Serono, einem Schweizer Biopharmazeutika-Unternehmen im Jahr 2007, konnte Merck seine Position im Markt für Onkologie (Krebstherapie) festigen und so seine Pharmasparte stärken. Daneben bietet das Unternehmen ein führendes Medikament zur Behandlung von multipler Sklerose sowie eine Reihe von Präparaten im Bereich "consumer health care", also für den alltäglichen Gesundheitsschutz, an. Im Geschäftsbereich Chemie sind Flüssigkristalle für eine Vielzahl von Einsatzmöglichkeiten in LC-Displays sowie Spezialchemikalien für industrielle Zwecke wesentliche Produkte. Merck ist ein globales Unternehmen und unterhält Forschungs-, Produktions- und Vertriebskapazitäten in aller Welt. Das operative Ergebnis konnte über die letzten Jahre kontinuierlich gesteigert und

[1] Das Geschäftsjahr entspricht dem Kalenderjahr.

im Zuge dessen die Eigenkapitalquote auf zuletzt mehr als 60% ausgebaut werden.[1] Der Geschäftsverlauf des Merck-Konzerns ist mit wesentlichen Kennzahlen in der folgenden Darstellung wiedergegeben:

Darstellung AI-IX: Geschäftsentwicklung der Merck KGaA
2003 bis 2008 im Überblick [Mio. EUR]

	2003	2004	2005	2006[a)]	2007[b)]	2008	CAGR[c)] 2003-2008
Gesamterlöse[d)]	3.559	3.849	4.154	4.460	7.057	7.558	16,3%
davon Pharma[d)]	3.438	3.579	3.885	2.314	4.877	5.428	9,6%
davon Chemie	1.705	1.694	1.905	2.112	2.150	2.123	4,5%
Operatives Ergebnis[d)]	512	541	646	799	976	1131	17,2%
EBITDA[d)]	1.008	1.419	1.245	1.334	1.858	1.947	14,1%
EBIT[d)]	538	1.044	956	1.031	200	731	6,3%
Eigenkapital	2.363	2.800	3.329	3.807	8.688	9.563	32,3%
Mitarbeiter (Anzahl 31.12.)[d)]	34.206	28.877	29.133	25.531	30.968	32.800	-0,8%

a) Um die Bilanzierungspraxis zu harmonisieren, werden bestimmte Kundenrabatte im Unternehmensbereich Pharma ab 2006 geändert ausgewiesen.

b) Nach der Akquisition des Schweizer Biopharmazeutika-Unternehmens Serono wurde dieses 2007 mit der Sparte Ethicals zu Merck Serono integriert.

c) CAGR = durchschnittliche, jährliche Wachstumsrate ("compound annual growth rate")

d) Angaben beziehen sich auf die fortzuführenden Geschäftsbereiche. Die Sparte Generics wurde im Oktober 2007 veräußert und wird insofern als aufgegebener Geschäftsbereich dargestellt. Alle Erlös-, Ergebnis- und Mitarbeiterzahlen wurden für 2006 und 2007 bereinigt. Der Unternehmensbereich Labordistribution (VWR) wurde 2004 veräußert.

Quelle: Geschäftsberichte der Merck KGaA 2007 und 2008

Wenn auch Merck heute kein reines Familienunternehmen mehr ist, so haben die Nachkommen Emanuel Mercks doch nach wie vor großen Einfluss auf die Firma. Das Unternehmen befindet sich heute bereits in der zwölften Generation in Familienbesitz mit derzeit ca. 130 Familiengesellschaftern. Diese treten zwar nur in der Gesellschafterversammlung in vollem Umfang zusammen, haben aber weitreichende Entscheidungsbefugnisse an einen Familienrat delegiert, der aus maximal 13 Familiengesellschaftern besteht. Daneben existiert ein Gesellschafterrat, der zusätzlich zu fünf Mitgliedern des Familienrates noch vier externe Unternehmerpersönlichkeiten umfasst und aufsichtsrechtliche Aufgaben wahrnimmt sowie die Geschäftsleitung der KGaA beruft. Dieser obliegt die operative Führung der Merck-Gruppe. Wesentlichen strategischen Entscheidungen, beispielsweise größeren Investitionsvorhaben, muss der Gesellschafterrat zustimmen. Aus den Vorsitzenden des Familien- und des Gesellschafterrates sowie deren Stellvertretern, dem Vorsitzenden der Geschäftsleitung der KGaA und deren Leiter des Finanzressorts, sowie

[1] Vgl. Merck KGaA (2008a), S. 73.

weiteren eventuell bestellten Mitgliedern setzt sich wiederum der Vorstand der der E. Merck KG, der eigentlichen Konzern-Obergesellschaft, zusammen. Die folgende Darstellung veranschaulicht die wesentlichen gremienrechtlichen Zusammenhänge der Merck-Gruppe:

Darstellung AI-X: wesentliche gremienrechtliche Zusammenhänge der Merck-Gruppe

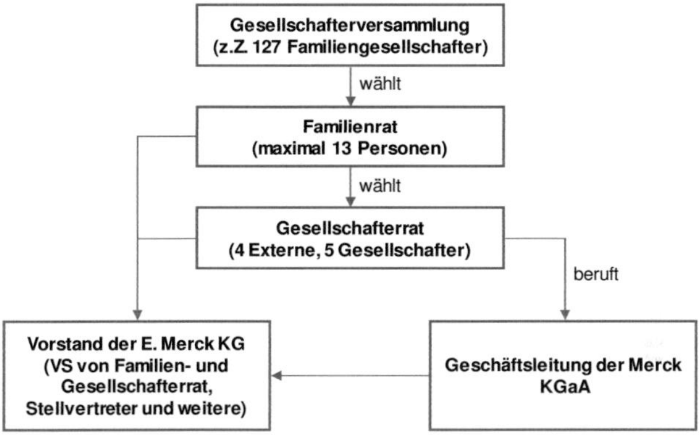

Quelle: eigene Darstellung in Anlehnung an SIMON, WIMMER und GROTH (2005), S. 119

AI-7.3 Finanzierung des Unternehmens

Obwohl Merck auf nunmehr fast 14 Jahre Börsenerfahrung zurückblicken kann, ist die Finanzstrategie des Unternehmens nach wie vor stark von einem familientypischen Denken geprägt, wie Jon Baumhauer, Vorsitzender des Vorstands der E. Merck KG, angibt. Wesentliche Leitlinien sind, mit der Finanzierung des Unternehmens nur beherrschbare Risiken einzugehen sowie sich eine möglichst starke Bilanz, d.h. eine solide Eigenkapitalquote, und ein solides Rating ("investment grade") zu bewahren. Per Bilanzstichtag zum 31. Dezember 2008 kann das Unternehmen auf einen Eigenkapitalanteil an der Konzern-Bilanzsumme von rund 61% verweisen (im Vorjahr 58%). Langfristige Verbindlichkeiten, insbesondere Finanzschulden und Rückstellungen für Pensionsverpflichtungen (fremdkapitalähnliche Instrumente der Innenfinanzierung)[1], machen demgegenüber nur 24% aus. Diese Relationen sind insbesondere vor dem Hintergrund bemerkenswert, als dass Merck die Akquisition der Serono in Höhe von rund 10 Mrd. EUR erst im Geschäftsjahr 2007 abschließen konnte.[2] Allerdings wurden ebenfalls 2007 die bis dahin bestehende Generikasparte an das US-Unternehmen Mylan für 4,9 Mrd. EUR veräußert[3] und im Zuge einer Eigenkapitalerhöhung rund 2 Mrd. EUR neue Liquidität eingeworben.

Eine solide Eigenkapitalausstattung des Unternehmens wird außerdem durch eine zurückhaltende Ausschüttungspolitik seitens der Familie gefördert. In den Gesellschaftsverträgen ist eine Mindestausschüttung in Höhe von 6% des Grundkapitals festgeschrieben. Bezogen auf das gesamte Gesellschaftskapital zum Stichtag 31. Dezember 2008 hätte dies eine Mindestausschüttung von rund 34 Mio. EUR bedeutet.[4] Das Konzernergebnis nach Steuern lag demgegenüber bei fast 380 Mio. EUR. Die folgende Darstellung fasst wesentliche Schulden- und Eigenkapitalpositionen der Merck KGaA für die Jahre 2006 bis 2008 zusammen. Insgesamt kann also von einer zurückhaltenden, eher konservativen Finanzierungspolitik bei Merck gesprochen werden. Dabei ist man nach Aussage von Jon Baumhauer neueren Entwicklungen bei Finanzierungsmöglichkeiten gegenüber nicht verschlossen. So wurde u.a. ein umfassender Workshop durchgeführt, um den Einsatz und den Nutzen hybrider Finanzierungsinstrumente für Merck zu prüfen. Bis dato aber werden solche Lösungen nicht eingesetzt, nicht "[...] aus prinzipiellen Gründen, sondern weil wir unseren Finanzierungsbedarf sehr bequem mit den klassischen Quellen decken können", so die Begründung von Jon Baumhauer.

---

1 Vgl. Abschnitt 2.4.1.1 zur grundsätzlichen Einordnung verschiedener Finanzierungsinstrumente.

2 Ein im Jahr 2006 abgeschlossener Kredit über 11,5 Mrd. EUR wurde 2007 gekündigt und zurückgeführt. Anstelle dessen trat ein Betriebsmittelkredit in Höhe von 2,0 Mrd. EUR zu verbesserten Konditionen.

3 Vgl. o.V. (2007a).

4 Dies entspricht der Mindestausschüttung für 100% der Gesellschaftsanteile, bildet also Ansprüche der freien Aktionäre mit ab.

Darstellung AI-XI: wesentliche Schulden- und Eigenkapitalpositionen der Merck KGaA 2006 bis 2008 [Mio. EUR]

per 31. Dezember	2006	2007	2008	in %
Kurzfristige Verbindlichkeiten	2.065	2.571	2.378	15,2%
davon aus Lieferungen/Leistungen	608	647	844	5,4%
davon kurzfr. Finanzschulden	498	300	266	1,7%
davon übrige kurzfr. Verbindlichk.	552	981	694	4,4%
Langfristige Verbindlichkeiten	2.230	3.664	3.703	23,7%
davon Pensionsrückstellungen	1.282	1.186	1.144	7,3%
davon langfr. Finanzschulden	614	1.047	1.080	6,9%
Eigenkapital	3.807	8.688	9.563	61,1%
davon Gesellschaftskapital	497	565	565	3,6%
davon Rücklagen	3.257	8.061	8.940	57,1%
Schulden und Eigenkapital	**8.103**	**14.922**	**15.645**	**100,0%**

Quelle: Geschäftsberichte der Merck KGaA 2007 und 2008

Diese klassischen Quellen schließen zwei öffentliche Anleihen mit ein, die in den Jahren 2005 und 2007 über je 500 Mio. EUR begeben wurden (Laufzeiten bis 2012 bzw. 2010).[1] Merck kann also die teilweise Börsennotierung des Eigenkapitals nutzen, um sich mittelbar weitere Finanzierungskanäle zu erschließen, in diesem Fall die Aufnahme von langfristigem Fremdkapital über die Börse.

Die Unternehmerfamilie steht nach wie vor hinter dem Unternehmen, welches ihr umgekehrt auch als Quelle gemeinsamer Identität dient. Dies äußert sich nicht zuletzt auch durch ihr finanzielles Engagement. Neben der bereits angesprochenen zurückhaltenden Ausschüttungspolitik hat sich die Familie auch in substanziellem Umfang an einer Kapitalerhöhung im Jahre 2007 zur Durchführung der Serono-Transaktion beteiligt. Zwar wurde der Familienanteil leicht verwässert; insgesamt aber haben die Familienmitglieder rund 1 Mrd. EUR in das Unternehmen eingebracht und damit auch ein Signal für ihr langfristiges finanzielles Engagement gesetzt. Hinsichtlich des Familieneinflusses auf das Unternehmen, so Jon Baumhauer, "[...] wird um jedes Prozent gekämpft." Den Börsengang 1995 sieht er heute nichtsdestotrotz als die richtige Entscheidung an: Zwar gab seinerzeit die wirtschaftliche und finanzielle Lage des Unternehmens letztlich den Anstoß für diesen existenziellen

[1] Vgl. Merck KGaA (2007), S. 119.

Schritt, denn aus eigener Kraft hätte Merck das notwendige Wachstum nicht erreichen können. Die Ressourcen der Familie waren weitgehend ausgeschöpft, die Verschuldung des Unternehmens allerdings trotzdem sehr hoch. Merck musste reagieren und entschied sich für den progressiven Weg. Der Preis dafür war die Börsennotierung und der damit verbundene Einfluss der Aktionäre sowie gewisse Publizitätspflichten. Durch die Mehrheitsverhältnisse zwischen dem Komplementär, der E. Merck KG, und den Kommanditaktionären kann der Einfluss des Kapitalmarktes auf das Unternehmen allerdings begrenzt werden. Und auch die erhöhte Publizität und Transparenz des Unternehmens empfindet Jon Baumhauer letztlich als positiv, auch wenn es seinerzeit eine echte Neuerung für das Unternehmen darstellte. "Die Berichterstattung hat zu einer gewissen Bewusstseinsschärfung bei uns geführt", so der Vorstandsvorsitzende der E. Merck KG im Gespräch. Und auch die herausfordernden Fragen seitens des Kapitalmarktes und der Analysten empfindet Jon Baumhauer als "wichtigen und bereichernden Prozess". Insgesamt also – dies gilt zumindest aus heutiger Sicht – stelle der Börsengang für Merck einen gelungenen strategischen Schritt auf dem Weg zu einem globalen Unternehmen dar. Anderenfalls hätte man sich wohl auch nicht entschieden, den Kapitalmarkt 2007 ein weiteres Mal für die Finanzierung einer Wachstumsmaßnahme zu nutzen.

AI-7.4 Wachstum und Strategie des Unternehmens

"Ohne Wachstum können wir uns keine Zukunft vorstellen", so charakterisiert Jon Baumhauer die Haltung von Unternehmen und Familie zur Wachstumsfrage. Seit dem 2. Weltkrieg hat Merck seinen Umsatz durchschnittlich um mehr als 10% p.a. steigern können. Damit das so bleibt, verfolgt das Unternehmen eine langfristig angelegte und auf Profitabilität ausgerichtete Wachstumsstrategie.[1] Dabei bieten sich Möglichkeiten, in beiden zentralen Geschäftsbereichen, Pharma und Chemie, nicht nur organisch, sondern auch durch gezielte Zukäufe zu wachsen. Merck achtet dabei besonders auf Gele-

[1] Vgl. Merck KGaA (2008b), S. 10.

genheiten, stark innovative Unternehmen, Produkte oder Forschungsprojekte zu erwerben. Dies kann dem Ausbau bestehender Produkte und Lösungen wie auch deren Erweiterung dienen. Insofern verfolgt Merck eine Diversifikationsstrategie und strebt danach, ein integriertes Pharma- und Chemieunternehmen zu sein. Dabei gibt es grundsätzlich keine regionalen Schwerpunkte – nur in Ausnahmefällen hat sich das Unternehmen aus eher ethischen Erwägungen aus bestimmten Märkten zurückgezogen, beispielsweise in Afrika. Merck versteht sich als ein global tätiges Unternehmen mit Respekt vor unterschiedlichen kulturellen und gesellschaftlichen Hintergründen in den jeweiligen Märkten.

Im Rahmen des Strategieprozesses stimmt die Geschäftsleitung der KGaA die Gesamtstrategie des Unternehmens mit den verantwortlichen Gremien, also Gesellschafter- und Familienrat, ab. Dadurch trägt auch die Familie die grundsätzliche strategische Ausrichtung sowie größere strategische Einzelentscheidungen mit. Der Diversifikationsansatz, welcher der Strategie von Merck zugrunde liegt, trägt letztlich auch und vor allem dem Sicherheitsdenken der Eigentümerfamilie Rechnung. Gerade weil das Unternehmen für die Familiengesellschafter den mit Abstand größten Teil ihres Vermögens repräsentiert, muss eine Strategie des Unternehmens immer auch die Zukunftssicherung der Familie berücksichtigen. Von Seiten des Kapitalmarktes sei Merck schon häufig kritisiert worden für seine Strategie eines "Gemischtwarenladens", so Jon Baumhauer im Gespräch. Inzwischen hätten aber die meisten eingesehen, dass das Vorgehen sinnvoll sei. Die Eigentümerfamilie steht auch hinter den konkreten Zielen der aktuellen 5-Jahres-Planung, nach der Merck bis zum Jahre 2012 rund 10 Mrd. EUR Umsatz anstrebt. Dies ist nicht zuletzt auch deswegen notwendig, da mit dem Wachstum des Unternehmens auch das Wachstum der Familie nachvollzogen werden soll. Es stellt sich die Frage, welche Veränderungen es mit sich bringt, wenn der Kreis der Anteilseigener von derzeit knapp 130 auf beispielsweise 400 steigt. Dies kann im Fall von Merck durchaus in mittlerer Zukunft der Fall sein, da die Gesellschafterverträge eine vergleichsweise breite Definition von Familie und

Familienmitgliedern vorsehen. Hiernach sind nicht nur die Abkömmlinge des Unternehmensgründers Emanuel Merck, sondern auch deren Ehegatten sowie teilweise Adoptiv- und Stiefkinder Familienmitglieder im Sinne der Satzung.[1] Die Familienbasis verbreitert sich also exponentiell; daher bedarf es einer offensiven Wachstumsstrategie, um auf Unternehmensebene mit diesem Wachstum Schritt halten zu können.

Dabei ist es aber nach Einschätzung von Jon Baumhauer entscheidend, sich aktiv um die Identitätswahrung von Familie und Unternehmen zu bemühen. Insofern muss das Unternehmen permanent changieren zwischen der Verpflichtung zur Tradition und Wahrung des familiären Charakters einerseits und einer progressiven Ausrichtung des Unternehmens andererseits. Im Geschäftsbericht der Merck KGaA wird ein solches Leitbild mit den Worten "Gutes bewahren, Entscheidendes verändern, gemeinsam wachsen" betitelt und somit die besondere Balance zwischen Tradition und Innovation treffend pointiert.[2]

AI-7.5 Wechselwirkungen zwischen Wachstum und Finanzierung

Der Fall Merck ist ein besonderer: Nur selten dürfte es einem Familienunternehmen gelingen, den Spagat zwischen finanziellen Anforderungen einer ambitionierten Wachstumsstrategie und Bewahrung der Unternehmenstradition und des familiären Einflusses und Charakters so gut zu bewältigen. Spätestens seit der teilweisen Börsennotierung der Gesellschaftsanteile kann tatsächlich nicht mehr von einem eingeengten Finanzierungsspielraum bzw. restriktiven Finanzierungsvoraussetzungen gesprochen werden. Vor 14 Jahren allerdings war die Situation eine andere: Damals zeigte sich deutlich, vor welch existenziellen Herausforderungen ein Familienunternehmen steht, wenn es aus eigener Kraft nicht die finanziellen Mittel aufbringen kann, um notwendige Wachstumsmaßnahmen zu finanzieren. Die Entscheidung für den Börsengang, obwohl in der seinerzeitigen Situation sinnvoll und nahezu

[1] Vgl. SIMON, WIMMER und GROTH (2005), S. 116.
[2] Vgl. Merck KGaA (2007), S. 8 ff.

unumgänglich, dürfte der Familie alles andere als leicht gefallen sein. Trotzdem zogen alle Gesellschafter "an einem Strang", und keiner der Anteilseigner stellte seine Beteiligung zur Disposition.

Die mittlerweise fast 14 Jahre Börsenerfahrung können im Fall von Merck vielleicht treffend als eine Zeit wechselseitigen Lernens charakterisiert werden. Zum einen, so haben die Ausführungen deutlich gemacht, brachten die gesteigerten Publizitäts- und Transparenzanforderungen der Börse eine Bewusstseinsschärfung innerhalb des Unternehmens mit sich. Zum anderen scheint die Börse auch die Strategie von Merck und damit auch die in anderen Zusammenhängen häufig kritisch gesehenen Diversifikationsansätze zu honorieren. Das zeigt sich besonders deutlich in der hohen Ausübung der Bezugsrechte für die Altaktionäre im Zuge der Kapitalerhöhung im Jahr 2007 – sie lag bei 99,86%, nahezu alle Altaktionäre haben also auch weiterhin in das Unternehmen investiert.[1]

Aufgrund dieser zumindest aus heutiger Sicht erfolgreichen Entscheidung zugunsten einer Börsennotierung rät Jon Baumhauer Familienunternehmen auch dazu, Finanzierungsfragen möglichst ideologiefrei anzugehen. Man sollte sich seiner Ansicht nach nicht von althergebrachten Vorstellungen leiten lassen, sondern vielmehr alle Optionen prüfen. Dabei sind aber nach seiner Einschätzung zwei Umstände entscheidend: Zum einen spielt die Größe des Unternehmens eine wesentliche Rolle, weil es großen Unternehmen grundsätzlich leichter falle, sich eine gewisse Breite an Finanzierungsoptionen zu erschließen. Zum anderen sollten sich Unternehmen und Familie fragen, auf welchen zeitlichen Horizont sie noch als Familienunternehmen bestehen und miteinander verbunden bleiben wollen. Merck befindet sich aktuell bereits in der zwölften Generation in Familienhand. "Da gibt es natürlich schon das Bedürfnis, auch die 13. und 14. Generation noch zu Teilhabern zu machen", so Jon Baumhauer. Bei Unternehmen in der Gründer- oder

[1] Vgl. Handelsblatt (2007).

der unmittelbaren Nachfolgergeneration wäre eine Planung über zwei Generationen naturgemäß von einer völlig anderen Dimension.

Auf die aktuellen Verwerfungen an den Finanzmärkten und die daraus resultierenden Auswirkungen auf die realwirtschaftlichen Märkte angesprochen zeigt sich Jon Baumhauer überzeugt, dass gerade die großen, solide finanzierten Familienunternehmen in Deutschland als "heimliche Gewinner" aus dieser Krise hervorgehen könnten. Die konservative Finanzierungspolitik, die viele dieser Unternehmen auszeichne, zusammen mit einer langfristigen und nicht auf schnellen Erfolg ausgerichteten Wachstumsstrategie sowie der Diversifizierung von Risiken könne in diesen Zeiten entscheidend zur Stabilisierung der deutschen Unternehmenslandschaft beitragen.

AI-8 "Buch-AG" – Familienunternehmen mit Bildungsauftrag

Buch-AG (anonymisierte Darstellung)

Verwendete Quellen:

- *Interview mit dem Vorstandsvorsitzenden am 11. Juni 2008*
- *Aktualisierte Einschätzung des Vorstandsvorsitzenden am 18. Februar 2009*
- *Unternehmensinformationen gemäß Internetauftritt*
- *Unternehmenschronik*
- *Amadeus-Datenbank*
- *Presseartikel (z.B. Originaltextservice Schweiz, Financial Times Deutschland)*

AI-8.1 Historie und Entwicklung

Die Geschichte der Buch-AG reicht zurück bis in das 19. Jahrhundert, als der Großvater des heutigen Vorstandsvorsitzenden eine Druckerei erwarb, diese zusammen mit seinem Schwager nach und nach ausbaute und um weitere Geschäfte, insbesondere einen Schulbuchverlag, ergänzte. Nach Ende des zweiten Weltkrieges zählte die Buch-AG zu den ersten Buchdruckern, die von den Alliierten eine Verlagslizenz erhielten. Der Schulbuchverlag entwickelte sich in den Nachkriegsjahren sehr gut und konnte in den 1950er Jahren Marktführerschaft erlangen. Bis in die 1960er Jahre hinein profitierte das Unternehmen vom wirtschaftlichen Aufschwung und den demographischen Entwicklungen; in den 1970er Jahren allerdings gingen die Staatsausgaben und mit ihnen die Ausgaben für das Bildungswesen infolge der wirtschaftlichen Krise stark zurück. In den 1980er Jahren wirkte sich zusätzlich der "Pillenknick" negativ auf die Schülerzahlen aus, und der Markt für Schulbücher geriet in eine strukturelle Konsolidierungsphase. Die Buch-AG überlebte die Marktbereinigung zwar, befand sich aber Ende der 1980er Jahre in einer wirtschaftlich so diffizilen Situation, dass die bis dahin noch immer bestehende Druckerei verkauft werden musste. Die Buch-AG konzentrierte sich daraufhin voll auf die Bildungsmärkte, die auch vor dem Hintergrund der Entwicklungen neuer Medien als äußerst vielversprechend angesehen wurden. Im Zuge des Geschäftswachstums hatte das Unternehmen inzwischen eine Größe erreicht, die es nun erforderlich machte, die Unternehmensgruppe organisatorisch neu aufzustellen. Daher wurde eine Holding, die Vorgängerin der heutigen Aktiengesellschaft, ins Leben gerufen. Gleichzeitig wurde ein neues Führungsmodell etabliert, in dem der heutige Vorstandsvorsitzende und sein Vetter verschiedene Geschäftsbereiche verantworteten und sein Bruder Finanzchef wurde. Seit den 1990er Jahren wurde auch die Organisation der Familie als Inhaberin des Unternehmens sowie die formale Regelung von Anteilsbesitz und Stimmrechtsausübung zunehmend wichtiger. Im Zuge der Neustrukturierung des Verhältnisses zwischen Gesellschaft und Familie wurden etwa die Stammesbindungen der Gesellschafter aufgegeben.

AI-8.2 Aktuelle Situation von Unternehmen und Familie

Heute umfasst die Buch-AG mehr als 80 Einzelgesellschaften im In- und Ausland. Im Geschäftsjahr 2007[1] wurde ein konsolidierter Umsatz von ca. 435 Mio. EUR erzielt und wurden mehr als 2.700 Mitarbeiter beschäftigt. Jährlich verlegt die Firmengruppe rund 3.000 neue Titel; insgesamt sind mehr als 40.000 Titel verfügbar. Entsprechend der Geschäftsfeldordnung, nach der Bildung für Kinder, für Erwachsene und Fachinformationen für spezifische Berufs- und Interessengruppen angeboten werden, teilen sich die Aktivitäten in drei wesentliche Geschäftsfelder auf: den eigentlichen Schulbuchverlag, die Bildungsdienstleistungen für Erwachsene (insbesondere Fern- und Hochschulen) sowie sonstige Bildungsinhalte, zu denen u.a. Wörterbücher zählen. Innerhalb der zurückliegenden acht Jahre konnte sich die Gruppe mit durchschnittlich 6% Wachstum im Umsatz solide entwickeln, wie die folgende Darstellung zeigt:

Darstellung AI-XII: Umsatzentwicklung der Buch-AG 2000 bis 2007 [Mio. EUR]

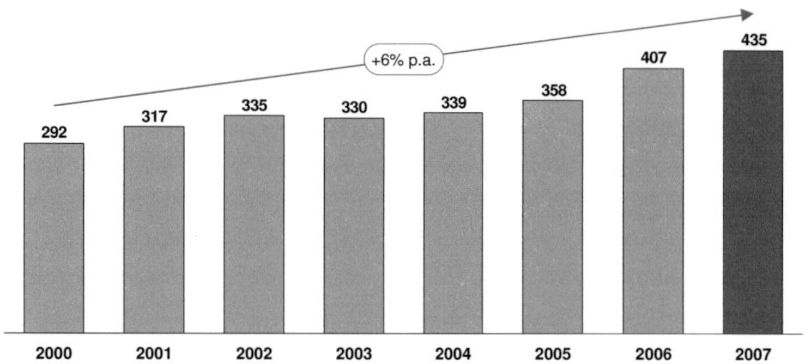

Quelle: eigene Darstellung auf Basis der Amadeus-Datenbank und von Unternehmensangaben

Der Gesellschafterkreis umfasst zurzeit ca. 20 erwachsene Familiengesellschafter, die sich in Form einer Familiengesellschaft (KG) organisiert haben, welche die Anteile an der AG hält und deren Komplementäre als Familienräte regelmäßig zusammentreten. An den Familienrat delegieren die übrigen

[1] Das Geschäftsjahr entspricht dem Kalenderjahr.

Gesellschafter weitreichende Entscheidungsbefugnisse für einen 5-Jahres-Zeitraum. Daneben existiert eine Stiftung, die gewisse Vorgaben für Familienentscheidungen leistet, Testamentsvollstreckungen vollzieht oder übergangsweise in treuhänderischer Funktion Stimmrechte verwaltet.

Auf die Frage, inwieweit das Unternehmen die derzeitige Wirtschafts- und Finanzkrise zu spüren bekomme, merkt der Vorstandsvorsitzende an, dass es sich bei den meisten angebotenen medialen Inhalten um vergleichsweise konjunkturunabhängige Produkte handele. Erst wenn die Krise den Arbeitsmarkt erreiche und auch die staatliche Bezuschussung von Bildungsprogrammen betroffen wären, müsste man mit größeren Einbußen rechnen. Insofern zeige sich das Unternehmen insgesamt im Frühjahr 2009 noch erfreulich stabil.

AI-8.3 Finanzierung des Unternehmens

Zunächst weist die Buch-AG, wie ihr Vorstandsvorsitzender angibt, "das klassische Finanzierungskonzept des deutschen Mittelstandes" auf, d.h., die Gruppe finanziert sich im Wesentlichen über ihre Gewinne und Bankkredite. Eine entsprechende Renditepolitik führte über viele Jahre dazu, dass das Unternehmen zwar geringe Ergebnisse auswies, die Liquiditätslage aber dennoch ausreichend war, um Investitionen zu wesentlichen Teilen aus eigenen Mitteln zu finanzieren. Das geht heute, nachdem aus dem Einzelunternehmen eine Unternehmensgruppe mit mehr als 80 Einheiten geworden ist, nach Einschätzung des Vorstandsvorsitzenden nicht mehr ohne weiteres. Das Unternehmen ist insgesamt zu groß und komplex geworden, weswegen man sich vor zwei Jahren dazu entschloss, eine Anleihe im privaten Investorenkreis zu begeben. Die Anleihe bezeichnet der Vorstandsvorsitzende als "[...] Riesenerfolg – auch, weil es uns ein wenig unabhängiger von den Banken gemacht hat." Zwar habe man durchaus ein vertrauensvolles, auf mehrjähriger Zusammenarbeit beruhendes Verhältnis zu den Hausbanken. Man habe aber ein Zeichen setzen wollen, dass die Buch-AG auch in der Lage ist, sich alternativ und modern zu finanzieren. Zunächst war hinsichtlich potenzieller Investoren primär an die Autoren des Verlages und ausgewählte Lehrer an Schulen gedacht worden. Tatsächlich meldeten sich auf eine in der Tagespresse geschaltete Anzeige aber auch Großindustrielle, die ad hoc bereit waren, teilweise mit Millionenbeträgen in die Buch-AG zu investieren. Das Unternehmen musste im Endeffekt daher noch 5 Mio. EUR zusätzliches Volumen begeben, um der Nachfrage gerecht werden zu können. Insgesamt konnte das Unternehmen mithilfe dieser Inhaberschuldverschreibung rund 30 Mio. EUR zusätzliche Liquidität erzielen.

Auch andere alternative Finanzierungslösungen wie Mezzanine-Kapital stehen bei der Buch-AG auf der Agenda. Zwar würden diese zurzeit noch nicht eingesetzt, grundsätzlich seien mezzanine Lösungen gerade aus Eigenkapitalgesichtspunkten aber sehr interessant, so die Einschätzung des Vorstandsvorsitzenden. Man habe allerdings Gesellschafterdarlehen von wesentlichem Umfang, die aufgrund ihrer nachrangigen Behandlung auch als Mischform der Finanzierung aufgefasst werden können.

Hinsichtlich der Thesaurierungspolitik treffen die Gesellschafter regelmäßig sehr zurückhaltende Ausschüttungsbeschlüsse. Von den Dividenden könne eine Gesellschafterfamilie "nur sehr sparsam leben", so der Vorstandsvorsitzende im Gespräch. Dies folge der strategischen Vorgabe, dass das Unternehmen stets zuerst komme, dann erst die Familie. Die Gesellschafter sollen nur im Notfall von den Bezügen aus dem Unternehmen leben können, und dann eben auch nur sehr sparsam. Idealerweise sollen die Dividenden eher dazu verwendet werden, die Ausbildung der Kinder oder sonstige Investitionen im privaten Bereich zu finanzieren.

Auf die Frage, ob und wenn ja welche Finanzierungsvarianten für die Buch-AG überhaupt nicht in Frage kommen, antwortet der Vorstandsvorsitzende ohne Zögern: "Die Börse kommt nicht in Frage!" Im Nachhinein relativiert er die Aussage dahingehend, dass man zwar überlegen könnte, eine Tochtergesellschaft an den öffentlichen Kapitalmarkt zu bringen. Eine Notierung der Holding aber schließt er aus, u.a. weil dann die Publizitätspflichten die gesamte Gruppe betreffen würden und die Presse die Geschehnisse der Buch-AG noch interessierter verfolgen könnte, als es bereits heute der Fall ist.

Aktuell seien am Finanzierungsmarkt aus seiner Sicht nur geringe Veränderungen aufgrund der Krise zu beobachten, so der Vorstandsvorsitzende im Gespräch im Februar 2009. Zwar meine er gewisse Bestrebungen der Banken zu erkennen, nach denen diese verstärkt kürzere Laufzeiten ihrer Engagements durchsetzen wollen. Natürlich müsse auch das Unternehmen stärker auf eine liquiditätssichernde Geschäftspolitik achten. Insgesamt aber sei das Finanzierungsumfeld noch nicht so stark eingetrübt, wie sich dies aufgrund der aktuellen Berichterstattung befürchten ließe und wie es vermutlich auch für einige Branchen bereits gelte. Bei der Buch-AG beabsichtigt man sogar, ab Mitte des Jahres 2009 eine neue Anleihe zu platzieren. Ob dies gelingt und falls ja, zu welchen Konditionen, das könne man allerdings zum jetzigen Zeitpunkt noch nicht abschätzen, äußerte sich der Vorstandsvorsitzende der AG im Februar 2009.

AI-8.4 Wachstum und Strategie des Unternehmens

Die Wachstumsziele der Buch-AG bezeichnet der Vorstandsvorsitzende grundsätzlich als "sehr ambitioniert". Allerdings hänge vieles davon ab, wie lange und wie tiefgreifend die Wirtschafts- und Finanzkrise auch die Medien- und im Speziellen die Bildungsbranche treffe. Intern rechnet man bei der Buch-AG damit, dass die Gesamtwirtschaft erst wieder ab 2011 an Fahrt gewinnt.

Bezüglich der hinter den Wachstumsabsichten stehenden Motive distanziert sich der Vorstandsvorsitzende der Buch-AG deutlich von einer Art "Managermentalität", unbedingt der Größte sein zu müssen. Wachstum und Größe stellen aus Sicht von Gesellschaftern und Familie keine Werte "per se" dar. Das Wachstum des Unternehmens soll vielmehr zum einen die Entwicklung der Familie nachvollziehen. Weil sich mit zunehmender Größe der Familie die Gesellschaftsanteile stärker fraktionieren, muss das Unternehmen einen entsprechenden Größen- und Wertzuwachs vollziehen, damit auch nachfolgende Gesellschaftergenerationen zumindest im Notfall von ihren Anteilen und den hierauf entfallenden Ausschüttungen leben könnten. Zum anderen verpflichteten die Möglichkeiten der Globalisierung auch das an nationale Sprachgegebenheiten gebundene Verlagswesen zum Wachstum. Das Thema Ausland wird für die Buch-AG langfristig an Bedeutung gewinnen. Das Unternehmen zielt auf einen Auslandsanteil an den Gesamtumsätzen von rund 25% (gegenüber derzeit noch weniger als 20%).[1] Nach Einschätzung des Vorstandsvorsitzenden ergeben sich beispielsweise im Bereich der Wörterbücher Chancen für das Unternehmen, die zunehmende Internationalisierung von geschäftlichem und privatem Leben der Menschen zu nutzen. Dem gegenüber stehe allerdings gerade hier die zunehmende Nutzung des Internets. Kostenfreie Angebote würden sich hier mittelfristig durchsetzen. Daher müsse man jetzt handeln und die sich bietenden Chancen heute nutzen.

Die Globalisierung ermögliche es vielen Unternehmen, sich immer weiter zu spezialisieren. Mit einem oder wenigen Kernprodukten könne sich manche Firma aufgrund der international immer besser erreichbaren Märkte auf längere Sicht Wachstumspotenziale erschließen. Für die Buch-AG spiele aber auch ein gewisser Grad an Diversifizierung eine große Rolle. Dahinter steht ein auf Erhalt des Unternehmens und der Familie angelegtes Sicherheitsdenken, was der Vorstandsvorsitzende als typisch für ein deutsches Familienunternehmen erachtet. "Wir wollen als Familie bleiben, und wir wollen, dass das Unternehmen bleibt!"

Inhaltlich setzt die Buch-AG insbesondere auf Wachstumschancen bei Loseblattwerken und anderen Fachinformationen für spezifische Berufsgruppen wie Ärzte, Apotheker etc., die darauf angewiesen sind, sich ständig über aktuelle gesetzliche und regulatorische Maßgaben in ihrem beruflichen Umfeld zu informieren. Hier besitzt das Unternehmen nach eigener Einschätzung eine besondere Kompetenz, die notwendigen Informationen zu extrahieren, knapp darzustellen und regelmäßig zu aktualisieren. Im klassischen Geschäft

[1] Angaben gemäß verwendeter Presseartikel.

mit Schulbüchern hingegen hat das Unternehmen mit schwierigen Voraussetzungen zu kämpfen, weswegen hier mit der Gründung einer ersten Privatschule und dem Einstieg in den sogenannten Nachmittagsmarkt (Nachhilfe) zwei neue Wege beschritten werden.

Zukäufe und Wachstum aus eigener Kraft spielen eine gleichgewichtige Rolle in der Wachstumsstrategie des Unternehmens. Während die Buch-AG früher im Grunde nur organisch wachsen wollte, strebe man inzwischen ein gewisses "Equilibrium" zwischen organischen und anorganischen Maßnahmen an. Das sei auch allein deswegen schon notwendig, da man für ein erfolgreiches Management von Zukäufen auch die Fähigkeit benötige, etwas selbst zu entwickeln.

AI-8.5 Wechselwirkungen zwischen Wachstum und Finanzierung

Bei der Buch-AG sieht man sich grundsätzlich gut gerüstet für das künftige Wachstum des Unternehmens. Dies gelte auch für die Finanzierung des Wachstums. Voraussetzung dafür sei allerdings, dass keine überteuerten, häufig als "strategisch" bezeichneten Zukäufe unternommen würden. In der Vergangenheit habe man das teilweise getan, zum Teil mit erheblichen finanziellen Einbußen. "Da ist auch Geld verbrannt worden, weil doch zu schnell investiert und nicht genügend nachgedacht wurde. Keine Frage, aber das waren auch Lehrjahre." Zum Teil haben sich diese Investitionen und Beteiligungen aber aus einer strategischen Perspektive nichtsdestotrotz rentiert, weil man sich durch einen Zukauf in einem bestimmten Markt eine wesentliche Rolle sichern konnte. Dies steht offenbar zumindest momentan nicht im Vordergrund. Wenn sich aber eine strategische Gelegenheit für einen vielversprechenden Zukauf böte, so würde das Unternehmen eine Finanzierungslösung finden. Da ist sich der Vorstandsvorsitzende sicher. Das gelte selbst dann, wenn hierfür ein höherer Eigenkapitalanteil erforderlich wäre. Unter solchen Umständen könne man sich auch vorstellen, einen Minderheitsanteil an einen privaten Investor durch Kapitalerhöhung zu vergeben. Das würde man aber weniger mit Finanzinvestoren lösen wollen, sondern eher auf eine Versicherung oder einen Großindustriellen zugehen. Es gebe gerade im regionalen Umfeld der Buch-AG eine Reihe von Beispielen für derartige Finanzierungsstrategien. Diesen Unternehmen habe eine temporäre Beteiligung durch einen industriellen Investor innerhalb von fünf bis sechs Jahren ungefähr zu einer Verdopplung ihrer Größe verholfen und es ihnen so ermöglicht, die Gesellschaftsanteile zeitnah wieder zurückzukaufen. Dies sei auch für die Buch-AG eine "conditio sine qua non": Ein etwaiges finanzielles Engagement eines industriellen Partners müsse von vornherein zeitlich begrenzt ausgestaltet sein. "Das Familienunternehmen muss als solches bestehen bleiben", so die eindeutige Aussage des Vorstandsvorsitzenden. Alternativ könne man Wachstumsmaßnahmen auch mit einer neuen Anleihe finanzieren oder, wenn es sich nicht um ein ganz so großes Volumen handele, durch weitere Gesellschafterdarlehen, gegebenenfalls unter Aufnahme von Krediten auf Privatebene. In jedem Fall würde das Unternehmen eine passende Finanzierungslösung finden, die gebe es nämlich eigentlich zur Genüge, so die abschließende Einschätzung des Vorstandsvorsitzenden.

Vor dem Hintergrund der aktuellen Turbulenzen an den Finanzmärkten und der sich deutlich eintrübenden realwirtschaftlichen Umweltbedingungen glaubt der Vorstandsvorsitzende der Buch-AG an die Stabilität des deutschen Mittelstandes. Ähnlich wie auch schon Jon Baumhauer von Merck sieht er gewisse Chancen, dass gerade solche Familienunternehmen, die eine gewisse kritische Größe erreicht und sich in der Vergangenheit durch "Tugenden wie Sparsamkeit, eine vernünftige Risikoeinschätzung und eine kluge, auf Langfristigkeit ausgerichtete Strategie" auszeichnen konnten, die Krise gut überstehen werden.

Anhang II: Verwendeter Forschungsansatz

Ausgangsüberlegungen zum Untersuchungsziel

Ziel der vorliegenden Arbeit ist es, prägnante Zusammenhänge zwischen spezifischen Voraussetzungen der Finanzierung und hieraus resultierenden Auswirkungen auf Wachstumsstrategien bei Familienunternehmen herauszuarbeiten. Die Arbeit versteht sich als anwendungsorientierter Beitrag zur betriebswirtschaftlichen und sozialwissenschaftlichen Forschung, dessen zentrales Anliegen es ist, einen relevanten Beitrag und Erkenntnisgewinn zu einer aktuellen Fragestellung der unternehmerischen Praxis zu leisten. Insofern verfolgt sie ein praktisches Erkenntnisinteresse.[1]

Grundlegend kann hinsichtlich des Untersuchungsziels unterschieden werden zwischen "Strukturen entdeckenden" (exploratorischen) und "Strukturen prüfenden" (konfirmatorischen) Forschungsdesigns.[2] Konfirmatorische Designs benötigen jedoch ausgereifte theoretische Fundamente, die innerhalb der Untersuchung in Form von Forschungshypothesen spezifiziert und anschließend empirisch getestet werden können. Da der bisherige Erkenntnisstand, wie gezeigt wurde, hierzu (noch) nicht in ausreichendem Maße theoretisches Material zur Verfügung stellt (es mangelt an einer in sich geschlossenen Theorie zum besonderen Zusammenhang zwischen Wachstum und Finanzierung von Familienunternehmen), soll stattdessen ein exploratorischer Ansatz gewählt werden. Hierbei steht die Erkundung von Strukturen und Zusammenhängen im Vordergrund, anhand derer gegebene Vorkenntnisse verfeinert und zu Hypothesen zusammengefasst werden können. Auf diese Weise entsteht theoretisches Wissen. Neben dem genannten Untersuchungsziel der Arbeit ist das Aufzeigen von Interdependenzen und kausalen Zusammenhängen zwischen den Aspekten Wachstum und Finanzierung von Familienunternehmen von besonderem Interesse. Es geht darum, typische Besonderheiten in der Finanzierung von Familienunternehmen zu erkennen und zu erklären, ob und inwieweit diese das Wachstum und die Wachstumsstrategie

[1] Vgl. BORCHERT, GOOS und STRAHLER (2004), S. 8.
[2] Vgl. FRITZ (1992), S. 60.

der Unternehmen beeinflussen. Dieser erklärende Gehalt der zu treffenden Aussagen kann als explikative Aussagenart klassifiziert werden. Daneben werden deskriptive Aussagen zutage treten, welche bestimmte Muster von Finanzierung und Wachstum der untersuchten Unternehmen beschreiben, für sich alleine genommen jedoch keinen erklärenden Charakter aufweisen. Instrumentelle Aussagen beschäftigen sich mit Techniken und Verfahren. Sie sind regelmäßig im Bereich der experimentellen Natur- oder Ingenieurswissenschaften zu finden und nicht Gegenstand dieser Arbeit.[1] Die folgende Darstellung verdeutlicht den allgemeinen Zusammenhang zwischen Untersuchungszielen und Aussagenarten und liefert Beispiele der betriebswirtschaftlichen Forschung für die verschiedenen Forschungsdesigns:

Darstellung A II.1: Untersuchungsziele und Aussagenarten

	UNTERSUCHUNGSZIEL	
AUSSAGENART	EXPLORATORISCH	KONFIRMATORISCH
Deskriptiv	z.B. Ermittlung von Marktsegmenten mittels Clusteranalysen	z.B. Überprüfung eines Einstellungsmodells mittels konfirmatorischer Faktorenanalyse
Explikativ	z.B. Systematische Modifikation von Kausalmodellen zur Entdeckung neuer Erklärungszusammenhänge	z.B. Überprüfung eines Kausalmodells zur Erklärung des Unternehmenserfolges
Instrumentell	z.B. Entwicklung neuer Techniken der Unternehmensanalyse	z.B. Systematische Überprüfung der Leistungsfähigkeit von Techniken der Portfolioanalyse

Für die vorliegende Arbeit verwendetes Untersuchungsziel und Aussagenart

Quelle: eigene Darstellung in Anlehnung an FRITZ (1992), S. 60

Die vorliegende Arbeit verfolgt also primär ein exploratorisch-explikatives Design und wird daneben auch deskriptive Aussagen generieren.

Darstellung und Eignung des gewählten Forschungsansatzes

Nach Festlegung des Untersuchungsziels gilt es im Folgenden, einen Forschungsansatz auszuwählen, der sich für das angestrebte exploratorisch-explikative Design in möglichst guter Weise eignet. Dafür werden zunächst einige wesentliche Unterscheidungen zur Wahl des Forschungsansatzes

[1] Was aber nicht bedeuten soll, dass innerhalb der Betriebswirtschaftslehre keine instrumentellen Aussagen möglich wären Zur Abgrenzung zwischen deskriptiven, explikativen und instrumentell orientierten Aussagenarten vgl. FRITZ (1992), S. 59 ff.

getroffen, anschließend erfolgen die Festlegung eines bestimmten Ansatzes sowie die Diskussion hinsichtlich dessen Eignung zur Beantwortung der Forschungsfrage und Erreichung des Untersuchungsziels.

Induktiv-empiristische versus deduktiv-theoriekritische Forschungsansätze

Innerhalb der Realwissenschaften, zu denen u.a. die Sozial- und damit auch die Wirtschaftswissenschaften gehören, sind insbesondere zwei Forschungsansätze bzw. Erkenntniswege vorherrschend, zum einen der induktiv-empiristische und zum anderen der deduktiv-theoriekritische Ansatz.[1] Während bei der Induktion (von lateinisch "inducere" = hinführen) vom Besonderen auf das Allgemeine geschlossen wird, verhält es sich bei der Deduktion (von lateinisch "deducere" = ableiten) exakt umgekehrt. Konkret bedeutet das, dass bei einem induktiv-empiristischen Forschungsansatz Beobachtungen von Einzelfällen vorgenommen und dann zu einer Theorie verallgemeinert werden. Bei einem deduktiv-theoriekritischen Forschungsansatz hingegen werden bereits etablierte Theorien in Form von Hypothesen überprüft und anschließend (nach Möglichkeit) falsifiziert, also widerlegt.[2] Nach dem von POPPER begründeten kritischen Rationalismus kann eine Theorie niemals endgültig bewiesen (verifiziert) werden.[3] Stattdessen kann sich der Forscher nur bemühen, eine möglichst große Anzahl von Hypothesen empirisch zu überprüfen. Sind diese Hypothesen so formuliert, dass sie der ursprünglichen Theorie widersprechen und können sie möglichst oft falsifiziert werden, so bleibt letztlich zwar keine Gewissheit, aber doch eine wissenschaftlich solide überprüfte Theorie.[4] Allerdings trifft POPPER keine Aussage darüber, auf welchem Wege die Ideen und Theorien entstehen können, die sich anschließend einer deduktiven Überprüfung unterziehen lassen müssen. Er spricht von der Entdeckung als einem "irrationalen Moment" und einer "schöpferi-

[1] Vgl. BORCHERT, GOOS und STRAHLER (2004), S. 9.
[2] Vgl. MAYER (2002), S. 18 f.
[3] Vgl. POPPER (1984), S. 14.
[4] Fischer Black würde dem allerdings widersprechen, wie sein (vermutlich nicht vollständig ernst gemeintes) folgendes Statement verdeutlicht: "In the end, a theory is accepted not because it is confirmed by conventional empirical tests, but because researchers persuade one another that the theory is correct and relevant.", BLACK (1986), S. 537.

schen Intuition".[1] Insofern ist die Induktion als theoriebildender Ansatz hiernach nicht ausgeschlossen und kann als legitimes Mittel zur "Entdeckung" von Zusammenhängen und Theorien vertreten werden.[2]

Quantitative versus qualitative Forschungsansätze

Weiter lässt sich hinsichtlich der Datenbeschaffenheit unterscheiden zwischen qualitativen und quantitativen Forschungsansätzen. Während quantitative Daten mathematisch ausgewertet werden können, handelt es sich bei qualitativen Daten um Bedeutungen, die primär durch Sprache oder Handlungen kommuniziert werden.[3] Ein quantitativer Forschungsansatz verwendet regelmäßig großzahlige Stichproben bzw. Datensätze, um mithilfe statistischer Verfahren repräsentative Aussagen über die Beschaffenheit der Grundgesamtheit zu erzielen. Demgegenüber basiert ein qualitativer Ansatz auf Aussagen, Inhalten und Dokumentationen (Wirklichkeitssegmenten) und versucht diese zu verstehen und zu deuten.[4] Nicht immer müssen qualitative und quantitative Verfahren strikt getrennt sein; eine Kombination beider Ansätze, beispielsweise bei der Genese von Forschungshypothesen und deren anschließender Überprüfung, kann – je nach Fragestellung – sinnvoll und ergiebig sein.[5]

Lineare versus zirkuläre Forschungsansätze

Nach WITT lässt sich – ausgehend vom Untersuchungsziel – grundsätzlich unterscheiden zwischen linearen und zirkulären Forschungsansätzen.[6] Eng verknüpft hiermit ist die Frage nach der Datenbeschaffenheit. Handelt es sich bei den zu erhebenden Daten um quantitative Ausprägungen, so erfordert dies regelmäßig eine standardisierte Erhebung und lineare Bearbeitung der

---

[1] POPPER (1984), S. 7.

[2] Ergänzend sei allerdings hinzugefügt, dass die Genese neuer (oder erweiterter) Theorien in einem "theoriefreien Raum" kaum vorstellbar ist. Selbst das von POPPER beschriebene "irrationale Moment" dürfte wohl selbst Teil eines theoriegeleiteten Alltagsverständnisses sein, wie er selbst beschreibt, vgl. POPPER (1973), S. 72 f.

[3] Vgl. DEY (1993), S. 10, und WITT (2001), S. 2.

[4] Vgl. LÜHRS (2000), S. 14.

[5] Vgl. MAYRING (2001), S. 6 ff. Ähnlich auch der Tenor bei ROST (2003), S. 6 f.

[6] Vgl. WITT (2001), S. 4 ff. Der Autor spricht in seinem Beitrag von "Forschungsstrategien", deren Charakteristik aber dem hier verwendeten Begriff des "Forschungsansatzes" sehr nahe kommt. Daher wird aus Gründen der Einheitlichkeit der Begriff "Forschungsansatz" verwendet.

Untersuchung. Der Begriff "linear" verweist hierbei auf die Tatsache, dass der Forschungsprozess ex ante festgelegt und anschließend in einer bestimmten, nicht veränderbaren Reihenfolge abgearbeitet wird. Zirkulär demgegenüber bedeutet, dass eine Reihe von Forschungsschritten durchaus auch mehrfach hintereinander durchlaufen werden kann, wobei der jeweils nachfolgende Durchlauf von dem vorangegangenen abhängig ist. Darüber hinaus können sich auch Auswirkungen aus im Nachhinein gewonnenen Erkenntnissen auf vorgelagerte Schritte der Untersuchung oder sogar auf die Ausgangsfragestellung ergeben. Insofern kann auch von einem "dialogischen" Vorgehen gesprochen werden,

> "[...] weil wie in einem Dialog Fragen [...] gestellt werden, die Antworten aber über die Fragen hinausgehen und so Anlass für weitere Fragen geben, d.h., die Fragen gehen aus den Antworten hervor, so wie die Antworten aus den Fragen hervorgehen."[1]

Auswahl und Eignung des verwendeten Forschungsansatzes

Der zu wählende Forschungsansatz sollte, wie eingangs schon erwähnt, möglichst gut in der Lage sein, die Forschungsfrage zu beantworten und das Untersuchungsziel zu erreichen.[2] Vor diesem Hintergrund verfolgt die vorliegende Arbeit einen induktiv-empiristischen Forschungsansatz, der in Form von Interviews gewonnene, primär qualitative Daten verwendet. Der Prozess wird dabei zirkulär-dialogisch aufgebaut. Ausschlaggebend hierfür ist, analog zur Entscheidung für ein exploratives Untersuchungsziel, die Tatsache, dass es an einer geschlossenen Theorie zur Finanzierung und zum Wachstum von Familienunternehmen derzeit noch mangelt. Zu überprüfende Hypothesen, die sich aus einer bestehenden, etablierten Theorie ableiten ließen, existieren zurzeit noch nicht. Daher wird ein induktives Vorgehen gewählt, aus dem Beobachtungen der Wirklichkeit hervorgehen und erste Vermutungen über die Wirkungszusammenhänge angestellt werden sollen. Die durch die Interviews gewonnenen qualitativen Daten sollen dabei dem Erkenntnisgewinn im

[1] WITT (2001), S. 0

[2] Vgl. die Abschnitte 1.3.2 und 0.

Entdeckungszusammenhang dienen. Die hohe Komplexität der inhaltlichen Zusammenhänge zwischen Finanzierungsvoraussetzungen und deren Auswirkungen auf Wachstum und Strategie des Unternehmens bzw. deren Rückwirkung auf zu treffende Finanzierungsentscheidungen erfordert ein genaues Verstehen der Wirklichkeit und einen möglichst interpretationsfreien Zusammenhang. Die quantitative Forschung stößt hier schnell an ihre Grenzen. Derart komplexe Sachverhalte lassen sich anhand eines qualitativen Ansatzes besser beschreiben und erklären. Dies gilt umso mehr, als die Arbeit den besonderen Typus Familienunternehmen zum Gegenstand hat. Das Zusammenwirken der Systeme Familie und Unternehmen wirkt (nochmals) komplexitätserhöhend und erschwert das Bestimmen einwandfreier, messbarer Variablen mit hinreichendem Erklärungsgehalt.[1]

Schilderung der Datenerhebung

Die Datenerhebung erfolgte primär in Form von teilstrukturierten bzw. leitfadengestützten Interviews. Teile der Interviews wurden hierbei durch offene Kernfragen unterstützt, die als Ideengeneratoren und Orientierungspunkte dienten. Der größere Teil der Interviews aber wurde offen gestaltet und als narrativer Prozess geführt. Diese erzählungsgenerierende Kommunikationsstrategie diente dazu, ein offenes, vertrauensvolles Verhältnis zwischen dem Interviewer und dem Interviewten zu schaffen. Hierdurch sollte maximale Authentizität in den Antworten gewonnen und eine Limitierung auf vorgegebene, standardisierte Antworten vermieden werden. Gleichzeitig wurde eine verständnisgenerierende[2] Strategie in der Form verfolgt, dass bestimmte Äußerungen der Befragten in den Kontext zu anderen Antworten von Dritten gesetzt werden konnten. Dies ermöglichte, bereits im eigentlichen Erhebungsprozess gemeinsam-dialogisch zu Erkenntnissen zu gelangen, kausale Zusammenhänge zu bestimmen und (Teil-)Ergebnisse zu fixieren.

---

[1] Vgl. SIMON, WIMMER und GROTH (2005), S. 24.

[2] Vgl. zur Abgrenzung von erzählungs- und verständnisgenerierenden Kommunikationsstrategien WITZEL (2000), S. 4 ff.

Die aus den Interviews gewonnenen Informationen und Erkenntnisse wurden reflektiert und angereichert mit Sekundärdaten aus frei zugänglichen Informationsquellen (Internetrecherche, Presseartikel etc.) sowie unternehmensinternen Dokumenten. Hierdurch sollen die von den Gesprächspartnern getroffenen Aussagen kritisch überprüft oder unterstützt werden. Dieser sogenannte Ansatz der Triangulation dient dazu, ein höheres Maß an Objektivität und Solidität der gewonnenen Erkenntnisse zu sichern. Dabei geht es nicht darum, völlige Übereinstimmung zwischen den herangezogenen Datenquellen bzw. deren Aussagen zu erzielen. Aber die gewonnenen Erkenntnisse können verglichen und in Beziehung zueinander gesetzt werden und damit unterstützende Wirkung für die getroffenen Aussagen entfalten.[1]

Im Folgenden werden die wesentlichen Bestandteile bzw. Instrumentarien für die Durchführung der Interviews erläutert.

Expertengespräche

Im Rahmen verschiedener Expertengespräche im Vorfeld der eigentlichen Studie wurden Vertreter und Berater von Familienunternehmen zu ihrer Einschätzung aktuell wichtiger und dringender Fragen zu Finanzierung, Wachstum und Strategie von Familienunternehmen befragt. Ihnen wurde dafür der jeweils aktuelle Stand des Interviewleitfadens zur Verfügung gestellt. Die jeweiligen Gespräche dauerten zwischen 30 und 45 Minuten, die Ergebnisse flossen in die Ausgestaltung des Leitfadens mit ein.

Interviewleitfaden

Der Interviewleitfaden gab den groben Rahmen für die in diesem Sinne *teil*-strukturierten Interviews vor. Im Gegensatz zu strukturierten Interviews, die den Befragten eine gewisse Auswahl an Antwortmöglichkeiten zur Verfügung stellen, zielt ein teilstrukturiertes Interview auf einen dialogischen Prozess und stellt offene Fragen.[2] Interviewer und Interviewter sind dazu aufgefordert, den Leitfaden zwar als Orientierung zu verwenden, die enthaltenen Fragen aber nach eigenem Ermessen und thematischem Schwerpunkt des Gesprä-

[1] Vgl. MAYRING (2002), S. 147 f.
[2] Vgl. MAYER (2002), S. 36.

ches zu ergänzen.[1] Der Leitfaden stellte das wichtigste Instrument für die Untersuchung dar und enthält im Wesentlichen offen formulierte Fragen zum eigentlichen Forschungsthema. Zwar zielen der gewählte explorative Forschungsansatz und die zirkuläre Forschungsstrategie darauf ab, eine möglichst große Vielfalt und thematische Breite von Erkenntnissen zu generieren. Dies soll aber nicht bedeuten, dass die einzelnen Interviews in beliebiger Weise und nicht mit einem Mindestmaß an Standardisierung geführt werden können. Die Vergleichbarkeit der Gespräche musste zumindest insoweit gegeben sein, dass alle Interviewpartner sich zu denselben Fragestellungen äußerten und keine Teilaspekte ausgespart wurden. Insoweit diente der Interviewleitfaden auch als Gedächtnisstütze und zur Sicherung der Vergleichbarkeit.[2]

Tonträgeraufzeichnungen

Um die Gespräche möglichst frei führen und sich auf die Inhalte konzentrieren zu können, wurden elektronische Tonträger eingesetzt, die das gesamte Gespräch aufzeichneten. Im Gegensatz zu Gesprächsprotokollen gewährleisten Aufnahmen die größere Authentizität der Inhalte. Unter Zusicherung größtmöglicher Vertraulichkeit und gegebenenfalls Anonymisierung der Ergebnisse konnte eine breite Akzeptanz für das Einsetzen von Tonträgern erzielt werden.

Postskripte

Im Nachgang zum eigentlichen Interview wurden vollständige Postskripte erstellt, die dazu dienten, zunächst alle Informationen des Gespräches zu dokumentieren. Darüber hinaus konnten Interpretationsstichpunkte und Kriterien für eventuelle Einzelfallauswertungen notiert sowie Abgrenzungen und Vergleichbarkeiten mit anderen Interviewpartnern fixiert werden. Die Gesprächspartner erhielten im Nachgang ein Exemplar des Postskriptes zugeschickt, welches sie nach Durchsicht und Korrektur anschließend zur Verwendung freigaben.

[1] Vgl. HOPF (1991), S. 177.
[2] Vgl. WITZEL (2000), S. 4. Der Interviewleitfaden ist dieser Arbeit in Anhang III beigefügt.

Auswahl der Interviewpartner

Im Rahmen von qualitativen Sozialforschungsvorhaben steht die statistische Repräsentativität der Ergebnisse üblicherweise nicht im Vordergrund der Überlegungen, und die Validität der gewonnenen Erkenntnisse muss im Einzelfall begründet sein.[1] Trotzdem wurde bei der Auswahl der Interviewpartner und der Fallunternehmen eine gewisse Breite hinsichtlich Größe und vertretener Branchen angestrebt, um dahingehend verzerrte Aussagen möglichst zu vermeiden.

Ausgehend von der in Abschnitt 1.4.3 festgelegten forschungsleitenden Definition wurden Unternehmen berücksichtigt, die sich mehrheitlich in Familienbesitz befinden und einen jährlichen Umsatz von mehr als 50 Mio. EUR erzielen. Insgesamt wurden acht Interviews mit Unternehmen unterschiedlicher Größe (gemessen am Umsatz) und Branchenherkunft geführt, entweder per Telefon oder vis-à-vis am jeweiligen Sitz des Unternehmens. Die Interviews fanden in den Monaten April bis Juni 2008 statt.

Im Einzelnen haben an der Studie folgende Unternehmen teilgenommen:

- Schmitz Cargobull AG, Horstmar – ein zu 100% in Familienhand befindlicher Hersteller von LKW-Aufliegern (Umsatz: ca. 2,1 Mrd. EUR)

- Biotest AG, Dreieich – ein knapp mehrheitlich in Familienhand befindliches, teilweise börsennotiertes Unternehmen aus dem Bereich der Medizintechnik und Plasmaproteinprodukte (Umsatz: ca. 330 Mio. EUR)

- HAWE Hydraulik GmbH & Co. KG, München – ein zu 100% in Familienhand befindlicher Hersteller von Hydrauliksystemen (Umsatz: ca. 185 Mio. EUR)

[1] Vgl. Mayring (2002), S. 23, sowie Mruck und Mey (2000), S. 8 f.

- "Werkzeug-AG" (anonymisiert) – ein zu 100% in Familienhand befindlicher Hersteller von Elektrowerkzeugen (Umsatz: ca. 400 Mio. EUR)

- edel AG, Hamburg – ein zu 2/3 in der Hand des Unternehmensgründers befindliches, teilweise börsennotiertes Unternehmen aus dem Bereich Herstellung und Vertrieb von Ton- und Bildträgern sowie Büchern (Umsatz: ca. 140 Mio. EUR)

- Progroup AG, Offenbach – ein zu weit überwiegendem Teil in der Hand des Unternehmensgründers befindliches Unternehmen zur Herstellung von Papier und Wellpappe (Umsatz: ca. 500 Mio. EUR)

- Merck KGaA, Darmstadt – ein global agierendes, teilweise börsennotiertes Familienunternehmen aus den Bereichen Pharma und Chemie (Umsatz: ca. 7,6 Mrd. EUR)

- "Buch-AG" (anonymisiert) – ein zu 100% in Familienhand befindliches Verlagshaus mit zusätzlichen Bildungsdienstleistungen (Umsatz: ca. 435 Mio. EUR)

Die Verteilung nach Umsatz und Branche stellt sich wie folgt dar:

Darstellung A-II.2: Verteilung der an der Studie teilnehmenden Unternehmen nach Umsatz und Branche

	UMSATZ [MIO. EUR]				
BRANCHE	50-249	250-499	500-999	1.000-2.499	>=2.500
Automobil/Transport				X	
Biotechnologie		X			
Maschinen- und Anlagenbau	X	X			
Medien/Entertainment	X				
Papierherstellung/ -verarbeitung			X		
Pharma und Chemie					X
Verlags- und Bildungswesen		X			

Quelle: eigene Darstellung

Um der anhaltenden Unsicherheit an den Finanzmärkten Rechnung zu tragen, wurde im Frühjahr 2009 eine zweite Interviewrunde mit einigen der teilnehmenden Unternehmen durchgeführt. Hierbei ging es darum, ein Gefühl dafür zu entwickeln, ob und inwieweit sich die grundsätzlichen Aussagen der Fallunternehmen zu den Themen Wachstum, Strategie und Finanzierung im Zuge der Krise verändert haben. Insbesondere hinsichtlich der Finanzierungsvoraussetzungen und Wachstumsaussichten wurde vermutet, dass die Turbulenzen an den Märkten auch für die Fallunternehmen nicht ohne Folgen bleiben würden.

Methoden der Datenauswertung

Die Auswertung der Interviews erfolgte fallweise auf Basis der Postskripte. Unter Hinzunahme verschiedener Sekundärdaten wie beispielsweise Geschäftsberichten, Presseartikeln und sonstigen Unternehmensinformationen (z.B. Internetseiten) konnte zu jedem der befragten Unternehmen eine eigene Fallstudie erstellt werden. Vor dem Hintergrund der Forschungsfrage[1] wurden wesentliche Passagen und Kernaussagen hervorgehoben ("within-case analysis") und mit bisherigen Erkenntnissen aus vorherigen Interviews abgeglichen. Hieraus ließen sich daraufhin prägnante Gesamtaussagen verdichten, die den gemeinsamen Kern der Aussagen treffend wiedergeben ("cross-case patterns"). Die Nuancierungen und Breite der Angaben wurden ebenfalls herausgearbeitet, um die Sachverhalte nicht ungerechtfertigterweise zu simplifizieren. Dieser systematisch kontrastierende Fallvergleich[2] diente dazu, die zentralen fallübergreifenden Themen herauszuarbeiten und gleichzeitig die Einzelfälle in ihren teilweise extremen Ausprägungen als um die "gemeinsamen Nenner" changierende Kontraste darzustellen. Die in den Fallstudien gewonnenen Ergebnisse wurden schließlich vor dem Hintergrund der in Kapitel 2 dargelegten theoretischen und empirischen Erkenntnisse reflektiert, um ihre Validität kritisch zu überprüfen.[3]

[1] Vgl. Abschnitt 1.3.2.
[2] Vgl. WITZEL (2000), S. 7.
[3] Die Vorgehensweise orientiert sich dabei an dem von EISENHARDT vorgeschlagenen "Leitfaden" zur Erstellung von Fallstudien, vgl. EISENHARDT (1989), S. 533 ff.

Nach YIN eignen sich Fallstudien als Auswertungsmethodik der qualitativen Sozialforschung insbesondere, wenn die Forschungsfrage nach dem "Wie" bzw. "Warum" beobachteter Zusammenhänge fragt, keine Kontrolle des Forschers über die beobachteten Ereignisse und die gewonnenen Daten erforderlich ist und der Forschungsbeitrag eine aktuelle Thematik (in Abgrenzung zu historischen Ereignissen) behandelt.[1] Die drei genannten Anforderungen hinsichtlich der Eignung von Fallstudien sind im vorliegenden Fall erfüllt. Die Forschungsfrage ist als "Wie"-Frage formuliert und verfolgt ein exploratorisch-explikatives Untersuchungsziel.[2] Die Interviews wurden, wie geschildert, aufgezeichnet und nach Transkription vom jeweiligen Gesprächspartner freigegeben. Die verwendeten Sekundärquellen sind weit überwiegend frei zugänglich und insofern objektiv nachvollziehbar. Eine Kontrolle des Forschers über die gewonnenen Daten liegt demnach nicht vor. Die Aktualität des Forschungszusammenhangs schließlich wurde von Seiten der Experten und Interviewten mehrfach bekräftigt, ein historisches Ereignis ist ohnehin nicht gegeben. Insofern eignen sich Fallstudien zur Aufbereitung und Darstellung der im Rahmen der vorliegenden Arbeit interessierenden Zusammenhänge in besonderer Weise.

Darstellung A-II.3: zusammenfassender Überblick des Forschungsaufbaus

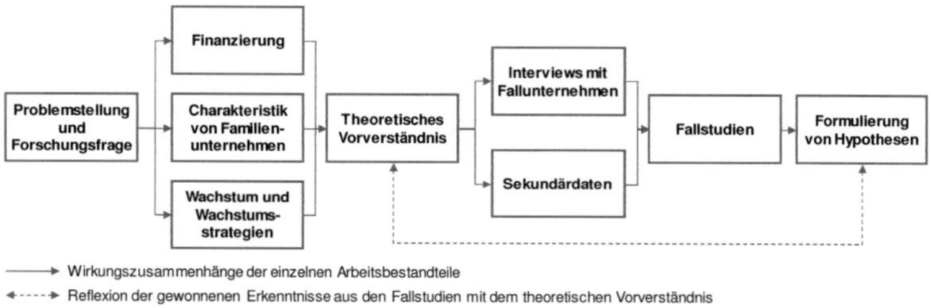

Quelle: eigene Darstellung

[1] Vgl. YIN (1999), S. 9. Darüber hinaus können Fallstudien bestimmte Phänomene besonders gut unter Berücksichtigung ihres jeweiligen Kontextes erörtern, was für die vorliegende Arbeit und ihren Untersuchungsfokus (Familienunternehmen und deren besondere Charakteristika) als essenziell erachtet wird, vgl. YIN (1998), S. 31.

[2] Vgl. Abschnitt 0.

Anhang III: Leitfaden zur Durchführung der Fallstudieninterviews

Im Folgenden ist der für die Interviews verwendete Leitfaden wiedergegeben, der mithilfe der in Anhang II genannten Experten entwickelt wurde. Der Interviewleitfaden wurde den Vertretern der Fallunternehmen im Vorfeld der Gespräche zur Verfügung gestellt, so dass sie sich inhaltlich auf die Fragen vorbereiten konnten. Er unterteilt sich in die drei Abschnitte "Finanzierung des Unternehmens", "Wachstum und Wachstumsstrategie des Unternehmens" sowie "Wechselwirkungen zwischen Finanzierung, Wachstum und Wachstumsstrategie des Unternehmens". Jedem Abschnitt werden zunächst inhaltlichen Kernaussagen vorangestellt (Worum geht es in dem folgenden Abschnitt?); anschließend werden Leitfragen aufgeführt, die zur Orientierung und als "Strukturhilfe" für das Gespräch dienten.

Finanzierung des Unternehmens

Kernaussagen

In diesem Abschnitt geht es darum, Kernaussagen des Interviewpartners zu den folgenden Themenbereichen zu generieren:

- Finanzierungsstruktur des Unternehmens
- Finanzierungsziele und -politik des Unternehmens
- Finanzierungsvoraussetzungen (exogen/endogen) des Unternehmens
- Veränderungen der Finanzierung im Zeitverlauf
- Rolle und Einfluss der Unternehmerfamilie im Hinblick auf die Unternehmensfinanzierung

Leitfragen

Leitfragen in diesem Abschnitt lauten:

- "Schildern Sie doch bitte – in groben Zügen – wie sich Ihr Unternehmen hauptsächlich finanziert." (Innen-/Außenfinanzierung, Bedeutung Ergebnisthesaurierung, wesentliche externe Kapitalquellen)
- "Wann und wie haben Sie die letzte externe Finanzierungsmaßnahme (Aufnahme von neuem Eigen- bzw. zinstragenden Fremdkapital) durchgeführt?"
- "Um welche Art von Maßnahme handelte es sich?"
- "Nennen Sie mir bitte die wesentlichen Ziele, die Sie mit der Finanzierung Ihres Unternehmens verbinden." (z.B. Sicherstellung ausreichender Liquidität für operative und strategische Handlungsfreiheit, Wahrung der unternehmerischen Unabhängigkeit)
- "Haben sich die Finanzierungsvoraussetzungen Ihres Unternehmens in letzter Zeit verändert? Inwiefern?"
- "Welche Rollen spielen regulatorische Veränderungen der Finanzierungsmärkte (z.B. Basel II) oder Finanzmarktkrisen (Stichwort: "Subprime-Krise")? Haben Sie Auswirkungen dieser Phänomene für Ihr Unternehmen feststellen können? Inwiefern?"
- "Gibt es bestimmte Finanzierungsinstrumente oder Kapitalgeber, auf die Ihr Unternehmen grundsätzlich nicht zurückgreifen würde? Wenn ja, was sind die Gründe hierfür?"
- "Haben Sie Ihrem Unternehmen in nennenswertem Umfang Betriebs- oder Geschäftsausstattung aus dem privaten Vermögen der Gesellschafter zur Verfügung gestellt oder haften diese (teilweise) mit ihrem Privatvermögen?"

- "Welche Rolle spielt die Familie/spielen die Gesellschafter hinsichtlich der Finanzierung Ihres Unternehmens? Wie wirkt sich die Tatsache, dass es sich bei Ihrem Unternehmen um ein Familienunternehmen handelt, auf die Finanzierung aus?"
- "Gibt es unterschiedliche Auffassungen zwischen geschäftsführenden und nichtgeschäftsführenden Gesellschaftern hinsichtlich des Selbstfinanzierungsanteils bzw. zur Höhe der jährlichen Ausschüttungen? Wie werden diese aufgelöst?"

Wachstum und Wachstumsstrategie des Unternehmens

Kernaussagen

In diesem Abschnitt geht es darum, Kernaussagen des Interviewpartners zu den folgenden Themenbereichen zu generieren:

- Wachstum und Wachstumsraten des Unternehmens
- Bedeutung von Wachstum für das Unternehmen
- Vorhandensein und Ausgestaltung der Wachstumsstrategie
- Rolle und Bedeutung der Familie

Leitfragen

Leitfragen in diesem Abschnitt lauten:

- "Gibt es in Ihrem Unternehmen eine eigene Definition von Wachstum?" (Umsatz, Mitarbeiter, Eigenkapital, Vermögen etc.)
- "Wie hat sich Ihr Unternehmen diesbezüglich in den letzten 3-5 Jahren entwickelt? Mit welchen Raten (ungefähr) ist es gewachsen?"

- "Was waren die wesentlichen Gründe (Wachstumstreiber) hierfür?" (Internationalisierung, gestiegene Binnennachfrage, Expansion/Investitionen, M&A)

- "Ist Wachstum eines der wesentlichen Unternehmensziele? Gibt es Zielwerte für die jährliche Wachstumsrate?"

- "Welche Bedeutung hat das Wachstum Ihres Unternehmens für Management und Gesellschafter darüber hinaus?" (z.B. Sicherstellung von Arbeitsplätzen, Sicherung der Existenz und der Unabhängigkeit des Unternehmens)

- "Verfolgt Ihr Unternehmen eine aktive Wachstumsstrategie? Falls ja, was sind die Eckpunkte dieser Strategie?" (z.B. rein organisches Wachstum, Erweiterung des Produktspektrums, Innovationen, geographische Expansion)

- "Schildern Sie doch bitte kurz den Strategieentwicklungsprozess in Ihrem Unternehmen." (u.a. Vorhandensein einer strategischen Planung, periodische Strategiegespräche, Teilnehmer, Entscheider)

- "Welche Haltung hat die Unternehmerfamilie/haben die Gesellschafter im Hinblick auf das Unternehmenswachstum? Inwiefern unterscheidet sich Ihrer Meinung nach Ihr Unternehmen – bezogen auf das Unternehmenswachstum und die Wachstumsstrategie – von Nichtfamilienunternehmen?" (z.B. mehrheitlich börsennotierten Unternehmen)

Wechselwirkungen zwischen Finanzierung, Wachstum und Wachstumsstrategie des Unternehmens

Kernaussagen

In diesem Abschnitt geht es darum, Kernaussagen des Interviewpartners zu den folgenden Themenbereichen zu generieren:

- Einfluss der Unternehmensfinanzierung und der Finanzierungsvoraussetzungen auf das Unternehmenswachstum
- Einfluss auf die Ausgestaltung der Wachstumsstrategie
- Einschränkungen des Unternehmenswachstums aufgrund exogen/endogen bedingter Finanzierungsrestriktionen
- Vice-versa-Beziehung: Auswirkungen des Unternehmenswachstums auf die Finanzierung und die Finanzierungsvoraussetzungen
- Rolle und Einfluss der Familie im Spannungsfeld zwischen Finanzierung und Wachstum

Leitfragen

Leitfragen in diesem Abschnitt lauten:

- "Würden Sie sagen, dass die spezifischen Finanzierungsvoraussetzungen Ihres Unternehmens Ihr Wachstum beeinflusst, ggf. sogar eingeschränkt haben? Inwiefern?"
- "Trifft genau das Gegenteil zu? Haben die spezifischen Finanzierungsvoraussetzungen Ihres Unternehmens Wachstum in den genannten Raten
überhaupt erst ermöglicht bzw. bestärkt? Inwiefern?"
- "Welche Wirkung hat Ihres Erachtens demgegenüber das Wachstum des Unternehmens auf dessen Finanzierung gehabt? Inwieweit sehen Sie hier Wechselwirkungen?"
- "Welche Rolle spielen auch hier die Familie bzw. die Gesellschafter? Steht die finanzielle und unternehmerische Unabhängigkeit über den Wachstumszielen (sofern vorhanden)? Wird Ihres Erachtens auf bestimmte Wachstumsvorhaben verzichtet, um finanzielle und unternehmerische Unabhängigkeit und Freiheit zu bewahren? Oder lässt die

Familien/lassen die Gesellschafter dem Unternehmenswachstum gerade deshalb großes Gewicht zukommen, um überhaupt erst finanzielle und unternehmerische Unabhängigkeit und Freiheit zu ermöglichen?"

Literatur- und Quellenverzeichnis

- ACHLEITNER, Ann-Kristin; ACHLEITNER, Paul (2000): "Die Finanzierung von Familienunternehmen durch Beteiligungsgesellschaften". In: JESCHKE, D; KIRCHDÖRFER, R; LORZ, R: "Planung, Finanzierung und Kontrolle in Familienunternehmen". C.H. Beck (München), S. 127-148.

- ACHLEITNER, Ann-Kristin; POECH, Angela (2004): "Familienunternehmen und Private Equity: Die psychologischen Bruchstellen". Studie im Auftrag von: Apax Partners.

- ACHLEITNER, Ann-Kristin; SCHRAML, Stephanie; KLÖCKNER, Oliver (2008): "Finanzierung von Familienunternehmen". Studie im Auftrag von: CENTER FOR ENTREPRENEURIAL AND FINANCIAL STUDIES (CEFS), TUM.

- ACHLEITNER, Ann-Kristin; WAHL, Simon (2004): "Private Debt: Neue Finanzierungsalternative für den größeren Mittelstand". In: Betriebs-Berater, Band 59, Nr. 24, S. 1323-1329.

- Adam Opel GmbH (2008): "Stellungnahme der Adam Opel GmbH zum Gespräch im Bundeskanzleramt". Zu finden unter: http://www1.opel.de/aktuell/news/index.php3?mode=intro&app=fc78f7410b4fab8b15d84b6649044f4c&app1=. Abrufdatum: 26.11.2008.

- ADAMS III, A. Frank et al. (2004): "The Importance of Integrated Goal Setting". In: Family Business Review, Band 16, Nr. 4, S. 287-302.

- ALBACH, Horst (1989): "Generationswechsel und Unternehmenskontinuität". Verlag Bertelsmann Stiftung (Gütersloh).

- ANDERSON, Ronald C.; MANSI, Sattar A.; REEB, David M. (2003): "Founding family ownership and the agency cost of debt". In: Journal of Financial Economics, Band 68, S. 263-285.

- ANSOFF, Harry Igor (1965): "Corporate Strategy". McGraw Hill (Boston).

- ARNSFELD, Torsten; HIEB, Otto (2004): "Alternative Wege in der Mittelstandsfinanzierung". In: Finanz Betrieb, Nr. 10, S. 664-667.

- ARONOFF, Craig E. (1998): "Megatrends in Family Business". In: Family Business Review, Band 11, Nr. 3, S. 181-186.

- ARONOFF, Craig E.; WARD, John L. (1995): "Family-Owned Businesses: A Thing of the Past or a Model for the Future?". In: Family Business Review, Band 8, Nr. 2, S. 121-130.

- ASTRACHAN, Joseph H.; KLEIN, Sabine B.; SMYRNIOS, Kosmas X. (2002): "The F-PEC Scale of Family Influence: A Proposal for Solving the Family Business Definition Problem". In: Family Business Review, Band 15, Nr. 1, S. 45-58.

- ASTRACHAN, Joseph H.; MCCONAUGHY, Daniel L. (2001): "Venture Capitalists and Closely Held IPOs: Lessons for Family-Controlled Firms". In: Family Business Review, Band 14, Nr. 4, S. 295-311.

- ASTRACHAN, Joseph H.; SHANKER, Melissa C. (2003): "Family Business' Contribution to the U.S. Economy: A Closer Look". In: Family Business Review, Band 16, Nr. 3, S. 211-219.

- BANCEL, Franck; MITTOO, Usha R. (2004): "Cross-Country Determinants of Capital Structure Choice: A Survey of European Firms". In: Financial Managament, Band 33, Nr. 4, S. 103-132.

- Bank for International Settlements (2008): "Basel II: Revised international capital framework". Zu finden unter: http://www.bis.org/publ/bcbsca.htm. Abrufdatum: 20.03.2008.

- BARNEY, Jay (1991): "Firm Ressources and Sustained Competitive Advantage". In: Journal of Management, Band 17, Nr. 1, S. 99-120.

- BERGER, Allen N.; UDELL, Gregory F. (1998): "The economics of small business finance: The roles of private equity and debt markets in the financial growth cycle". In: Journal of Banking & Finance, Band 22, Nr. 6, S. 613-673.

- BERLE, Adolf A.; MEANS, Gardiner C. (1932): "The Modern Corporation And Private Property". Harcourt, Brace & World (New York).

- BESSLER, Wolfgang; KURTH, Andreas; THIES, Stefan (2003): "Grundsätzliche Überlegungen zur Kapital- und Aktionärsstruktur beim Börsengang von jungen Wachstumsunternehmen". In: Finanz Betrieb, Nr. 10, S. 651-665.

- BETSCH, Oskar; GROH, Alexander; SCHMIDT, Kay (2000): "Gründungs- und Wachstumsfinanzierung innovativer Unternehmen". R. Oldenbourg Verlag (München).

- Biotest AG (2007): "Geschäftsbericht 2007".

- Biotest AG (2008): "Geschäftsbericht 2008".

- BLACK, Fischer (1986): "Noise". In: The Journal of Finance, Band 41, Nr. 3, S. 529-543.

- BLANCO-MAZAGATOS, Virginia; DE QUEVEDO-PUENTE, Esther; CASTRILLO, Luis A. (2007): "The Trade-Off Between Financial Resources and Agency Costs in the Family Business: An Exploratory Study". In: Family Business Review, Band 20, Nr. 3, S. 199-213.

- BOEHM-BEZING, Carl Ludwig von (2000): "Die Bedeutung der unternehmerischen Planung für die Finanzierungsentscheidung einer Bank". In: JESCHKE, D; KIRCHDÖRFER, R; LORZ, R: "Planung, Finanzierung und Kontrolle in Familienunternehmen". C.H. Beck (München), S. 35-47.

- BORCHERT, J.; GOOS, P.; STRAHLER, B. (2004): "Forschungsansätze".

- BREALEY, Richard A.; MYERS, Stewart C.; ALLEN, Franklin (2005): "Principles of Corporate Finance". McGray Hill (Boston).

- BROUNEN, Dirk; DE JONG, Abe; KOEDIJK, Kees (2004): "Corporate Finance in Europe: Confronting Theory with Practice". In: Financial Managament, Band 33, Nr. 4, S. 71-101.

- BURGER-CALDERON, Max et al. (2004): "Unabhängig erfolgreich". Studie im Auftrag von: F.A.Z.-Institut.

- BÖRNER, Christoph J.; GRICHNIK, Dietmar (2003): "Von der Pecking Order zur strategischen Mittelstandsfinanzierung – Ergebnisse einer Kombinationsstudie". In: Finanz Betrieb, Nr. 11, S. 681-689.

- BÖTZEL, Stefan; MOJE, Hauke (2003): "Die Zukunft gestalten - Strategieprozesse in Familienunternehmen". Studie im Auftrag von: Roland Berger Strategy Consultants.

- Bundesverband deutscher Kapitalbeteiligungsgesellschaften (2008a): "BVK Statistik".

- Bundesverband deutscher Kapitalbeteiligungsgesellschaften (2008b): "Der deutsche Beteiligungsmarkt im 3. Quartal 2008".

- CHRISMAN, James J.; CHUA, Jess H.; SHARMA, Pramodita (2003): "Current Trends And Future Directions In Family Business Management Studies: Toward a Theory of The Family Firm". Diskussionspapier an der University of Calgary.

- CHUA, Jess H.; CHRISMAN, James J.; SHARMA, Pramodita (2003): "Succession and Nonsuccession Concerns of Familiy Firms and Agency Relationships with Nonfamily Managers". In: Family Business Review, Band 16, Nr. 2, S. 89-107.

- COLEMAN, Susan; CARSKY, Mary (1999): "Sources of Capital for Small Family-Owned Businesses". In: Family Business Review, Band 12, Nr. 1, S. 73-86.

- COPELAND, Thomas E.; WESTON, J. Fred (1992): "Financial Theory and Corporate Policy". Addison Wesley Longman (Reading, Masschusetts).

- COSIER, Richard A.; HARVEY, Michael (1998): "The Hidden Strengths in Family Business: Functional Conflict". In: Family Business Review, Band 11, Nr. 1, S. 75-79.

- DAILY, Catherine M.; DOLLINGER, Marc J. (1992): "An Empirical Examination of Ownership Structure in Family and Professionally Managed Firms". In: Family Business Review, Band 5, Nr. 2, S. 117-136.

- DAILY, Catherine M.; THOMPSON, Sandra S. (1994): "Ownership Structure, Strategic Posture, and Firm Growth: An Empirical Examination". In: Family Business Review, Band 7, Nr. 3, S. 237-249.

- DENTZ, Markus (2004): "Die Nische wird größer". In: Finance, S. 56.

- Deutsche Bundesbank (2008): "Basel II - Die neue Baseler Eigenkapitalvereinbarung". Zu finden unter: http://www.bundesbank.de/bankenaufsicht/bankenaufsicht_basel.php. Abrufdatum: 20.03.2008.

- Deutscher Factoring-Verband (2008): "Factoring Lexikon". Zu finden unter: http://www.factoring.de/index.php?id=39#65. Abrufdatum: 27.02.2008.

- DEY, Ian (1993): "Qualitative Data Analysis: A User-friendly Guide for Social Scientists". Routledge (London, New York).

- DREUX, Dirk R. (1990): "Financing Family Business: Alternatives to Selling Out or Going Public". In: Family Business Review, Band 3, Nr. 3, S. 225-243.

- DYER, W. Gibb Jr. (2006): "Examining the "Family Effect" on Firm Performance". In: Family Business Review, Band 19, Nr. 4, S. 253-273.

- edel AG (1998): "Verkaufsprospekt".

- edel AG (2008): "Geschäftsbericht 2007/08".

- EHRINGER, Gerhard; EHRENHÖFER, Robert; ZSCHOCKELT, Ingolf (2004): "Kapitalstruktur-Management und Finanzierungsregeln". In: STADLER, W: "Die neue Unternehmensfinanzierung". Redline Wirtschaftsverlag (Frankfurt), S. 58-78.

- EHRINGER, Gerhard; HACKL, Elisabeth; KÖNIG, Markus (2007): "Die Finanzierung strategischer Weichenstellungen in Familienunternehmen". In: FRASL, EJ; RIEGER, H: "Family Business Handbuch". Linde Verlag (Wien), S. 218-234.

- EISENHARDT, Kathleen M. (1989): "Building Theories from Case Study Research". In: Academy of Management Review, Band 14, Nr. 4, S. 532-550.

- European Foundation for the Improvement of Living and Working Conditions (2002): "Familiy Businesses: Do They Perform Better?".

- FAMA, Eugene F.; JENSEN, Michael C. (1983a): "Agency Problems and Residual Claims". In: Journal of Law & Economics, Band 26, S. 327-349.

- FAMA, Eugene F.; JENSEN, Michael C. (1983b): "Separation of Ownership and Control". In: Journal of Law & Economics, Band 26, S. 301-325.

- Family Firm Institute (2005): "Facts and Perspectives On Family Business Around the World". Studie im Auftrag von: Family Firm Institute.

- FINSTERER, Hans; GULDER, Marcus (2001): "Basel II verlangt Alternativen". In: Kreditpraxis, Band 27, Nr. 4, S. 10-13.

- FISCHER, Michael (2004): "Unternehmerisches Fremdkapital: Mezzanine-Finanzierungen". In: STADLER, W: "Die neue Unternehmensfinanzierung". Redline Wirtschaftsverlag (Frankfurt), S. 224-234.

- FRANCIONI, Reto (2000): "Der Börsengang von Mittelstands- und Familienunternehmen". In: JESCHKE, D; KIRCHDÖRFER, R; LORZ, R: "Planung, Finanzierung und Kontrolle in Familienunternehmen". C.H. Beck (München), S. 149-182.

- FRANKS, Julian; MAYER, Colin; WAGNER, Hannes F. (2005): "The Origins of the German Corporation - Finance, Ownership and Control". Diskussionspapier an der London Business School.

- FRITZ, Wolfgang (1992): "Marktorientierte Unternehmensführung und Unternehmenserfolg". Schäffer-Poeschel Verlag (Stuttgart).

- FRÖNDHOFF, Bernd (2007): "Gesunde Skepsis gegenüber Großfusionen". In: Handelsblatt, 19.11.2007.

- FRÖNDHOFF, Bert (2006): "Dax-Konzerne abgehängt". In: Handelsblatt, 13.11.2006.

- FUEGLISTALLER, Urs; ZELLWEGER, Thomas (2006a): "Finanzielles Risiko- und Investitionsverhalten von Familienunternehmen". Studie im Auftrag von: Center for Familiy Business St. Gallen/Ernst & Young.
- FUEGLISTALLER, Urs; ZELLWEGER, Thomas (2006b): "Rendite und Spielregeln in Familienunternehmen". Studie im Auftrag von: Center for Familiy Business St. Gallen/Ernst & Young.
- GALLO, Miguel A.; VILASECA, Alvaro (1996): "Finance in Family Business". In: Family Business Review, Band 9, Nr. 4, S. 387-401.
- GALLO, Miquel Ángel; TÁPIES, Josep; CAPPUYNS, Kristin (2004): "Comparison of Family and Nonfamily Business: Financial Logic and Personal Preferences". In: Family Business Review, Band 17, Nr. 4, S. 303-318.
- GANZ, Walter; TOMBEIL, Anne-Sophie (2005): "Führung über Werte und Ziele in schnell wachsenden Unternehmen". In: GANZ, W; MEIREN, T; WOYWODE, M: "Schnelles Unternehmenswachstum. Personal - Innovation - Kunden". Kohlhammer (Stuttgart), S. 35-56.
- GEBHARDT, Günther (1993): "Anleihen als Instrumente der langfristigen Finanzierung". In: GEBHARDT, G; GERKE, W; STEINER, M: "Handbuch des Finanzmanagements". C.H. Beck (München), S. 445-475.
- GEISELER, Christoph (1999): "Das Finanzierungsverhalten kleiner und mittlerer Unternehmen". Deutscher Universitätsverlag (Wiesbaden).
- GERKE, Wolfgang et al. (1995): "Probleme deutscher mittelständischer Unternehmen beim Zugang zum Kapitalmarkt". Nomos Verlag (Baden-Baden).
- GERSICK, Kelin E. (1994): "Handbook of Family Business Research, 1969-1994". In: Family Business Review, Band 7, Nr. 2, S. 103-107.
- GINTIS, Herbert (2000): "Beyond Homo economicus: evidence from experimental economics". In: Ecological Economics, Band 35, Nr. 3, S. 311-322.
- GLAUM, Martin; HOMMEL, Ulrich; TOMASCHEWSKI, Dieter (2002): "Wachstumsstrategien internationaler Unternehmungen". Schäffer-Poeschel Verlag (Stuttgart).
- GREINER, Larry E. (1997): "Evolution and Revolution as Organizations Grow: A company's past has clues for management that are critical to future success". In: Family Business Review, Band 10, Nr. 4, S. 397-410.

- GROTH, Torsten; VATER, Gudrun (2007): "Die Familie im Familienunternehmen - Ressource oder Risiko". In: FRASL, EJ; RIEGER, H: "Family Business Handbuch". Linde Verlag (Wien), S. 47-59.
- GUGGLBERGER, Klaus; KÖNIG, Markus; MAYER, Thomas (2004a): "Finanzierungsinstrumente im Überblick". In: STADLER, W: "Die neue Unternehmensfinanzierung". Redline Wirtschaftsverlag (Frankfurt), S. 128-132.
- GUGGLBERGER, Klaus; KÖNIG, Markus; MAYER, Thomas (2004b): "Von der Unternehmensstrategie zur Finanzierungsentscheidung". In: STADLER, W: "Die neue Unternehmensfinanzierung". Redline Wirtschaftsverlag (Frankfurt), S. 28-43.
- HABBERSHON, Timothy G.; WILLIAMS, Mary L. (1999): "A Resource-Based Framework for Assessing the Strategic Advantages of Family Firms". In: Family Business Review, Band 12, Nr. 1, S. 1-22.
- HACKL, Elisabeth; JANDL, Heike (2004): "Beteiligungsfinanzierung durch Venture Capital und Private Equity". In: STADLER, W: "Die neue Unternehmensfinanzierung". Redline Wirtschaftsverlag (Frankfurt), S. 194-210.
- HAEFNER, Klaus (2001): "Innovations- und Wachstums-Strategien für die Kleinen und Mittleren Unternehmen aus Sicht der Wissenschaft". In: Hajo Fischer: "Unternehmensführung im Spannungsfeld zwischen Finanz- und Kulturtechnik - Handlungsspielräume und Gestaltungszwänge". Verlag Dr. Kovac (Hamburg), S. 38-54.
- HAHN, Dietger (2006): "Good Governance in Familienunternehmungen - Generationenwechsel als strategisches Kernproblem". In: HAHN, D; TAYLOR, B: "Strategische Unternehmensplanung - Strategische Unternehmensführung". Springer (Berlin), S. 553-569.
- HAHN, Oswald (1993): "Factoring und Forfaitierung". In: GEBHARDT, G; GERKE, W; STEINER, M: "Handbuch des Finanzmanagements". C.H. Beck (München), S. 519-530.
- Handelsblatt (2007): "Merck schließt Kapitalerhöhung erfolgreich ab". Zu finden unter: http://www.handelsblatt.com/unternehmen/industrie/merck-schliesst-kapitalerhoehung-erfolgreich-ab;1221870. Abrufdatum: 10.07.2008.
- HANDLER, Wandy C. (1994): "Succession in Family Business: A Review of the Research". In: Family Business Review, Band 7, Nr. 2, S. 133-157.

- HARRER, Herbert; JANSSEN, Ulli; HALBIG, Uwe (2005): "Genussscheine - Eine interessante Form der Mezzanine Mittelstandsfinanzierung". In: Finanz Betrieb, Nr. 1, S. 1-7.

- HARRIS, Milton; RAVIV, Arthur (1991): "The Theory of Capital Structure". In: The Journal of Finance, Band 46, Nr. 1, S. 297-355.

- HARVEY, Michael; EVANS, Rodney (1995): "Forgotten Sources of Capital for the Family-Owned Business". In: Family Business Review, Band 8, Nr. 3, S. 159-176.

- HAYNES, George W. et al. (1990): "The Intermingling of Business and Family Finances in Family-Owned Businesses". In: Family Business Review, Band 12, Nr. 3, S. 225-239.

- HEINDL, Heinrich (2004): "Der First Mover Advantage in der Internetökonomie". Kovac (Hamburg).

- HEINEMANN, Friedrich et al. (2006): "Länderindex der Stiftung Familienunternehmen". Studie im Auftrag von: Stiftung Familienunternehmen Stuttgart.

- HENNERKES, Brun-Hagen (1998): "Familienunternehmen sichern und optimieren". Campus Verlag (Frankfurt am Main).

- HENNERKES, Brun-Hagen (2004): "Die Familie und ihr Unternehmen". Campus Verlag (Frankfurt am Main).

- HENNERKES, Brun-Hagen; BOEHM-BEZING, Philip von (2002): "Familienunternehmen und Börse". In: KOLBECK, C; WIMMER, R: "Finanzierung für den Mittelstand. Trends, Unternehmensrating, Praxisfälle". Gabler Verlag (Wiesbaden), S. 125-140.

- HILZENBECHER, Uwe (2006): "Wachstumsstrategien für KMUs". In: BERNDT, R: "Management-Konzepte für kleine und mittlere Unternehmen". Springer (Berlin), S. 85-110.

- HOCHGATTERER, Rita; SACHER, Monika; WALLNER, Julius (2004): "Finanzierung über Unternehmensanleihen". In: STADLER, W: "Die neue Unternehmensfinanzierung". Redline Wirtschaftsverlag (Frankfurt), S. 169-183.

- HOFFMANN, Marina; KAYSER, Gunter; WALLAU, Frank (2008): "BDI-Mittelstandspanel". Studie im Auftrag von: Institut für Mittelstandsforschung Bonn.

- HOFFMAN, James; HOELSCHER, Mark; SORENSON, Ritch (2006): "Achieving Sustained Competitive Advantage: A Family Capital Theory". In: Family Business Review, Band 19, Nr. 2, S. 135-145.
- HOMMEL, Ulrich; SCHNEIDER, Hilmar (2003): "Financing the German Mittelstand". In: EIB Papers, Band 8, Nr. 2, S. 52-90.
- HOPF, Christel (1991): "Qualitative Interviews in der Sozialforschung. Ein Überblick". In: FLICK, U et al.: "Handbuch qualitative Sozialforschung. Grundlagen, Konzepte, Methoden und Anwendungen". BeltzPVU (München), S. 177-181.
- HULTSCH, Christoph (2002): "Asset-Backed-Securities als Finanzierungsinstrument für den Mittelstand?". In: KOLBECK, C; WIMMER, R: "Finanzierung für den Mittelstand. Trends, Unternehmensrating, Praxisfälle". Gabler Verlag (Wiesbaden), S. 141-152.
- HUNGENBERG, Harald (2002): "Fokussierung vs. Diversifizierung". In: GLAUM, M; HOMMEL, U; THOMASCHEWSKI, D: "Wachstumsstrategien internationaler Unternehmungen". Schäffer-Poeschel Verlag (Stuttgart), S. 22-40.
- HUTZSCHENREUTER, Thomas (2006): "Wachstumsstrategien". Deutscher Universitätsverlag (Wiesbaden).
- JASKIEWICZ, Peter et al. (2005): "Long-Run IPO Performance Analysis of German and Spanish Family-Owned Businesses". In: Family Business Review, Band 18, Nr. 3, S. 179-202.
- JENSEN, Michael C.; MECKLING, William H. (1976): "Theory of the Firm: Managerial Behavior, Agency Costs, and Capital Structure". In: Journal of Financial Economics, Nr. 3, S. 305-360.
- JESCHKE, Dieter; LORZ, Rainer (1997): "Unternehmensfinanzierung". In: Unternehmer-Magazin, Nr. 5, S. 22-25.
- KARKOWSKI, Boris; KEPPLER, Vanessa (2004): "Thesaurus Rex". Studie im Auftrag von: Finance.
- KAYSER, Gunter; WALLAU, Frank (2002): "Industrial Family Businesses in Germany - Situation and Future". In: Family Business Review, Band 15, Nr. 2, S. 111-115.
- KENNEDY, Allan A. (2001): "Das Ende des Shareholder Value". Financial Times Prentice Hall (München).
- KLEIN, Sabine B. (2000): "Family Businesses in Germany: Significance and Structure". In: Family Business Review, Band 13, Nr. 3, S. 157-182.

- KLEIN, Sabine B. (2003): "Family Business Research in German Publications 1990-2000". Diskussionspapier an INSEAD.
- KLEIN, Sabine B. (2004a): "Familienunternehmen". Gabler Verlag (Wiesbaden).
- KLEIN, Sabine B. (2004b): "Family Influence on Value Creation". Diskussionspapier an INSEAD.
- KLETT, David (2005): "Zwischen Kompetenz und Herkunft - zwischen Gleichheit und Selektion". Carl-Auer Verlag (Heidelberg).
- KLETT, David (2007): "Familie qua Unternehmen: Wie sich Großfamilien an den Zumutungen eines Betriebs stärken können". In: Zeitschrift für Systemische Therapie und Familientherapie, Band 38, Nr. 1, S. 6-25.
- KOKALJ, Ljuba; PAFFENHOLZ, Guido; MOOG, Petra (2003): "Neue Tendenzen in der Mittelstandsfinanzierung". Gabler Verlag (Wiesbaden).
- KOLBECK, Christoph D. (2002): "Basel II und der Mittelstand: Neue Trends in der Unternehmensfinanzierung". In: Wirtschaftsdienst, Band 82, Nr. 7, S. 389-394.
- KOLBECK, Christoph D. (2004): "Empfehlungen für den Mittelstand zur Finanzkommunikation mit Kreditinstituten". Diskussionspapier an der Universität Witten/Herdecke.
- KOLBECK, Christoph; NICOLAI, Alexander T. (2002): "Strategie und Rating bei Melitta - Interview mit Thomas Bentz". In: KOLBECK, C; WIMMER, R: "Finanzierung für den Mittelstand. Trends, Unternehmensrating, Praxisfälle". Gabler Verlag (Wiesbaden), S. 193-202.
- KOLBECK, Christoph; WIMMER, Rudolf (2002): "Warum ist Basel II für Familienunternehmen von besonderer Bedeutung?". In: KOLBECK, C; WIMMER, R: "Finanzierung für den Mittelstand. Trends, Unternehmensrating, Praxisfälle". Gabler Verlag (Wiesbaden), S. 9-18.
- KORMANN, Hermut (2003): "Familienunternehmen: Grundfragen mit finanzwirtschaftlichem Bezug". Diskussionspapier an der Universität Leipzig.
- Kraftfahrt-Bundesamt (2005): "Statistische Mitteilungen".
- KUDLA, Ralph (2004): "Finanzierung in der Sanierung". Gabler Verlag (Wiesbaden).

- KUKLINSKI, Jan; LOWINSKI, Felix; SCHIERECK, Dirk (2003): "Familienunternehmen als Underperformer - Zur Börsenbewertung mittelständischer Unternehmen". In: MEYER, J: "Unternehmensbewertung und Basel II in kleinen und mittleren Unternehmen". Josef Eul Verlag (Lohmar, Köln), S. 103-120.

- KÖHLER, Wolfgang (2007): "Lieber nicht an die Börse". In: DIE ZEIT, 4.04.2007.

- LA PORTA, Rafael et al. (1997): "Legal Determinants of External Finance". In: The Journal of Finance, Band 52, Nr. 3, S. 1131-1150.

- LANGE, Knut W.; SCHIERECK, Dirk (2003): "Unternehmensnachfolge als Finanzierungsproblem". In: LANGE, KW; SCHIERECK, D: "Nachfolgefragen bei Familienunternehmen: Unternehmenskauf und Private Equity als Alternative zur Börse". Finanz Colloquium Heidelberg (Heidelberg), S. 1-34.

- LEE S.K., Jean; TAN, Francis (2001): "Growth of Chinese Family Enterprises in Singapore". In: Family Business Review, Band 14, Nr. 1, S. 49-74.

- LELAND, Hayne E.; PYLE, David H. (1977): "Informational Asymmetries, Financial Structure, and Financial Intermediation". In: The Journal of Finance, Band 32, Nr. 2, S. 371-387.

- LINGENFELDER, Michael; STADLER, Christina (2008): "Deutsches Mittelstands-Barometer". Studie im Auftrag von: Forschungsstelle Mittelständische Wirtschaft der Philipps-Universität Marburg.

- LINNEMANN, Carsten (2007): "Deutscher Mittelstand vom Aussterben bedroht?". Studie im Auftrag von: Deutsche Bank Research.

- LÜHRS, John-Christian (2000): "Strategische Unternehmensführung in turbulenten Märkten". Diskussionspapier an der Hochschule St. Gallen.

- MAHÉRAULT, Loic (2000): "The Influence of Going Public on Investment Policy". In: Family Business Review, Band 13, Nr. 1, S. 71-79.

- MARKOWITZ, Harry (1952): "Portfolio Selection". In: The Journal of Finance, Band 7, Nr. 1, S. 77-91.

- MATTHEWS, Charles H. et al. (1994): "Capital Structure Decision Making in Privately Held Firms: Beyond the Finance Paradigm". In: Family Business Review, Band 7, Nr. 4, S. 349-367.

- MAYER, Horst O. (2002): "Interview und schriftliche Befragung: Entwicklung, Durchführung und Auswertung". Oldenbourg (München).

- MAYRING, Philipp (1991): "Qualitative Inhaltsanalyse". In: FLICK, U et al.: "Handbuch qualitative Sozialforschung. Grundlagen, Konzepte, Methoden und Anwendungen". BeltzPVU (München), S. 209-213.

- MAYRING, Philipp (2001): "Kombination und Integration qualitativer und quantitativer Analyse". In: Forum: Qualitative Sozialforschung, http://www.qualitative-research.net/fqs-texte/1-01/1-01mayring-d.htm. Abrufdatum: 31.10.2007.

- MAYRING, Philipp (2002): "Einführung in die qualitative Sozialforschung". BeltzPVU (München).

- MAY, Peter (2005): "Fremdmanager im Familienunternehmen – Wie man sie findet, wie man sie bindet". In: Hernstein International Management Institute der Wirtschaftskammer Wien: "Hernsteiner Fachzeitschrift für Managemententwicklung". (Wien), S. 41.

- MCCONAUGHY, Daniel L. (1999): "Is the Cost of Capital Different for Family Firms?". In: Family Business Review, Band 12, Nr. 4, S. 353-360.

- MCCONAUGHY, Daniel L.; PHILIPPS, G. Michael (1999): "Founders versus Descendants: The Profitability, Efficiency, Growth Characteristics and Financing in Large, Public, Founding-Family-Controlled Firms". In: Family Business Review, Band 12, Nr. 2, S. 123-132.

- MEFFERT, Jürgen; KLEIN, Holger (2007): "DNS der Weltmarktführer". Redline Wirtschaftsverlag (Heidelberg).

- Merck KGaA (2007): "Geschäftsbericht 2007".

- Merck KGaA (2008a): "Geschäftsbericht 2008".

- Merck KGaA (2008b): "Merck - Factbook".

- MILLER, Danny; LE BRETON-MILLER, Isabelle (2005): "Managing for the long run: lessons in competitive advantage from great family businesses". Harvard Business School Press (Boston, Mass.).

- MILLER, Danny; LE BRETON-MILLER, Isabelle (2006): "Family Governance and Firm Performance: Agency, Stewardship, and Capabilities". In: Family Business Review, Band 19, Nr. 1, S. 73-87.

- MODIGLIANI, Franco; MILLER, Merton H. (1958): "The Cost of Capital, Corporation Finance and the Theory of Investment". In: The American Economic Review, Band 48, Nr. 3, S. 261-297.

- MRUCK, Katja; MEY, Günter (2000): "Qualitative Sozialforschung in Deutschland". In: Forum: Qualitative Sozialforschung, http://qualitative-research.net/fqs-texte/1-00/1-00mruckmey-d.htm. Abrufdatum: 30.10.07.

- MURPHY, Deborah L. (2005): "Understanding the Complexities of Private Family Firms: An Empirical Investigation". In: Family Business Review, Band 18, Nr. 2, S. 123-133.

- MUTTER, Christoph (2005): "Vermögensmanagement für Familienunternehmer". Schäffer-Poeschel Verlag (Stuttgart).

- MYERS, Stewart C. (1984): "The Capital Structure Puzzle". In: The Journal of Finance, Band 39, Nr. 3, S. 575-592.

- MYERS, Stewart C.; MAJLUF, Nicholas, S. (1984): "Corporate financing and investment decisions when firms have information that investors do not have". In: Journal of Financial Economics, Band 13, S. 187-221.

- NAGEL, Reinhart; WIMMER, Rudolf (2003): "Muster der strategischen Entscheidungsfindung". In: LOBNIG, H; SCHWENDENWEIN, J; ZVACEK, L: "Beratung in der Veränderung. Grundlagen, Konzepte, Beispiele". Gabler Verlag (Wiesbaden), S. 141-152.

- NAGEL, Reinhart; WIMMER, Rudolf (2008): "Systemische Strategieentwicklung". Klett-Cotta (Stuttgart).

- NARAYANAN, M.P. (1988): "Debt versus Equity under Asymmetric Information". In: Journal of Financial and Quantitative Analysis, Band 23, Nr. 1, S. 39-51.

- NEUMANN, Dietrich et al. (2003): "Fünf Wege zu organischem Wachstum". Campus Verlag (Frankfurt am Main).

- NEUMÜLLER, Matthias; HOCHGATTERER, Rita (2004): "Verbriefung von Unternehmensforderungen - Asset Backed Securities". In: STADLER, W: "Die neue Unternehmensfinanzierung". Redline Wirtschaftsverlag (Frankfurt), S. 263-276.

- o.V. (2007a): "Merck verkauft Generika-Sparte für 4,9 Milliarden Euro". In: DIE WELT, 14.05.2007.

- o.V. (2007b): "Transportmittel dringend gesucht: Der Fahrzeughersteller Schmitz Cargobull erlebt einen Auftragsboom und stellt Mitarbeiter ein". In: Süddeutsche Zeitung, 16.04.2007.

- o.V. (2008a): "Biotest schließt Kauf der Nabi Biologics Assets erfolgreich ab". In: Dow Jones, 5.12.2007.

- o.V. (2008b): "Edel verdreifacht Investitionen für den Buchbereich". In: DIE WELT, 15.05.2008.

- PENROSE, Edith (1995): "The Theory of The Growth of The Firm". Oxford University Press (Oxford).

- PERRIDON, Louis; STEINER, Manfred (2007): "Finanzwirtschaft der Unternehmung". Vahlen (München).

- PFEFFER, Jeffrey; SALANCIK, Gerald R. (1978): "The External Control of Organizations". Harper & Row (New York).

- PLATTNER, Dankwart; PLANKENSTEINER, Dirk (2006): "Unternehmensbefragung 2006". Studie im Auftrag von: KfW Bankengruppe.

- PLEISTER, Christopher (2000): "Bilanzanalyse und Finanzierungsberatung für Unternehmen durch Banken". In: JESCHKE, D; KIRCHDÖRFER, R; LORZ, R: "Planung, Finanzierung und Kontrolle in Familienunternehmen". C.H. Beck (München), S. 91-109.

- POPPER, Karl R. (1973): "Objektive Erkenntnis". Hoffmann und Campe (Hamburg).

- POPPER, Karl R. (1984): "Logik der Forschung". J.C.B. Mohr (Tübingen).

- PORTER, Michael E. (1992): "Wettbewerbsstrategien. Methoden zur Analyse von Branchen und Konkurrenten". McGraw Hill (Boston).

- PORTER, Michael E. (2006): "Creating Tomorrow's Advantages". In: HAHN, D; TAYLOR, B: "Strategische Unternehmensplanung - Strategische Unternehmensführung". S. 267-274.

- PRAHALAD, C.K. (1997): "Wachstumsstrategien". In: Rowan Gibson: "Rethinking the Future. So sehen Vordenker die Zukunft von Unternehmen". Verlage Moderne Industrie (Landsberg/Lech), S. 105-121.

- PRAHALAD, C.K.; HAMEL, G. (2006): "The Core Competence of the Corporation". In: HAHN, D; TAYLOR, B: "Strategische Unternehmensplanung - Strategische Unternehmensführung". Springer (Berlin), S. 275-292.

- PricewaterhouseCoopers AG WPG (2008): "Kreditkrise geht an deutschem Mittelstand vorbei". Zu finden unter: http://www.pwc.de/portal/pub/!ut/p/kcxml/04_Sj9SPykssy0xPLMnMz0vM0Y_QjzKLd4p3NgsASZnFG8Q76kfCRHw98nNT9YP0vfUD9Atyl8odHRUVARB3vvI!/delta/base64xml/L3dJdyEvd0ZNQUFzQUMvNElVRS82X0JfQ0VS?siteArea=49c234c4f2195056&content=e50f020045c84f0&topNavNode=49c4e4. Abrufdatum: 28.03.2008.

- RAISCH, Sebastian; PROBST, Gilbert; GOMEZ, Peter (2007): "Wege zum Wachstum". Gabler (Wiesbaden).
- RAJAN, Raghuram G.; ZINGALES, Luigi (1995): "What Do We Know about Capital Structure? Some Evidence from International Data". In: The Journal of Finance, Band 50, Nr. 5, S. 1421-1460.
- RALL, Wilhelm (2002): "Internes vs. externes Wachstum". In: GLAUM, M; HOMMEL, U; THOMASCHEWSKI, D: "Wachstumsstrategien internationaler Unternehmungen". Schäffer-Poeschel Verlag (Stuttgart), S. 4-19.
- RAMS, Andreas; REMMEN, Jan (1999): "Private Equity und Unternehmensfinanzierung - Theoretisches Konzept und empirischer Befund für den deutschen Markt". In: M&A Review, Nr. 2, S. 74-86.
- RAPPAPORT, Alfred (1998): "Creating shareholder value: a guide for managers and investors". The Free Press (New York).
- REDLEFSEN, Matthias; EIBEN, Jan (2006): "Finanzierung von Familienunternehmen". Studie im Auftrag von: INTES Zentrum für Familienunternehmen.
- REIMERS, Nico (2003): "Kritische Erfolgsfaktoren von Private-Equity-Beteiligungen an Familienunternehmen in Deutschland". Dissertation/Diplomarbeit an der European Business School Oestrich-Winkel.
- REIMERS, Nico (2004): "Successful investing in the Mittelstand". Studie im Auftrag von: Apax Partners; Klein & Coll.; SEB.
- REIßMANN, Gabriele (2007): "Offizielle Einweihung des größten Wellpappenformatwerkes für Schwerwellpappe - Progroup AG". In: Wochenblatt für Papierfabrikation, 18.12.2007.
- Reuters (2008): "OECD sieht 2009 tiefe Rezession auf Deutschland zukommen". Zu finden unter: http://de.reuters.com/article/economicsNews/idDEBEE4AO07F20081125. Abrufdatum: 25.11.2008.
- ROMANO, Claudio A.; TANEWSKI, George A.; SMYRNIOS, Kosmas X. (2000): "Capital Structure Decision Making: A Model for Family Business". In: Journal of Business Venturing, Band 16, S. 285-310.
- ROSS, Stephen A. (1977): "The determination of financial structure: the incentive-signalling approach". In: The Bell Journal of Economics, Band 8, Nr. 1, S. 23-40.

- ROSS, Stephen A.; WESTERFIELD, Randolph W.; JAFFE, Jeffrey F. (2004): "Corporate Finance". McGraw Hill (Boston).

- ROST, Jürgen (2003): "Zeitgeist und Moden empirischer Analysemethoden". In: Forum: Qualitative Sozialforschung, http://www.qualitative-research.net/fqs-texte/2-03/2-03rost-d.htm. Abrufdatum: 29.10.2007.

- RÜSEN, Tom A.; SCHLIPPE, Arist von (2007): "Krisen in Familienunternehmen und Unternehmensfamilien". In: Organisationsberatung, Supervision, Coaching, Band 4, Nr. 14, S. 309-330.

- SACHS, Andreas (2005): "Akquisitionsstrategien von Familienunternehmen". In: Kai Lucks: "Mergers & Acquisitions Jahrbuch 2005". Eigenverlag (Frankfurt am Main), S. 92-95.

- SCHLIPPE, Arist von; KELLERMANNS, Franz W. (2008): "Emotionale Konflikte in Familienunternehmen". In: Zeitschrift für KMU und Entrepeneurship, Band 56, Nr. 1/2, S. 40-58.

- Schmitz Cargobull AG (2008a): "Unternehmen - Firmengeschichte". Zu finden unter: http://www.cargobull.com/de/unternehmen/historie.php. Abrufdatum: 24.07.2008.

- Schmitz Cargobull AG (2008b): "Imagebroschüre".

- SCHWASS, Joachim (2005): "Wachstumsstrategien für Familienunternehmen". FinanzBuch Verlag (München).

- SCHWENKER, Burkhard; BÖTZEL, Stefan (2005a): "Auf Wachstumskurs". Springer (Berlin).

- SCHWENKER, Burkhard; BÖTZEL, Stefan (2005b): "Die Grenzen des Wachstums überwinden". Studie im Auftrag von: Roland Berger Strategy Consultants.

- SCHWENKER, Burkhard; BÖTZEL, Stefan (2005c): "Wachsen durch Vertrauen". Studie im Auftrag von: Roland Berger Strategy Consultants.

- SCHWENKER, Burkhard; SCHNEIDER, Felicitas; KLEPPEL, Christoph (2004): "Finding the formula for growth". Studie im Auftrag von: Roland Berger Strategy Consultants.

- SHARMA, Pramodita (2004): "An Overview of the Field of Family Business Studies: Current Status and Directions for the Future". In: Family Business Review, Band 17, Nr. 1, S. 1-36.

- SHARMA, Pramodita; CHRISMAN, James J.; CHUA, Jess H. (1997): "Strategic Management of the Family Business". In: Family Business Review, Band 10, Nr. 1, S. 1-36.

- SIMON, Fritz B. (2003): "Gerechtigkeit, Richtigkeit und Rechtmäßigkeit - Entscheidungsfindung in Familienunternehmen". In: LANGE, KW; SCHIERECK, D: "Nachfolgefragen bei Familienunternehmen: Unternehmenskauf und Private Equity als Alternative zur Börse". Finanz Colloquium Heidelberg (Heidelberg), S. 35-48.

- SIMON, Fritz B. (2005): "Die Familie des Familienunternehmens". Carl-Auer Verlag (Heidelberg).

- SIMON, Fritz B.; WIMMER, Rudolf; GROTH, Torsten (2005): "Mehr-Generationen-Familienunternehmen". Carl-Auer Verlag (Heidelberg).

- SONFIELD, Matthew C.; LUSSIER, Robert N. (2004): "First-, Second-, and Third-Generation Family Firms: A Comparison". In: Family Business Review, Band 17, Nr. 3, S. 189-202.

- SORENSON, Ritch L. (2000): "Planning for Family and Financial Success in Family Businesses". In: Family Business Review, Band 13, Nr. 2, S. 133-142.

- SPENGEL, Christoph et al. (2007): "Mittelstand und Unternehmenssteuerreform". Studie im Auftrag von: CREDITREFORM, IRZ.

- STADLER, Wilfried (2002): "Unternehmensfinanzierung nach neuen Spielregeln: Instrumente - Märkte - Perspektiven". In: KOLBECK, C; WIMMER, R: "Finanzierung für den Mittelstand. Trends, Unternehmensrating, Praxisfälle". Gabler Verlag (Wiesbaden), S. 109-124.

- STARK, Jürgen (2002): "Neue Trends in der Unternehmensfinanzierung". In: KOLBECK, C; WIMMER, R: "Finanzierung für den Mittelstand. Trends, Unternehmensrating, Praxisfälle". Gabler Verlag (Wiesbaden), S. 35-46.

- Statistisches Bundesamt (2008): "Volkswirtschaftliche Gesamtrechnungen". Zu finden unter: http://www.destatis.de/jetspeed/portal/cms/Sites/destatis/Internet/DE/Navigation/Statistiken/VolkswirtschaftlicheGesamtrechnungen/VolkswirtschaftlicheGesamtrechungen.psml. Abrufdatum: 26.11.2008.

- STRICK, Sabine; BLANK, Sylvia; HÜLSBÖMER, André (2004): "Bekennende Patriarchen". Studie im Auftrag von: FINANCE, APKW.

- TAGIURI, Renato; DAVIS, John A. (1996): "Bivalent Attributes of the Family Firm". In: Family Business Review, Band 9, Nr. 2, S. 199-208.

- VIGUERIE, Patrick; SMIT, Sven; BAGHAI, Mehrdad (2008): "The Granularity of Growth". John Wiley & Sons (Hoboken, New Jersey).
- VOLLMER, Lothar (2000): "Die Finanzierung von Familiengesellschaften durch Genußscheine". In: JESCHKE, D; KIRCHDÖRFER, R; LORZ, R: "Planung, Finanzierung und Kontrolle in Familienunternehmen". C.H. Beck (München), S. 183-199.
- WAGNER, Richard (2007): "Strategie- und Management-Werkzeuge". Schäffer-Poeschel Verlag (Stuttgart).
- WALLAU, Frank et al. (2007): "Die volkswirtschaftliche Bedeutung der Familienunternehmen". Studie im Auftrag von: Institut für Mittelstandsforschung Bonn.
- WARD, John L. (1997): "Growing the Familiy Business: Special Challenges and Best Practices". In: Family Business Review, Band 10, Nr. 4, S. 323-338.
- WEBER, Collin (2008): "Interview mit Jürgen Heindl, Alleinvorstand Progroup AG: Wellpappenformate für innovative Verpackungen". In: PACKMITTEL, 1.04.2008.
- WEBER, Felix-Michael (2005): "Der Einfluss der Postgründer-Generation auf die Performance von deutschen und österreichischen Familienunternehmen". Josef Eul Verlag (Lohmar, Köln).
- WESTHEAD, Paul; HOWORTH, Carole (2006): "Ownership and Management Issues Associated With Family Firm Performance and Company Objectives". In: Family Business Review, Band 19, Nr. 4, S. 301-316.
- WIECHERS, Ralph (2004): "Die Unternehmerfamilie: Ein Risiko des Familienunternehmens?". Books on Demand (Norderstedt).
- WIECHERS, Ralph (2006): "Familienmanagement zwischen Unternehmen und Familie". Carl-Auer Verlag (Heidelberg).
- WIMMER, Rudolf (2000): "Nachfolgeregelungen". Vortrag am IBWF Institut Bonn, gehalten am 18.02.2000.
- WIMMER, Rudolf (2002): "Aufstieg und Fall des Shareholder Value-Konzepts". In: OrganisationsEntwicklung, Nr. 4, S. 70-83.
- WIMMER, Rudolf (2007): "Erfolgsstrategien in Familie und Unternehmen". In: FRASL, EJ; RIEGER, H: "Family Business Handbuch". Linde Verlag (Wien), S. 30-46.

- WIMMER, Rudolf et al. (2005): "Familienunternehmen – Auslaufmodell oder Erfolgstyp?". Gabler Verlag (Wiesbaden).

- WIMMER, Rudolf; GROTH, Torsten (2005): "Erfolgsmuster des Gesellschafterkreises langlebiger Familienunternehmen". In: SCHERER, S et al.: "Familienunternehmen". Verlag Recht und Wirtschaft (Frankfurt am Main), S. 91-149.

- WINKELJOHANN, Norbert (2006): "Familienunternehmen - Deutschland 2006". Studie im Auftrag von: PricewaterhouseCoopers AG WPG.

- WINKELJOHANN, Norbert (2008): "Familienunternehmen 2008". Studie im Auftrag von: PricewaterhouseCoopers AG WPG.

- WINKELJOHANN, Norbert; KRUTH, Bernd-Joachim (2007): "Chance oder Widerspruch? Beteiligungskapital in deutschen Familienunternehmen". Studie im Auftrag von: PricewaterhouseCoopers AG WPG.

- WITTMANN, Waldemar (1961): "Überlegungen zu einer Theorie des Unternehmenswachstums". In: Zeitschrift für Betriebswirtschaftliche Forschung, Band 13, Nr. 10/11, S. 493-519.

- WITT, Harald (2001): "Forschungsstrategien bei quantitativer und qualitativer Sozialforschung". In: Forum: Qualitative Sozialforschung, http://www.qualitative-research.net/fqs-texte/1-01/1-01witt-d.htm. Abrufdatum: 26.10.2007.

- WITZEL, Andreas (2000): "Das problemzentierte Interview". In: Forum: Qualitative Sozialforschung, http://www.qualitative-research.net/fqs-texte/1-00/1-00witzel-d.htm. Abrufdatum: 26.10.2007.

- WOSSIDLO, Peter Rütger (1997): "Finanzierung". In: PFOHL, H: "Betriebswirtschaftslehre der Mittel- und Kleinbetriebe". Erich Schmidt Verlag (Berlin),
S. 287-333.

- WÖHE, Günter; BILSTEIN, Jürgen (2002): "Grundzüge der Unternehmensfinanzierung". Franz Vahlen (München).

- YEUNG, Henri Wai-chung (2000): "Limits to the Growth of Family Owned Business?". In: Family Business Review, Band 13, Nr. 1, S. 55-70.

- YIN, Robert K. (1998): "Applications of Case Study Research". Sage Publications (Beverly Hills, CA).

- YIN, Robert K. (1999): "Case Study Research: Design and Methods". Sage Publications (Beverly Hills, CA).

- ZAHRA, Shaker A.; SHARMA, Pramodita (2004): "Family Business Research: A Strategic Reflection". In: Family Business Review, Band 17, Nr. 4, S. 331-346.
- ZELLWEGER, Thomas M. (2007): "Time Horizon, Costs of Equity Capital, and Generic Investment Strategies of Firms". In: Family Business Review, Band 20, Nr. 1, S. 1-15.
- ZELLWEGER, Thomas M. (2006): "Investitionsentscheidungen von Familien- und Nichtfamilienunternehmen". In: Zeitschrift für KMU und Entrepeneurship, Band 54, Nr. 2, S. 93-115.
- ZOOK, Chris (2004): "Beyond the Core". McGraw Hill (Boston).